T0254004

Springer Wien New York

Veröffentlichungen des
Instituts Wiener Kreis

Band 13

Hrsg. Friedrich Stadler

Elisabeth Nemeth
Nicolas Roudet (Hrsg.)

Paris – Wien

Enzyklopädien im Vergleich

SpringerWienNewYork

Univ.-Prof. Dr. Elisabeth Nemeth
Universität Wien, Wien, Österreich

Dr. Nicolas Roudet
Institut Français, Wien, Österreich

Gedruckt mit Unterstützung des Bundesministeriums für Bildung, Wissenschaft und Kultur in Wien sowie des Magistrats der Stadt Wien, MA 7 – Gruppe Kultur, Wissenschafts- und Forschungsförderung

© 2005 Springer-Verlag/Wien Printed in Austria
SpringerWienNewYork ist ein Unternehmen von
Springer Science + Business Media
springer.at

Satz: Reproduktionsfertige Vorlage der Herausgeber
Druck: Börsedruck Ges.m.b.H., 1230 Wien, Österreich

Gedruckt auf säurefreiem, chlorfrei gebleichtem Papier – TCF
SPIN: 11000440

Bibliografische Information der Deutschen Bibliothek
Die Deutsche Bibliothek verzeichnet diese Publikation in der Deutschen Nationalbibliografie; detaillierte bibliografische Daten sind im Internet über http://dnb.ddb.de abrufbar

ISBN-10 3-211-21538-7 SpringerWienNewYork
ISBN-13 978-3-211-21538-8 SpringerWienNewYork

INHALTSVERZEICHNIS

„Physikalistische Einheitswissenschaft" und *International Encyclopedia of Unified Science*

Aufklärungsdenken unter neuen Vorzeichen?

ELISABETH NEMETH

ORDNUNGEN DES WISSENS UND GESELLSCHAFTLICHE AUFKLÄRUNG

Vorbemerkung

Eines der zentralen Anliegen des „Wiener Kreises" ist heute aktueller
denn je. Es bestand darin sichtbar zu machen, wie ganz unterschiedliche, weit auseinander liegende Bereiche wissenschaftlicher Theoriebil-
dung miteinander in Zusammenhang gebracht werden können. Dass
dieses Projekt zunächst „Einheitswissenschaft" genannt wurde, gab
Anlass zu einer Reihe von Missverständnissen die bis heute nicht aus-
geräumt sind. Es ging den Logischen Empiristen der 1920er und 30er
Jahre weder darum, alles Wissen auf die Physik zu reduzieren, noch
darum „das System" der Wissenschaften zu konstruieren oder sie in
das Korsett einer physikalischen Sprache zu zwingen. „*Das* System ist
die große wissenschaftliche Lüge" schrieb Otto Neurath 1935 und setzte „die Enzyklopädie als Modell" dagegen: die Vision eines lebendigen
Gesamten, dessen innere Struktur nicht ein für alle Mal festgelegt werden kann. So wie gesellschaftliche „Utopien" für Neurath prinzipiell nur
in einer Mehrzahl von Alternativen denkbar sind, so treten auch "Enzyklopädien" immer im Plural auf. Neurath sah von Anfang an, dass die
Entwicklung wissenschaftlichen Wissens nicht als ein linear fortschrei-
tender Akkumulationsprozess verstanden werden kann. Erweiterungen
unseres Erfahrungswissens werden auch dadurch möglich dass die
Natur menschlichen Wissens einer Analyse unterzogen und ein Stück
weit geklärt wird. Die Frage, worin wohlbegründetes Wissen denn
überhaupt besteht, ist seit jeher eng verbunden mit der Frage, wie wir
uns die innere Ordnung des Wissens in seiner Gesamtheit vorstellen
sollen.

Die *International Encyclopedia of Unified Science* sollte sich daher
nicht damit begnügen, eine möglichst große Bandbreite von Erkenntnissen der Öffentlichkeit zugänglich zu machen. Sie sollte auch eine
Vorstellung davon vermitteln, wie moderne Wissenschaften ihre Er-
kenntnisansprüche formulieren und überprüfen – also sichtbar machen,
was in den modernen Wissenschaften als „wohlbegründetes Wissen"
gilt. Mit dieser Konzeption gingen die Herausgeber der „Encyclopedia"
– und vor allem der „Motor der Sache", Otto Neurath – über das gängi-
ge Verständnis einer Enzyklopädie weit hinaus und knüpften ausdrück-

lich an die Enzyklopädisten der französischen Aufklärung an. Wie die
Enzyklopädie des 18. Jahrhunderts, so sollte auch die *International
Encyclopedia of Unified Science* Instrument gesellschaftlicher Aufklärung sein. Es ist wichtig zu sehen, dass „Aufklärung" hier nicht als Ver-
kündigung von angeblich feststehenden wissenschaftlichen Fakten an
die Öffentlichkeit verstanden wurde. Die modernen Wissenschaften
waren nicht nur Instrument, sondern auch Gegenstand des aufklären-
den Blicks. Dieser sollte sich nicht nur auf die natürliche und die gesellschaftliche Welt richten, sondern auch auf die Wissenschaften selbst.
Alle Menschen sollten sich ein realistisches Bild darüber verschaffen
können, auf welche Weise modernes Wissen hervorgebracht wird und
auf welchen Verfahrensweisen moderne Wissenschafter ihre Erkennt-
nisansprüche begründen. Somit war die *Encyclopedia* ausdrücklich
gegen den Hang zur Selbstüberhöhung gerichtet, der den modernen
Wissenschaften genauso innewohnt wie anderen Sphären gesellschaftlichen Handelns. Neuraths Argumente gegen den "Pseudorationalismus" fanden ihre reichhaltigste Gestalt in seinen Schriften zum Konzept der Enzyklopädie.

Der vorliegende Band will darauf aufmerksam machen, dass das
Konzept, das der Enzyklopädie der Logischen Empiristen zugrunde
liegt, um vieles reichhaltiger ist als das klischeehafte Bild, das die gän-
gige Einschätzung dieses Unternehmens bis heute prägt. Wir wollen
dessen Reichhaltigkeit sichtbar machen, indem wir das Unternehmen
unter mehreren konzeptionell und historisch unterschiedlichen Blick-
winkeln betrachten. Im ersten Teil wird es auf das große Vorbild der
Enzyklopädisten des 18. Jahrhunderts in Frankreich zurückbezogen
und mit diesem verglichen. Der zweite Teil geht der Geschichte des
Projekts im 20. Jahrhundert nach und richtet den Blick vor allem auf die
Kooperationen mit französischen Wissenschaftlern und Philosophen in
den 1920er und 30er Jahren. Der dritte Teil deutet an, dass der Begriff
der Einheit der Wissenschaft nicht von allen Proponeten des Logischen
Empirismus in derselben Weise gefasst wurde, und zeigt, dass die
„physikalistische Einheitswissenschaft" – wenn sie in der Weise gedacht wird wie Neurath das tat – den Sozialwissenschaften einen wichtigen Platz einräumt. Im vierten Teil werfen wir einen Blick auf den historischen Kontext, in dem sich das Aufklärungsprojekt des Logischen
Empirismus wiederfand, nachdem diese philosophische Bewegung aus
Europa vertrieben worden war.

1. Paris – Wien. Enzyklopädieprojekte im Vergleich

Es gibt eine Reihe von Affinitäten zwischen der von Neurath zwischen 1935 und 1945 vorangetriebenen *International Encyclopedia of Unified Science* (IEUS), die freilich ein Torso geblieben ist, und der Konzeption, die Diderot und d'Alembert in der großen *Encyclopédie* verwirklicht haben. Pierre Wagner fasst in seinem Beitrag die folgenden ins Auge springenden Gemeinsamkeiten zusammen:

1. Beide Projekte sind von dem Wunsch getragen, die verfügbaren Erkenntnisse ihrer Zeit in einen Zusammenhang zu bringen. Dabei geht es eher um eine kollektive Arbeit kritischen Ordnens als darum, eine Sicht der Welt im Ganzen zu erreichen. (In diesem Sinn legten die logischen Empiristen Wert darauf, die „wissenschaftliche Weltauffassung" scharf zu unterscheiden von metaphysisch oder religiös begründeten „Weltanschauungen".)

2. Beide Enzyklopädien kritisieren die Obskurantismen der Metaphysik und streben nach größerer Klarheit bei der Analyse philosophischer Probleme.

3. Ihr Erkenntnisbegriff ist empiristisch: Erkenntnis erreichen wir nur, wenn wir auf die Erfahrung und die Tatsachen zurückgreifen.

4. Der Philosophie wird jegliche Vorrangstellung gegenüber den Wissenschaften abgesprochen.

5. Beide Enzyklopädie-Projekte sind von der Überzeugung getragen, dass die Wissenschaft in den Dienst gesellschaftlicher Emanzipation gestellt werden kann.

Tatsächlich klingen die Worte, mit denen Diderot und d'Alembert ihr Projekt charakterisieren, immer wieder verblüffend ähnlich wie manche Schriften Neuraths. So führt Dominique Lecourt in seinem Beitrag vor, dass Diderot seine Aufgabe darin sah, die Einheit der Welt erfahrbar zu machen: die *Encyclopédie* stellt Beziehungen zwischen weit entfernten und ganz unterschiedlichen Erkenntnissen her und lädt so die Leserin ein, selbst Beziehungen zu entdecken. In diesem Sinn soll die *Encyclopédie* eine „lebendige Einheit" sein. Sie stellt die Welt als „Einheit in unendlicher Mannigfaltigkeit" dar – „beinahe ohne feste und bestimmte Unterteilung" – und zeigt, dass wir uns einen Weg durch diese Vielfalt suchen müssen, dessen Ziel nicht von vornherein feststeht.

Auch Neurath hat gegen den „Geist des Systems" die grundsätzliche Vielfalt möglicher Ordnungen des Wissens gesetzt und hat sich dabei ausdrücklich auf d'Alembert berufen. Die Enzyklopädie des 18. Jahrhunderts war, so Neurath keine ‚*faute de mieux*-Enzyklopädie' anstelle eines umfassenden Systems, sondern eine Alternative zu Systemen. ... Diese Enzyklopädie verfügte ... über keine umfassende Einheitlichkeit; sie war durch eine Klassifizierung der Wissenschaften, Verweise und andere Techniken organisiert."[1]

Das „enzyklopädische Modell", das Neurath vorschwebte, sollte es möglich machen, auch das Gesamte des Wissens des 20. Jahrhunderts als „lebendiges Wesen" zu sehen:

> Die Enzyklopädie wird die Situation eines lebendigen Wesens und nicht die eines Phantoms zum Ausdruck bringen; jene, die die Enzyklopädie lesen, sollen das Gefühl haben, daß Wissenschaftler von der Wissenschaft als einem Wesen aus Fleisch und Blut sprechen.[2]

Gemeinsamkeiten dieser sehr allgemeinen Art beginnen freilich zu verblassen, sobald wir die Dinge etwas genauer betrachten. Da zeigt sich zum Beispiel sehr schnell, dass die Enzyklopädisten des 18. Jahrhunderts weder unter „Metaphysik" noch unter „Philosophie" noch unter den „Wissenschaften" dasselbe verstanden wie die Logischen Empiristen (siehe den Beitrag von Pierre Wagner). Und dass sich daher die Frage, wie die Einheit des Wissens in seiner unendlichen Vielfalt erfasst werden kann, im 18. Jahrhundert auf ganz andere Weise stellte als im 20. Jahrhundert. Zwar liegt beiden Projekten die Überzeugung zugrunde, dass es für die Aufgabe, eine geordnete Sicht des Wissens in seiner Gesamtheit zu geben, nicht eine einzige richtige Lösung gibt, sondern eine Pluralität von grundsätzlich gleichberechtigten Möglichkeiten. Aber – das arbeitet Pierre Wagner in seinem Beitrag heraus – für Diderot und d'Alembert stellte sich dabei vor allem die Frage, wie die explodierende Menge der Erkenntnisse ihrer Zeit geordnet und wie dieses Gesamte sinnvoll unterteilt werden kann. (Was sind die Zweige des Baums menschlicher Erkenntnis? Wie soll das Tableau der Wissenschaften eingeteilt werden?) Dagegen hatten es die Logischen Empiristen mit einer Welt bereits entwickelter spezialisierter wissenschaftlicher Disziplinen zu tun. Ihr Problem war es zu zeigen, was denn „Einheit der Wissenschaft" unter den Bedingungen der Spezialisierung überhaupt bedeuten kann. Und während die Enzyklopädisten des 18. Jahrhunderts den Ausdruck „Wissenschaft" in der Bedeutung von „Erkenntnis" im allgemeinen gebrauchten (im Gegensatz zu Meinung, Einbildung, Glauben ...) und sich überhaupt nicht für die Frage interessierten, was „Wissenschaft" als solche ist und was nicht, stand die letztere Frage im Mittelpunkt des Projekts der Einheitswissenschaft.

Das Programm der „Einheitswissenschaft" ist zu Recht als das „positive Paradigma" des Logischen Empirismus bezeichnet worden. Dieses bleibt aber unterbestimmt, wenn die Betonung der Einheit ausschließlich als „gegen einen häufig angenommenen Hiat zwischen sogenannten *Geistes*wissenschaften einerseits und *Natur*wissenschaften andererseits" gerichtet verstanden wird.[3] Dass dieser Hiatus abgelehnt wurde, ist natürlich richtig, aber es ist wichtig herauszustreichen, dass das Projekt der Einheitswissenschaft auf kulturelle Tendenzen reagierte, die weit über die Auseinandersetzung um das Verhältnis zwischen Natur- und Geisteswissenschaften hinausgingen. Das Pathos, mit dem das Manifest des Wiener Kreises die Einheitswissenschaft als Ziel proklamiert, wird nur dann verständlich, wenn man sieht, dass die Einheitswissenschaft als direkter Konkurrent all jener metaphysischen Einheitsentwürfe konzipiert wurde, mit denen die deutschsprachigen Gelehrten des späten 19. und frühen 20. Jahrhunderts das zu überwinden suchten, was sie die „Krise der Wissenschaft" nannten und was in ihren Augen ein Ergebnis der Spezialisierung der Wissenschaften war. Die Strömung unter den deutschen Gelehrten, die Fritz Ringer beschrieben und als „Bewegung zur Synthese" bezeichnet hat, hat ihre Ursprünge im 19. Jahrhundert. Im Lauf der 1920er Jahre wurde diese Bewegung zu einer Obsession, die den Großteil der deutschsprachigen Gelehrten erfasste. Damals wurde der Ruf nach einer neuen einheitsstiftenden „Metaphysik" ganz ausdrücklich erhoben, und gegen Ende der 1920er Jahre wurde dieser Ruf immer allgemeiner und aggressiver.[4] Diejenigen unter den Mitgliedern des Wiener Kreises, die das Programm der „Einheitswissenschaft" vertraten (das waren nicht alle, sondern vor allem Neurath, Carnap, Hahn und Frank), akzeptierten in gewisser Weise die von den „Metaphysikern" ihrer Zeit vertretene Auffassung, dass das „Spezialistentum" der empirischen Wissenschaften nicht das letzte Wort sein könne. Sie traten mit dem Anspruch an, die Art und Weise, in der die Erkenntnisse der Wissenschaft zusammenhängen, darzustellen, und zwar nicht durch Zurückführung auf metaphysische Begriffe, sondern mit rein rationalen Mitteln: mit logischer Analyse und empirischer Forschung.

Die „wissenschaftliche Weltauffassung" des Wiener Kreises und das Programm der „Einheitswissenschaft" reagierten also auf eine ganz andere wissenschaftliche und philosophische Konstellation als die *Encyclopédie* des 18. Jahrhunderts. Daher sind für Pierre Wagner vor allem die Unterschiede zwischen den beiden Konzeptionen von Interesse. In seinem Beitrag wird deutlich, dass der strukturelle Vergleich der beiden Aufklärungsprojekte dann besonders instruktiv ist, wenn er darauf abzielt, die unterschiedlichen Problemlagen zu rekonstruieren, auf die sie reagierten.

Während Pierre Wagner von der „wissenschaftlichen Weltauffassung" des Wiener Kreises ausgeht um herauszuarbeiten, worin sich die Fragestellungen des 18. Jahrhunderts von denen des Wiener Kreises

unterscheiden, blickt Anastasios Brenner gleichsam in die umgekehrte
Richtung. Seine Überlegungen setzen dort an, wo d'Alembert zwischen
zwei möglichen Verfahren zur Organisation der *Encyclopédie* unterscheidet. Im *Discours préliminaire* stellt d'Alembert dem genealogi-
schen Verfahren das historische Verfahren gegenüber. Nach Brenner
zeigt sich hier in Ansätzen bereits die Unterscheidung zwischen der
rationalen Rekonstruktion der Erkenntnis und ihrer historischen Erklärung, jener Unterscheidung, die im Logischen Empirismus seit Reichenbachs Unterscheidung 1938 eine zentrale Rolle spielen sollte.
Freilich interessierten sich die Logischen Empiristen vor allem für die
rationale Rekonstruktion wissenschaftlicher Behauptungen, und – spätestens im Lauf der 1940er Jahre – verschwand die historische Seite
der Wissenschaft weitgehend aus ihrem Blickfeld. Wenn man dagegen
Neuraths Schriften aufmerksam liest, zeigt sich, so Brenner, dass die
Geschichte in vielen seiner Argumentationen einen hohen systematischen Stellenwert besitzt. Außerdem wird er nicht müde, das Programm der Logischen Empiristen historisch zu verankern. (Neuraths
bekannteste diesbezügliche These sagt, dass die spezifischen sozialen, politischen und kulturellen Bedingungen in der österreichisch-
ungarischen Monarchie dazu geführt hätten, dass sich ein empiristi-
sches, an den Wissenschaften orientiertes Denken in Österreich hätte
leichter durchsetzen können als im Deutschen Reich.)
    Eine wichtige Wurzel dieser Orientierung der Wissenschaftsphilo-
sophie an der Geschichte der Wissenschaften liegt in der französischen
Tradition. Neurath räumt nicht nur den Enzyklopädisten der Aufklärung,
sondern auch anderen Denkern der französischen Tradition einen her-
ausragenden Platz ein: Comte, Poincaré, Duhem, Abel Rey. Brenner
macht darauf aufmerksam, dass die kritische Haltung Neuraths gegenüber Comte in ihren Grundlinien schon bei Poincaré gegeben war. Und
er hebt hervor, dass es falsch wäre, das Interesse an den formalen
Zügen wissenschaftlicher Theorien, das für den Logischen Empirismus
so charakteristisch ist, ausschließlich in der Linie Russell – Frege –
Wittgenstein zu verankern. Es ist wichtig zu sehen, dass sich in der
französischen Wissenschaftsphilosophie die Klärung der formalen
Struktur mit einer eindringlichen Analyse der Geschichte der Wissenschaft verband. Wenn Henri Poincaré und Pierre Duhem die formalen
Züge wissenschaftlicher Theorien untersuchten (die Interpretation formaler Systeme, die Übersetzung unterschiedlicher Wissenschaftssprachen ineinander, operationale Definitionen), taten sie dies ausdrücklich
unter Berufung auf ihre wissenschaftshistorische Arbeit.

Brenner spricht damit eine Geschichte der wechselseitigen Prägungen des Denkens zwischen Frankreich und Österreich an, die bis heute stark unterbelichtet ist. Für die Erforschung dieser Zusammenhänge kann gerade das Enzyklopädieprojekt der Logischen Empiristen Anknüpfungspunkte bieten. Brenner weist darauf hin, dass im Frankreich an der Wende zum 20. Jahrhundert und in dessen ersten Jahrzehnten mehrere enzyklopädische Unternehmen ins Werk gesetzt wurden: die *Grande Encyclopédie* von Marcelin Berthelot, die von Lucien Febvre ins Leben gerufene *Encyclopédie française*, sowie die große historische Synthese, an der Henri Berr arbeitete, und der neue Positivismus von Abel Rey. Bei aller Verschiedenartigkeit finden sich in diesen Unternehmungen Ansätze, die mit der „Bewegung für die Einheit der Wissenschaft" der Logischen Empiristen verwandt sind, und die ja auch zu konkreten Kooperationsversuchen geführt haben. Damit sind wir aber schon beim Thema unseres zweiten Abschnitts. Bevor wir uns ihm zuwenden, soll noch vom Beitrag Thomas Mormanns die Rede sein, der unseren Band eröffnet.

Mormanns Beitrag ist für das Thema dieses Bandes insofern von besonderem Interesse, als er zeigt, dass die Aufmerksamkeit auf den historischen Ort eines wissenschaftlich-philosophischen Projekts auch zur vertieften strukturellen Klärung der damit verbundenen philosophischen Fragen führen kann. Mormann sieht in der *Encyclopédie* Diderots und d'Alemberts einen Versuch zur „Territorialisierung" des Wissensraums, der deutliche Parallelen zum großen geographischen Projekt der Vermessung Frankreichs aufweist, das zur selben Zeit im Auftrag des Königs von der italienisch-französischen Familie Cassini durchgeführt wurde. Davon ausgehend schlägt Mormann vor, sowohl die Enzyklopädie des 18. Jahrhunderts als auch die der Logischen Empiristen als Versuche zu verstehen, eine geographische Beschreibung des Wissensraumes vorzulegen. In beiden Projekten lassen sich implizit und explizit enthaltene Strukturtheorien aufweisen, nach denen der Wissensraum jeweils konzipiert wird. Bei d'Alembert handelt es sich um einen „in sich stimmigen Komplex geometrischer Metaphern [...], die sich zu einer elementaren geographischen Theorie der enzyklopädischen Ordnung entfalten lassen." Die *Grande Encyclopédie* kann unter diesem Gesichtspunkt als eine Art Atlas angesehen werden, der die Geographie des Wissens in einer neuen Weise kartiert. Dieser Atlas entwirft „eine neue revolutionäre Geographie des Wissensraumes, die die überkommenen Grenzziehungen und Nachbarschaftsbeziehungen des *mundus intellectualis* von Grund auf zu revidieren bestrebt war". Mormann sieht in der Parallelität der *Encyclopédie* mit dem Cassini-

Projekt ein „charakteristisches Merkmal eines Baconischen Programms
[...], das die Eroberung des *mundus visibilis* und des *mundus intellectualis* miteinander verknüpfte." Dieses Programm ist getragen von der für
die Aufklärung charakteristischen Sehnsucht nach einem Raum, aus
dem alle dunklen Stellen getilgt sind und das nicht nur theoretische,
sondern auch eminent praktische Ziele verfolgte: es sollte eine Orientierung in der unermesslich großen Fülle der neuen und zukünftigen
Erkenntnisse ermöglichen.

Unter dieser die beiden „geographischen" Projekte zusammenfüh-
renden Perspektive gewinnt die Enzyklopädie von Diderot und
d'Alembert nicht nur an historischer Tiefenschärfe, sondern auch an
theoretischem Interesse. Denn in der herkömmlichen Erkenntnis- und
Wissenschaftstheorie sind, so Mormann, die geometrischen Aspekte
des Wissens – ebenso wie nichtpropositional formulierte Erkenntnisse
im allgemeinen – gewaltig unterschätzt worden. Deshalb ist es „bemerkenswert, dass sowohl die *Grande Encyclopédie* wie auch die österreichische Enzyklopädie diese in der Philosophie lange Zeit übliche Vernachlässigung nichtpropositionalen Wissens überwinden wollte, indem
sie Graphiken und Diagrammen eine große Bedeutung beimaßen."

Wenn wir die logisch-empiristische Enzyklopädie unter diesem Gesichtspunkt einer „Geographie des Wissensraums" betrachten, zeigt
sich, dass nicht nur Neurath versucht hat, die philosophischen Implika-
tionen einer enzyklopädischen Ordnung der Wissenschaft auszuformu-
lieren, sondern auch Carnap. Seine Konstitutionstheorie kann „als eine
‚theoretische Geographie' wissenschaftlichen Wissens verstanden werden kann, der es um die Explizierung der möglichen geometrischen
Strukturen eines Wissensraumes geht." Den Fortschritten der Geometrie seit dem 18. Jahrhundert ist es zu verdanken, dass es Carnap gelang, „über d'Alemberts elementare Ansätze einer Geometrie des Wissens hinauszugehen und die Aufgabe der Philosophie als einer Theorie
der Ordnung des wissenschaftlichen Wissens deutlicher zu explizieren." Genau hierin liegt aber ein philosophisches Potential, das, so
Mormann, zur Erhellung der Struktur jener *neuen* Enzyklopädie genützt
werden sollte, die sich heute vor unseren Augen – im Internet – entwickelt und zu deren Klärung und Entwicklung die traditionelle Epistemologie und Wissenschaftsphilosophie bisher wenig beigetragen hat.

2. Wien – Paris: der Logische Empirismus in Frankreich. Zur Geschichte eines gescheiterten Kommunikationsversuchs

Das Projekt der *International Encyclopedia of Unified Science* (IEUS) hat Neurath erst im Exil (ab 1935) vorangetrieben, aber es hat eine lange Vorgeschichte, die Hans-Joachim Dahms in seinem Beitrag rekonstruiert. Diese Geschichte beginnt mit der Idee einer Volksbücherei (für die Neurath im Jahr 1921 Einstein gewann), geht über den Entwurf eines „Leselexikons" im Jahr 1928, bis hin zum Beschluss der IEUS während des Kongresses für Einheit der Wissenschaft 1935 in Paris. Die Idee, dieses Projekt mit der französischen Aufklärungstradition zu verbinden, stammt nach Dahms' Rekonstruktion von Einstein, der aber bei der Enzyklopädie selbst nicht mitgearbeitet hat. Neurath hat später als Organisator des Projekts die alte Enzyklopädie immer wieder als Vorbild im Sinne der Aufklärung genannt, und er bezeichnete die Mitarbeiter des Projekts als „Neue Enzyklopädisten" – eine Bezeichnung, der freilich der Mitherausgeber Morris nicht viel abgewinnen konnte. Diese Skepsis hat, nach Dahms' Rekonstruktion, wohl auch damit zu tun, dass sich das Konzept in den Jahren von 1921 bis 1935 verschoben hat: weg von der Volksbildung hin zu einem wissenschaftlichen Publikum. Deshalb findet Dahms die Bedenken von Morris sehr nachvollziehbar und stellt die Frage: „steht eine sich auf die Wissenschaft beschränkende und nur an Wissenschaftler sich wendende Enzyklopädie nicht schon per se einem aufklärerischen Anspruch im Wege?"

Jedenfalls konnte Morris keine große Nähe zwischen IEUS und Aufklärungstradition feststellen – für Dahms ein Symptom dafür, dass Neuraths Bemühen, „der Bewegung des logischen Empirismus ein gewisses historisches Bewusstsein und Traditionsverständnis einzuhauchen" letztlich gescheitert ist. Dass das IEUS Projekt als ganzes ein Torso geblieben ist, sieht Dahms nicht nur in historischen und politischen Umständen begründet, sondern auch darin, dass Neuraths einheitswissenschaftliches Programm geradezu utopische Dimensionen gehabt habe (siehe dazu auch Soulez in diesem Band).

Auch Antonia Soulez geht in ihrem Beitrag einer Geschichte des Scheiterns nach. Sie fragt sich, warum der Logische Empirismus in der philosophischen Landschaft Frankreichs keine Spuren hinterlassen hat, obwohl sich die Gruppe auf den Kongressen für Einheit der Wissenschaft 1935 und 1937 der philosophischen Öffentlichkeit in Paris ausführlich vorgestellt hat.[5] Soulez zeichnet zuerst die komplexe Diskussionssituation auf den beiden Kongressen nach und arbeitet die großen Unterschiede zwischen 1935 und 1937 heraus. Während die Gruppe der Wiener 1935 noch selbstbewusst und in gemeinsamer Front auftrat, war der kämpferische Ton 1937 verschwunden. Das hat sicherlich damit zu tun, dass sich der Wiener Kreis 1937, wie Soulez sagt, schon „auf der Durchreise" ins Exil befindet, darüber hinaus aber wohl auch damit, dass bereits der Kongress von 1935 nicht den erhofften Erfolg gebracht hatte. Abgesehen von wenigen Ausnahmen ist die Philosophie des Logischen Empirismus in Frankreich nicht rezipiert worden. Soulez sieht dafür mehrere Ursachen: erstens die Aversion der französischen Philosophen gegenüber dem logischen Symbolismus à la Russell und Frege; diese richtet sich, zweitens, erst recht gegen Carnaps „rationale Rekonstruktion" wissenschaftlicher Gegenstände mit rein formalen Mitteln. Die dritte Ursache sieht Soulez in den Argumenten, die Jean Cavaillès, einer der wenigen Philosophen, die sich mit dem Logischen Empirismus ernsthaft auseinandergesetzt haben, vorbrachte. Er warf den Wienern vor, in eine Art „wissenschaftlicher Philologie" zu verfallen. Weder eine physikalistische Sprache noch ein syntaktisches System seien imstande das philosophische Projekt zu realisieren, das die neue Philosophie zu realisieren angetreten war: nämlich die Gegenstände der Wissenschaft neu zu begründen. Die vierte Ursache dürfte in Neuraths „Stil" zu suchen sein. Das immense Projekt einer Enzyklopädie, die als terminologisches Ganzes begriffen wird, sowie deren programmatischer Charakter mussten in Frankreich auf Skepsis und Ablehnung stoßen. „Denn so sehr diese auch von der französischen Aufklärung durchdrungen war, mischte sich doch ein utopisch-sozialplanerischer Zug hinein, der eher typisch österreichischen Ursprungs ist." Soulez nennt schließlich einen Franzosen, der, wenn er noch am Leben gewesen wäre, als Gesprächspartner für Neurath viel besser geeignet gewesen wäre als Lalande und Rougier: der Humanist Louis Couturat. Auch er erhoffte sich eine „Versöhnung der Geister mittels einer Universalsprache".

De facto aber spielte der Philosoph Louis Rougier eine eminent wichtige Rolle dafür, wie der Logische Empirismus in Paris wahrgenommen und eingeschätzt wurde. Der intellektuellen Biographie Rougiers geht Mathieu Marion in seinem Beitrag ein Stück weit nach. Rougier organisierte gemeinsam mit Neurath den Kongress in Paris 1935, stellte daher viele Kontakte „vor Ort" her und gab nachher die Kongressakten heraus. Neuraths Korrespondenz mit Philipp Frank, der die wissenschaftliche Situation in Paris recht gut kannte und den Neurath daher oft um Rat fragte, zeugt von einer Unzahl von Komplikationen, Missverständnissen und Konflikten, die bei der Vorbereitung des Kongresses auftraten und die bis heute kaum erforscht sind. Jedenfalls wurde Rougier auf Grund dieser Aktivitäten von seinen französischen Kollegen als gehorsamer Schüler des Kreises wahrgenommen. Nicht nur das philosophische Bild der „Wiener" in Frankreich wurde dadurch beeinflusst. Über Rougier, der mit der Vichy-Regierung kokettiert haben soll und schließlich als Anhänger der *Novelle Droite* in Frankreich endete (siehe dazu Schöttler in diesem Band), wurde der Logische Empirismus nach dem zweiten Weltkrieg auch politisch mit sehr negativen Konnotationen belastet. Die schwierige Frage, ob Rougiers schlechte politische Reputation zu Recht besteht oder nicht, klammert Marion in seinem Beitrag ausdrücklich aus. Statt dessen geht er einigen der intellektuellen Beziehungen nach, die zwischen den Logischen Empiristen und dem Mann bestanden, der als „Botschafter" des Wiener Kreises (Schöttler) in Paris auftrat. Schon Philipp Frank hat darauf hingewiesen, dass Rougier keineswegs als Schüler der Logischen Empiristen gelten kann, sondern von einem unabhängigen Standpunkt aus zu ähnlichen wissenschaftsphilosophischen Auffassungen gekommen ist. Marion nimmt dies als Ausgangspunkt seiner Rekonstruktion. Er zeigt auf, dass Rougier die meisten und wichtigsten Bücher schon geschrieben hatte, bevor er (Anfang der 1930er Jahre) mit Schlick in Kontakt trat. Seine Schriften zeugen von einer eingehenden Kenntnis der Probleme der zeitgenössischen Wissenschaftsphilosophie. Sie zeugen auch davon, dass Rougier nach einer konventionalistischen Alternative zwischen Empirismus und Rationalismus suchte und sich dabei an Auguste Comte und anderen großen Vertretern der positivistischen Tradition Frankreichs orientierte. Es ist faszinierend, so Marion, wie nahe Rougiers Auffassungen dem Logischen Empirismus bereits waren, bevor er an den Diskussionen mit dem Wiener Kreis teilnahm, in denen er übrigens eine strikt antiphysikalistische Position nahe der von Moritz Schlick vertrat.

Wir können darin vielleicht ein weiteres Indiz dafür sehen, dass das Aufeinandertreffen der beiden (durchaus ungleichen) positivistischen Traditionen – der Comte'schen und der logisch-empiristischen – in der ersten Hälfte des 20. Jahrhunderts zu weitaus fruchtbareren Konstellationen hätte führen können als dies tatsächlich der Fall war. Dass es dazu nicht kam, lag sicherlich primär an den politischen Katastrophen der Zeit. Es könnte freilich unter anderem auch mit der Rolle und der Persönlichkeit Louis Rougiers zu tun haben.

Philipp Frank jedenfalls hatte diesen Eindruck. Schon in der Vorbereitung für den ersten Kongress 1935 war es ihm ein großes Anliegen, die Verbindung mit dem *Centre de Synthèse*, Abel Rey und Henri Berr stärker zu nützen (Philipp Frank an Neurath, Mai/Juni 1935). Und zwei Monate vor dem zweiten Kongress, in einem Brief vom 29.5.1937, schreibt er an Neurath: „Ich würde sehr raten, das ,centre de synthèse' für unseren Enzyklopädiekongress zu interessieren." Und er fügt hinzu:

Dabei dürfen Sie auf Rougier nicht rechnen, der immer sucht, uns in Paris zu isolieren und für sich zu monopolisieren. ... Dieses „centre" hat ja in mancher Hinsicht ähnliche enzyklopädische Tendenzen. ... Schreiben Sie an Bouvier, der aber nicht sehr aktiv ist. Die eigentliche Seele des „centre" ist Henri Berr, ein Historiker und Soziologe, mit dem Sie sich leicht verständigen werden. ... Von Henri Berr habe ich gehört, dass er neuen Ideen sehr zugänglich ist, und nach einem Anschluss der Soziologie an die Wissenschaft sehr sucht. Er ist „directeur de la revue de synthèse" und außerdem „directeur" einer „revue de synthèse historique".

Neurath lud Abel Rey und Henri Berr umgehend zu einem Treffen ein, zu dem es auch tatsächlich gekommen sein dürfte (Neurath an Frank, 4. Juni 1937).[6]

Tatsächlich – und damit kommen wir zum Beitrag von Peter Schöttler – war Rougier keineswegs der einzige „Verbindungsmann" der Logischen Empiristen in Paris. Mit dem Centre de Synthèse bestanden kontinuierliche Kontakte. So erschienen in den Jahren zwischen 1934 und 1937 in der *Revue de Synthèse* mehrere Artikel von Schlick, Hempel, Carnap, Frank und Neurath. Es ist freilich merkwürdig, welche Beziehungen in Paris im Keim stecken blieben, obwohl sie außerordentlich nahe liegend waren – in einem intellektuellen und einem „geographischen" Sinn. Im Universitätsgebäude mit der Adresse 13, rue du Four, war nicht nur das Institut für Wissenschaftsgeschichte der Sorbonne unter der Leitung von Abel Rey untergebracht, sondern auch das Großprojekt der *Encyclopédie Française*, das vom Historiker Lucien Febvre herausgegeben wurde.[7] Neurath ließ das Projekt der *International Encyclopedia of Unified Science* 1935 in Paris gleichsam offiziell beschließen und machte es zwei Jahre später zum Hauptthema des zweiten Kongresses in Paris. Genau zur selben Zeit, am selben Ort wie Abel Reys Institut wurde an einem enzyklopädischen Werk gearbeitet, das von einem ähnlichen Geist durchdrungen war wie das Neuraths. Denn, wie Schöttler vorführt, handelte es sich bei der *Encyclopédie Française* um ein humanistisches und rationalistisches Projekt, das in der politischen Aufbruchsstimmung des *Front Populaire* in Gang kam – das also Neurath auch politisch nahe stand. Auch Febvre berief sich auf Diderot und d'Alembert, verwarf aber wie Neurath die alphabetische Ordnung zugunsten einer methodischen Orientierung. Sein Vorhaben, eine „Enzyklopädie der Forscher, Erfinder ..., man könnte sagen der Produkteure" zu schaffen, weist im Vergleich zur Neurath'schen Konzeption sicherlich auch Unterschiede auf, trifft sich aber in wichtigen

Punkten mit ihr: etwa in der Absicht, führende Wissenschaftler als Beitragende zu gewinnen und so das wissenschaftliche Wissen auf der Höhe der Zeit einem breiten Publikum zugänglich zu machen. Die beiden Konzeptionen trafen sich auch darin, dass nicht ein traditionelles, geisteswissenschaftliches Weltbild vertreten wurde, sondern eines, das „die neuen Natur- und Sozialwissenschaften privilegierte". Vor allem aber ein Charakteristikum der *Encyclopédie Française*, das Schöttler als „die eigentliche Innovation und das große Wagnis des Projekts" bezeichnet, müsste Neurath sehr gefallen haben: nämlich die Haltung der „gelehrten Ungewissheit, der *savante incertitude*". Weil sich mit den wissenschaftlichen Umwälzungen seit der Jahrhundertwende auch das Wissenschaftsverständnis gewandelt habe, müsse, so Febvre, eine moderne Enzyklopädie „verstehen, nicht alles zu wissen". Neuraths lebenslange Kritik an allen Formen von Letztbegründung und „Pseudorationalismus", die er auch in der Wissenschaftsphilosophie diagnostizierte, hat durchaus ähnliche Intentionen und sie spielt in seiner als „Enzyklopädismus" bezeichneten Konzeption eine zentrale Rolle.

Dass es zu der naheliegenden Kooperation zwischen Febvre und Neurath nicht kam, könnte auch an den Spannungen gelegen sein, die, wie Schöttler ausführt, zwischen Henri Berr und Lucien Febvre von der Mitte der 1930er Jahre an existierten. Es wäre nicht das einzige Mal gewesen, wo sich die Organisatoren der Kongresse für die Einheit der Wissenschaft im Pariser Netzwerk der intellektuellen und sozialen Beziehungen verfangen haben.

Philipp Frank, der, wie Gerald Holton mir in einem Gespräch im Oktober 2004 versicherte, sehr gut Französisch sprach, kam immer wieder die Aufgabe zu, vermittelnde Briefe zu schreiben und Gespräche zu suchen. Er hat diese Rolle mit Ironie und Charme gespielt, aber im Juni 1937 ermahnte er Neurath durchaus ernsthaft: „Dann möchte ich Sie darauf aufmerksam machen, dass es sehr wichtig ist, Rougier mitzuteilen, wen von den Franzosen Sie eingeladen haben. Sonst können leicht wieder neue Skandale entstehen." Und am Rand des Kongresses von 1937 scheint Frank damit beschäftigt gewesen zu sein, noch manche Wogen zu glätten. Jedenfalls schreibt er im September 1937: „Lieber Neurath! Nach den vielen Schrecken meiner diplomatischen Tätigkeit in Paris habe ich mich auf einige Tage nach Marienbad zurückgezogen."[8]

3. „Physikalistische Einheitswissenschaft" und *Encyclopedia of Unified Science*

Der Begriff der Einheitswissenschaft, der in der Programmschrift von 1929 die Zielvorstellung des Wiener Kreises kennzeichnet, ist oft missverstanden worden. Das liegt sicherlich auch daran, dass erstens die Idee der Einheitswissenschaft keineswegs vom ganzen Kreis unter-

stützt wurde (bekanntlich hat sich Schlick über diesen Begriff lustig
gemacht) und dass zweitens diejenigen, die sie unterstützten (die wichtigsten waren Neurath, Carnap, Hahn und Frank), darunter nicht unbedingt dasselbe verstanden oder sich auch im Lauf der Zeit das, was sie
darunter verstanden, verschob.

Mélika Ouelbani geht in ihrem Beitrag dem Begriff der Einheit der
Wissenschaft bei den beiden bekanntesten Proponenten des Projekts,
nämlich Carnap und Neurath, nach. Sie hebt hervor, dass sich schon in
Carnaps Konstitutionssystem von 1928 zeigt, dass es für sein logisches
System letztlich gleichgültig war, ob die Basis des Systems phänomenalistisch oder physikalistisch konzipiert ist. Er konnte sich daher relativ
leicht von Neuraths pragmatischen Argumenten überzeugen lassen,
seinen ursprünglich eher phänomenalistischen Ansatz aufgeben und
sich Neuraths Projekt einer physikalistisch begründeten Einheitswissenschaft anschließen. Dies änderte freilich nichts daran, dass Carnap
unter Einheit der Wissenschaft die logische Vereinheitlichung aller Wissenschaften verstand. Deshalb zeigten sich alsbald Differenzen zwischen Carnap und Neurath: zunächst in ihrer Konzeption der Protokollsätze, und dann in ihrer Vorstellung von der Einheitswissenschaft, die
Carnap als System auffasst. Neurath dagegen weist die Vorstellung
von der Wissenschaft als deduktives System zurück und schägt vor, die
Einheit der Wissenschaft bewusst enzyklopädisch zu denken. Für ihn
bleibt „alles mehrdeutig und in vielem unbestimmt", und außerdem sind
immer mehrere Formen gleichzeitig möglich. Ouelbani hebt hervor,
dass es nicht der Pluralismus ist, der Neurath von Carnap trennt: auch
Carnap hat, wie gesagt, schon im *Logischen Aufbau der Welt* zwei
Möglichkeiten für die Wahl der Basis der Begriffe vorgesehen. (Und
deshalb kann, wie Mormann betont hat, Carnaps Konstitutionssystem
als eine Theorie *möglicher* Ordnungen des Wissensraums gelesen
werden.) Freilich ist weder der grundsätzlich provisorische Charakter
des Wissens noch die „Unreinheit" der physikalistischen Sprache (beides Charakteristika des Enzyklopädismus, die Neurath sehr wichtig
sind), kompatibel mit Carnaps Vorstellung eines rein logischen Systems
der Begriffe.

Als Carnap ab 1935 an der *International Encyclopedia of Unified
Science* mitarbeitete, so lautet Ouelbanis Diagnose, fügte er sich einer
enzyklopädischen Konzeption der Wissenschaft, die diejenige Neuraths, aber nie seine eigene war. Kein Wunder, dass Carnap nach Neuraths Tod das Enzyklopädieprojekt nicht mehr weiter verfolgte.

Thomas E. Uebel macht eine Seite der Einheitswissenschaft zum
Thema, die besonders häufig auf Unverständnis und auch auf heftige

Kritik gestoßen ist, den Physikalismus: Wie kann es in einer physikalistischen Einheitswissenschaft Raum für ein tragfähiges Konzept von Sozialwissenschaft geben? Uebels These ist, dass Neuraths „enzyklopädische" Konzeption der Einheit der Wissenschaft gerade zeigen will, dass und auf welche Weise die Sozialwissenschaften als „physikalistische" Wissenschaft aufgefasst werden können. Dabei ist wichtig zu betonen, dass Neuraths Vorstellung der Einheit der Wissenschaft keineswegs darauf abzielte, soziologische Gesetzmäßigkeiten auf physikalische Gesetze zurückzuführen – ebenso wenig wie auf psychologische. Er lehnte beides ausdrücklich ab und bezog funktionelle und strukturelle Analysen und Erklärungen wie sie bei Durkheim, aber auch schon bei Marx zu finden sind, in den Physikalismus ein. In seiner „minimalistisch" gefassten Einheitswissenschaft ist, so Uebel, eine Vielfalt von Erklärungsprinzipien und Methoden zugelassen, und sie gesteht den unterschiedlichen Disziplinen ihre begriffliche Autonomie zu. In welchem Sinn ist die Sozialwissenschaft dann aber „physikalistisch"? Uebel zeigt, dass Neurath – im Gegensatz zu Carnap – von Anfang an nicht daran dachte, die wissenschaftliche Sprache insgesamt auf die Sprache der Physik zurückzuführen. Wenn Neurath forderte, dass alle wissenschaftlichen Behauptungen in physikalistischer Sprache formulierbar sein müssen, dann sah er darin eine Art von Testverfahren, das zeigen sollte, ob sich ein komplexes Gesamtes von theoretischen Sätzen letztlich eingliedern lässt in das „Netz" von Aussagen, die raumzeitliche Beziehungen zum Ausdruck bringen. So war Freuds Psychoanalyse in Neuraths Augen ein möglicher Teil der Einheitswissenschaft: es müsste nur gelingen, z.B. Aussagen über das „Unbewusste" als Aussagen über Vorgänge in Raum und Zeit zu formulieren und damit die gesamte Theorie empirisch zu kontrollieren. Dass Neurath diesbezüglich optimistisch war, zeigt sich darin, dass er eine Arbeitsgruppe leitete, die die Psychoanalyse in physikalistischer Sprache darstellen sollte. Dementsprechend darf Neuraths Rede von „Behavioristik" nicht mit dem traditionellen Behaviorismus verwechselt werden – eine Verwechslung, die Uebel in Felix Kaufmanns Kritik am Physikalismus aufweist und die bis heute weit verbreitet ist. In Neuraths Verständnis sind Aussagen über die eigenen Erlebnisse und Gefühle Beobachtungsaussagen wie andere auch. Sie sind als Aussagen über Ereignisse in Raum und Zeit aufzufassen und daher Teil der physikalistischen Wissenschaft. Neurath 1941: „Sätze des Typs: ‚Diese Eingangshalle eines Gebäudes begeistert mich' können als physikalistische aufgefasst werden, da sie Beobachtungssätze sind."

4. Aufklärungsdenken unter neuen Vorzeichen?

Als die Mitglieder des Wiener Kreises in den Jahren 1935 und 1937 zu
den Kongressen nach Paris kamen, waren sie, um es in den Worten
von Antonia Soulez zu sagen, „auf der Durchreise". Sie waren auf dem
Weg in die USA, ins Exil, wo sich der Logische Empirismus bekanntlich
rasch durchsetzte – freilich war dies eine Version des Logischen Empirismus, aus dem die sozialen und politischen Ziele des Aufklärungspro-
jekts schnell verschwanden.

Dass dies nicht unbedingt hätte so kommen müssen, geht aus
George Reischs Beitrag hervor. Die aufklärerischen Intentionen des
Enzyklopädieprojekts wurden von Charles Morris und John Dewey,
dem prominentesten US-amerikanischen Philosophen der Zeit, uneingeschränkt unterstützt. Auch Morris und Dewey, so betont Reisch, sahen in der Wissenschaft eine organisierte, kollektive Praxis zur Erforschung von Natur und Gesellschaft, die in ihren Augen das wichtigste
Instrument für den Aufbau einer humaneren, friedlichen und ökonomisch gerechten Welt war.

Freilich stimmten Pragmatismus und Logischer Empirismus zwar in
den Zielen überein, aber nicht immer darin, was sie über die Wissenschaft und ihren epistomologischen Gehalt dachten. Außerdem war
den Logischen Empiristen die intellektuelle Welt der USA weitgehend
fremd. Die philosophischen Auseinandersetzungen um den Status und
die Rolle der Wissenschaft wurden in den USA unter anderen Voraus-
setzungen geführt als in Europa. Darüber konnten sich die Emigranten
aus Europa nicht im Klaren sein.

Für Neurath gilt dies allerdings nur mit Einschränkungen. Er ist in den 1930er
Jahren mehrmals in die USA gereist, hat ein bemerkenswert dichtes Netz von
Kontakten geknüpft und sich ein recht genaues Bild von der philosophisch-
ideologischen Lage verschafft. Ab 1936 schrieb er lange Briefe an Philipp
Frank, um diesen auf eine künftige US-Reise vorzubereiten. Aus dem Briefwechsel geht hervor, wie erstaunt Philipp Frank über das war, was ihm über die
intellektuelle Gepflogenheiten in den USA zugetragen worden war, z. B. „dass
die Worte ‚Idealismus' und ‚Materialismus' nicht ausgesprochen werden dürfen,
wenn man ein Ausländer ist. Das gilt angeblich für taktlos und als eine Einmi-
schung in amerikanische Verhältnisse. Ich weiss allerdings nicht recht, ob Idealismus eine amerikanische ‚National'religion ist."[9] Neurath beschrieb Frank
seine Erfahrungen und Einschätzungen sehr ausführlich. Er hatte einen sehr
scharfen Blick für die unausgesprochenen Regeln, durch die sich der akademi-
sche Stil in den USA von dem in Europa unterschied. Und er machte sich Sor-
gen, dass diese kulturellen Differenzen einen möglichen Erfolg Franks in den
USA behindern könnten.[10] Aus den Briefen wird auch deutlich, mit welchem
Eifer Neurath sich über die politischen Kräfte kundig gemacht hat, die an einem

Aufklärungsprojekt im Sinn der „wissenschaftlichen Weltauffassung" interessiert sein könnten. Immer wieder fordert er Frank auf, aus diesem Grund mit Nagel, Hook, Hull, und Dewey Kontakt aufzunehmen.[11] (Neurath an Frank, 16. Juli 1937)

John Dewey hat für die *International Encyclopedia of Unified Science* zwei Beiträge geschrieben. Und obwohl er in vielen Punkten eine ähnliche Vision von der gesellschaftlichen Bedeutung eines an den modernen Wissenschaften orientierten Rationalismus hatte wie die Logischen Empiristen, haben seine Beiträge bei den Herausgebern der *Encyclopedia* – Carnap, Morris und Neurath – nicht nur Zustimmung gefunden. Reisch analysiert die Differenzen und Debatten, die daraus entstanden. Dabei wird sichtbar, dass Dewey zu der Zeit, als ihm die Mitarbeit an der *Encyclopedia* angetragen wurde und er sie schließlich akzeptierte, alle Hände voll damit zu tun hatte, Angriffe von Seiten der Neothomisten zurückzuweisen. Diese Angriffe richteten sich gegen eine an der modernen Wissenschaft orientierte Philosophie im allgemeinen und gegen Dewey im besonderen.

Dewey war weder mit Carnaps logischem Reduktionismus noch mit Neuraths Physikalismus einverstanden, vor allem aber wies er die Auffassung zurück, dass Werturteile nur subjektive Gefühle ausdrücken. Wäre diese Auffassung richtig, so Dewey, dann wäre eine wissenschaftliche Werttheorie unmöglich – und genau eine solche wollte Dewey entwickeln und gegen die von den Neothomisten Adler und Hutchins wiederbelebte Metaphysik verteidigen. Dewey, Carnap und Neurath waren darum bemüht, Missverständnisse in diesen Punkten auszuräumen. Aber Deweys Sorge blieb bestehen, dass gerade die programmatische Antimetaphysik der Logischen Empiristen sowie der Ausschluss von Werturteilen aus der Wissenschaft, denjenigen Kräften in die Hände spielen würden, die der US-amerikanischen Öffentlichkeit einzureden suchten, dass Werte nur in einem metaphysischen System und nicht mit rationalen Argumenten begründet werden können. Es scheint, dass Dewey sich bis zu einem gewissen Grad davon überzeugen ließ, dass Carnaps und Neuraths Version des Logischen Empirismus mit seinen Anliegen vereinbar war. Freilich ist das, was Dewey befürchtete, letztlich doch eingetreten. In den 1950er Jahren setzte sich sowohl in der Wissenschaftstheorie als auch in der Öffentlichkeit ein Bild von Wissenschaft durch, in dem Fragen der Wissenschaft vollständig getrennt von allen Fragen gesellschaftlicher Werte dargestellt wurden. Die Dichotomie zwischen Tatsachen und Werten war während des Kalten Krieges omnipräsent und trug dazu bei, dass der Logische Empirismus schließlich zu einem völlig unpolitischen Projekt wurde.

Philipp Frank, der 1939 in die USA emigrierte, war der einzige der Logischen Empiristen, der mitten im Kalten Krieg als öffentlicher Intellektueller auftrat und nicht müde wurde zu erklären, dass Wissenschaft keineswegs im „Fakten Sammeln" besteht. Er warb für eine enge Verbindung zwischen Wissenschaft und Philosophie und vertrat die Auffassung, dass nicht die Wissenschaft per se, sondern ein philosophisch reflektiertes wissenschaftliches Denken wesentlich zur Stärkung von demokratischen Werten und Haltungen beitragen kann. Philipp Franks Versuch zu zeigen, dass die moderne Wissenschaftsphilosophie Teil des unvollendeten Projekts der Aufklärung ist, war in den USA der 1950er Jahre freilich marginalisiert. Auch die Rekonstruktion dieses Kapitels der Geschichte eines Scheiterns hat gerade erst begonnen.[12]

Anmerkungen

1. Neurath (1938) in: Gesammelte philosophische und methodologische Schriften, hg. von Rudolf Haller und Heiner Rutte, Wien: Hölder-Pichler-Tempsky 1981, S.879.
2. ibid. S. 893.
3. Rainer Hegselmann in: Joachim Schulte und Brian McGuinness (Hg): *Einheitswissenschaft*, Frankfurt am Main: Suhrkamp 1992, S. 11.
4. Siehe dazu das reiche Material in: Fritz Ringer: *Die Gelehrten. Der Niedergang der deutschen Mandarine 1890–1933*, aus dem Amerikanischen übersetzt von K. Laermann, Stuttgart: Klett-Cotta 1983 (Original: *The German Mandarins*, Cambridge: Harvard Press, 1969).
5. Zum Zusammentreffen der beiden Traditionen auf diesen Kongressen siehe auch Charles Alunni: „Le Congrès Descartes, 1937: l'arène philosophique européenne", *Actes de la Recherche en Sciences Sociales* No. 141-142: Mars 2002, S.130-131.
6. Neurath-Nachlass, Wiener Kreis Stichting, Amsterdam, Inv. Nr. 236.
7. Zur Geschichte der *Encyclopédie Française* siehe die Einleitung zu dem eben erschienenen Band: Maurice Halbwachs et Alfred Sauvy: *Le Point de Vue du Nombre 1936*. Edition critique, dir. par Marie Jaisson et Eric Brian, Paris: I.N.E.D. 2005.
8. Alle Zitate dieses Abschnitts aus: Neurath-Nachlass, Wiener Kreis Stichting, Amsterdam, Inv. Nr. 236, Kopie im Institut Wiener Kreis.
9. Frank an Neurath, September 1937. Neurath-Nachlass, Wiener Kreis Stichting, Amsterdam, Inv. Nr. 236, Kopie im Institut Wiener Kreis.
10. Z.B. in Neurath an Frank, 1. Juni 1937 und 16. September 1937. Neurath-Nachlass, Wiener Kreis Stichting, Amsterdam, Inv. Nr. 236, Kopie im Institut Wiener Kreis.
11. Z.B. in Neurath an Frank, 30. November 1937, Neurath-Nachlass, Wiener Kreis Stichting, Amsterdam, Inv. Nr. 236, Kopie im Institut Wiener Kreis.
12. Siehe Gary L. Hardcastle, Alan W. Richardson (eds.) 2003: *Logical Empiricism in North America, Minnesota Studies in the Philosophy of Science*, Vol. XVIII, Minneapolis–London: Univ. of Minnesota Press, und George Reisch: *How the Cold War Transformed Philosophy of Science*, Cambridge University Press 2005.

FRIEDRICH STADLER

PARIS – WIEN: ENZYKLOPÄDIEN IM VERGLEICH.
ÜBER VERGESSENE WECHSELWIRKUNGEN

Nachdem die internationale Forschung über den Wiener Kreis im eng-
lischsprachigen Raum seit dem bahnbrechenden Aufsatz von Herbert
Feigls „The Wiener Kreis in America" (1969) mehrere neuere Publikationen zur transatlantischen Wirkungsgeschichte hervorgebracht hat,[1] ist
es höchst an der Zeit, sich der vernachlässigten „French Connection" in
der Wissenschaftsphilosophie zu widmen.[2] Diese verspätete Forschung
ist umso bemerkenswerter, als wir um die engen wechselseitigen Beziehungen zwischen den Wienern und Parisern seit dem *Fin de Siècle*
wissen, die sich – aufbereitet durch Ernst Mach – im konkreten in der
starken Rezeption von Henri Poincaré und Pierre Duhem im sogenannten „ersten Wiener Kreis" manifestieren. Dementsprechend hat schon
Philipp Frank in seinem Buch *Modern Science and its Philosophy*
(1949) diese bilaterale Entwicklung im Aufklärungsdiskurs der modernen Wissenschaftstheorie beschrieben und die dreifache Wurzel des
Logischen Empirismus in einer modernisierten Variante betont: und
zwar mit Bezug auf den englischen Empirismus, den französischen
Rationalismus und den amerikanischen (Neo-)Pragmatismus.[3]

Im konkreten ging es damals bereits um eine Synthese von Empirismus und symbolischer Logik, wobei die Mach'sche Wissenschaftslehre durch den französischen Konventionalismus verbessert werden
sollte, nicht zuletzt um auch Lenins Kritik am „Empiriokritizismus" begegnen zu können. Dabei diente Abel Reys Buch *La théorie physique
chez les physiciens contemporains* (1907) zur Überwindung der me-
chanistischen Physik als willkommenes Theorienangebot. Die Vermitt-
lung zwischen empirischer Beschreibung und analytischer Axiomatik
der Wissenschaftssprache sollte schließlich durch Poincaré geleistet
werden:[4]

Nach Mach sind die allgemeinen Prinzipien der Wissenschaft ab-
gekürzte ökonomische Beschreibungen von beobachteten Tatsachen; nach Poincaré sind sie freie Schöpfungen des menschlichen
Geistes, die überhaupt nichts über beobachtete Tatsachen aussagen. Der Versuch, die beiden Konzepte in einem kohärenten System zu integrieren, war der Ursprung dessen, was später Logischer
Empirismus genannt wurde.

Dieses Ziel wurde mit Hilfe von Hilberts Axiomatik der Geometrie als eines konventionalistischen Systems „impliziter Definitionen" erreicht:

> Auf diese Weise konnte die Philosophie Machs in den „neuen Positivismus" eines Henri Poincaré, Abel Rey und Pierre Duhem eingegliedert werden. Die Verbindung zwischen dem neuen Positivismus und der alten Lehre von Kant und Comte besteht in der Forderung, daß alle abstrakten Ausdrücke der Wissenschaft – wie etwa Kraft, Energie, Masse – als Sinnesbeobachtungen interpretiert werden müssen.[5]

Denn Pierre Duhem schrieb bereits 1907 in *La théorie physique, son objet et sa structure* (Deutsch: *Ziel und Struktur der physikalischen Theorien*, Übersetzung von Friedrich Adler, mit einem Vorwort von Ernst Mach, 1908) ähnlich wie Mach:

> Eine physikalische Theorie ist keine Erklärung. Sie ist ein System mathematischer Lehrsätze, die aus einer kleinen Zahl von Prinzipien abgeleitet werden und den Zweck haben, eine zusammengehörige Gruppe experimenteller Gesetze ebenso einfach, wie vollständig genau darzustellen.

Anschließend folgt die für die Enzyklopädie wesentliche Erkenntnis:

> Das experimentum crucis ist in der Physik unmöglich.[6]

Trotz der metaphysischen Neigungen von Duhem wurde seine Lehre zu einem Bezugs-Rahmen für weitere Auseinandersetzungen zwischen Wissenschaft und Religion und, allgemeiner, zwischen Wissenschaft und Ideologien.

In der weiteren wechselseitigen Entwicklung verglich Frank die Publikationen von Louis Rougier mit denen von Moritz Schlick:

> Er ging von Poincaré aus, versuchte, Einstein in den „neuen Positivismus" einzugliedern und schrieb die beste umfassende Kritik der Schulphilosophie ... die „Paralogismen des Rationalismus" (Paris: Alcan 1920).[7]

Der Physiker Marcel Boll übersetzte Schriften von Rudolf Carnap, Hans Reichenbach, Moritz Schlick und Philipp Frank ins Französische und der ursprüngliche Einfluss von Duhem sollte sich nun umkehren:

Der französische General Vouillemin (vgl. C.E. Vouillemin, *La logi-que de la science et l'Ecole de Vienne* (Paris: Hermann 1935) emp-fahl unsere Gruppe, weil wir die Schreibweise „Science" durch das bescheidene „science" ersetzten. ... Die französischen Neotho-misten ... sahen im Logischen Positivismus den Zerstörer der idea-listischen und materialistischen Metaphysik, die für sie die gefähr-lichsten Feinde des Thomismus waren. Um diese internationale Zusammenarbeit zu organisieren, wurde 1934 in Prag eine Vorkon-ferenz veranstaltet, an der Charles Morris und L. Rougier teilnah-men. Der Grundstein zur jährlichen Veranstaltung internationaler Kongresse für „Einheit der Wissenschaft" war damit gelegt.[8]

Mit der Hochblüte des Wiener Kreises in der Zwischenkriegszeit wird diese europäische und transatlantische Internationalisierung – bei des-sen gleichzeitiger Desintegration in Deutschland und Österreich seit 1930ff. – verstärkt ausgebaut und vor allem durch einen direkten Rück-griff auf die französische *Encyclopédie* des 18. Jhdts. im Zusammen-hang mit der *International Encyclopedia of Unified Science* der Logi-schen Empiristen theoretisch und praktisch weiter verfolgt. Hier ist es vor allem Otto Neurath, der unermüdlich auch auf die französischen geistigen Vorläufer seiner Unity-of-Science-Bewegung verweist und dies bis zum Ausbruch des Zweiten Weltkrieges in Form von zwei in-ternationalen Kongressen in Paris (1935 und 1937) wirksam als spät-aufklärererische kollektive Projekte umsetzt.[9] Das konnte nicht überra-schen, wenn man um die Hinweise auf Comte, Poincaré und Duhem als Vorläufer der „wissenschaftlichen Weltauffassung" in der Pro-grammschrift des Wiener Kreises (1929) weiß.[10]

Der „Erste Kongress für Einheit der Wissenschaft in Paris 1935", der „Congrès International de Philosophie Scientifique" vom 16.–21. September an der Sorbonne, stellte den ersten Höhepunkt der neuen Wissenschaftsphilosophie des Wiener Kreises im Exil dar. Bereits Ende 1933 hatte Neurath mit Marcel Boll und Louis Rougier noch als Vertre-ter des 1934 in Wien aufgelösten „Vereins Ernst Mach" in Paris Vorge-spräche geführt, die sich auf einer Vorkonferenz in Prag 1934 fortsetz-ten. Und das abschließende Resümee Neuraths über die Pariser Kon-ferenz liest sich als eine äußerst optimistische Prognose für die Zukunft der „Gelehrtenrepublik des logischen Empirismus" und der „philosophie scientifique":

Der erste der Internationalen Kongresse für Einheit der Wissen-schaft ... war ein Erfolg für den logischen Empirismus vor einer breiteren Öffentlichkeit. Der in Frankreich so populäre Titel „Philosophie Scientifique" erweckte Interesse. Die Presse brachte fortlaufend Berichte über den Kongreß. Zeitungen und Zeitschriften beschäftigten sich in Skizzen und Interviews mit ihm. Das war umso bemerkenswerter, als es, wie Rougier und Russell in ihren Einleitungsworten hervorgehoben haben, eine Tagung war, deren Aufgabe Wissenschaft ohne Emotionen bildete. Etwa 170 Menschen aus mehr als zwanzig Ländern waren erschienen und zeigten in hohem Maße Bereitwilligkeit zu dauernder Kooperation. Rougier, Russell, Enriques, Frank, Reichenbach, Ajdukiewicz, Morris erzeugten durch ihre Ansprachen bei der Eröffnung des Kongresses in den Räumen des Instituts für intellektuelle Zusammenarbeit das lebendige Gefühl, daß es eine Gelehrtenrepublik des logischen Empirismus gebe.[11]

Unter den französischen Institutionen, die den Kongress mit veranstalteten, finden sich das genannte „L'Institut International de Coopération Intellectuelle", das „Comité d'Organisation de l'Encyclopédie Française", die „Cité des Sciences", das „Institut d'Histoire des Sciences et des Techniques" sowie das „Centre International de Synthèse". Die Dokumentation des Kongresses erschien in acht Heften in der Reihe „Actualités scientifiques et industrielles" im Pariser Verlag Hermann & Cie. (1936) – mit zahlreichen französischen Beiträgen.

Bertrand Russell, der in seiner Eröffnungsansprache eine Würdigung Freges in Deutsch gehalten hatte, erinnerte sich darin rückblickend an eine Manifestation des rational-emprischen Denkens in Leibnizscher Tradition:[12] „The Congress of Scientific Philosophy in Paris in September 1935, was a remarkable occasion, and, for lovers of rationality, a very encouraging one ..." Dem schloss sich Neurath an, wenn er meinte, dass

die Einzelwissenschaften durch direktes Aufzeigen konkreter Zusammenhänge aneinandergefügt werden und nicht indirekt dadurch, daß alle auf ein gemeinsam verschwommenes Begriffssystem bezogen werden

sollten.[13]

Der Kongress sprach sich schließlich dafür aus, das Projekt der *Encyclopedia of Unified Science* mitzutragen, welches vom Mundaneum Institut unter Neuraths Leitung in Den Haag organisiert werden sollte. Dem 37köpfigen Komitee gehörten u.a. die französischen Ge-

lehrten Marcel Boll, H. Bonnet, E. Cartan, Maurice Frechet, J. Hadamard, P. Janet, Lalande, P. Langevin, C. Nicolle, Perrin, A. Rey und L.
Rougier an.

Diese Veranstaltung – welche auch als Dokumentation der antifa-
schistischen Intellektuellen aufgefasst wurde, wie das Interesse von
Robert Musil, Walter Benjamin und Bert Brecht zeigte – bildete schließlich die Basis für eine verstärkte transkontinentale Entwicklung zur Kooperation der deutsch-, englisch- und französischsprachigen Forscher-
Innengemeinschaft, die vorwiegend von Neurath aus dem holländi-
schen Exil vorangetrieben werden sollte.[14]

Die zweite Runde der enzyklopädischen Renaissance wurde Ende
Juli 1937 ebenfalls in Paris als „Dritter Internationaler Kongreß für Einheit der Wissenschaft" anberaumt, nachdem vom Organisationskomitee
(Carnap, Frank, Joergensen, Morris, Neurath, Rougier) ein Verlagsver-
trag mit der University of Chicago Press für die ersten beiden Bände
der „International Encyclopedia of Unified Science" (IEUS) erreicht
werden konnte.

Darüber hinaus wurde im Rahmen des gleichzeitig stattfindenden
„Neunten Internationalen Philosophiekongresses" (Neuvième Congrès
International de Philosophie – Congrès Descartes) eine eigene Abteilung zur „Einheit der Wissenschaft" (L'Unité de la Science: la Méthode
et les méthodes) organisiert.

Trotz theoretischer Differenzen über die Konzeption der „Neuen
Enzyklopädie" zwischen Carnap und Neurath (speziell über den Wahr-
heits- und Wahrscheinlichkeitsbegriff) hat Neurath dort den modernen
Empirismus als eine Art heuristisches Puzzle mit dem Ziel eines „Mosa-
iks der Wissenschaften" folgendermaßen präsentiert:[15]

Man kann von der „Enzyklopädie" als Modell ausgehen, und nun
zusehen, wie viel man an Verknüpfung und logischer Konstruktion,
Eliminierung von Widersprüchen und Unklarheiten erreichen kann.
Die Zusammenschau des logischen Empirismus wird so zu einer
Aufgabe des Tages.

Es ging also vorwiegend darum, „in Ergänzung der vorhandenen großen Enzyklopädien das logische Rahmenwerk der modernen Wissenschaft"[16] aufzuzeigen, mit dem Aufbau einer Art Zwiebel um den Kern
von 2 Bänden mit 20 Einleitungsmonografien zu weiteren 260 Monografien, von denen schließlich vor allem kriegsbedingt insgesamt nur 19
Monografien erscheinen sollten.[17]

Die vollständige Realisierung dieses Unternehmens hätte also 26 Bände mit 260 Monographien in englischer und französischer Sprache ergeben, ergänzt mit einem 10bändigen bildstatistischen „visuellen Thesaurus" mit Weltübersichten im Geiste Diderots und d'Alemberts. Die Historisierung und Soziologisierung der Wissenschaftsphilosophie war zugleich als „Science in Context" zur Verhinderung eines stark formalisierten „Szientismus" gedacht.

Dieser „Enzyklopädismus" sollte also kein absolutes Fundament der Erkenntnis oder „System" der Wissenschaften (weder mit Verifikation noch Falsifikation als methodische Instrumente) liefern, sondern sich eher auf die grobe Alltagserfahrung als Ausgangsbasis unter Unsicherheit und Unbestimmtheit stützen, nämlich mit der

Grundidee, dass man keine endgiltig feste Basis, kein System vor sich hat, dass man immer forschend sich bemühen muß und die unerwartetsten Überraschungen bei späterer Nachprüfung viel verwendeter Grundanschaungen erleben kann, ist für die Einstellung kennzeichnend, die man als „Enzyklopädismus" bezeichnen mag ... Von unseren Alltagsformulierungen werden wir als Empiristen immer wieder ausgehen, mit ihrer Hilfe werden wir als Empiristen immer wieder unsere Theorien und Hypothesen überprüfen. Diese groben Sätze mit ihren vielen Unbestimmtheiten sind der Ausgangspunkt und der Endpunkt all unserer Wissenschaft.[18]

Nun erhebt sich die Frage, warum es nach dieser relativen Erfolgsgeschichte zum Bruch und Vergessen dieser fruchtbaren austrofranzösischen Zusammenarbeit kam. Dies kann hier nur angedeutet werden:

1. Der Zweite Weltkriegs zerstörte eine zentraleuropäische spätaufklärerische Wissenschaftskultur, speziell im „Roten Wien".[19]
2. Die Ideologisierung im Sog des zweiten Positivismus-Streites (Horkheimer vs. Neurath) und Personalisierung des Projektes durch den in Frankreich umstrittenen Louis Rougier nach 1945 erschwerte eine Wiederaufnahme in der Forschergemeinschaft.[20]
3. Emigration, Exil und Wissenschaftstransfer in die angloamerikanische Gelehrtenwelt und Verhinderung der (geistigen) Rückkehr, verstärkt durch den dritten Positivismus-Streit im Kontext des Kalten Krieges und der dominierenden *Dialektik der Aufklärung* (Horkheimer/Adorno) verstärkte diesen Bruch nach 1938.

4. Die Präferenz für die „Deutsche Philosophie" des Idealismus und Existenzialismus der Nachkriegszeit mit dem Klischee des „Positivismus" und eine verspätete Forschung zur verschütteten Tradition der Wissenschaftsphilosophie seit der Jahrhundertwende in Frankreich selbst trugen zum Bruch einer florierenden bilateralen Kommunikation bei.
5. Die intellektuelle Westintegration der 2. Republik Österreich mit einer Fokussierung auf die anglo-amerikanische geistige Welt marginalisierte die „French Connection" zusätzlich nach dem Zweiten Weltkrieg.

Der vorliegende Band wird dazu beitragen, die entsprechenden Forschungslücken etwas zu verkleinern und die gemeinsame geistige Vergangenheit mit Innovationen für die heutigen Forschungslandschaft zu erschließen.[21]
Vielleicht wird durch die neue Historiographie die komplexe bilaterale Beziehung zwischen Österreich und Frankreich seit dem 2. Weltkrieg, mit der emotionsgeladenen Waldheim-Ära und vor allem nach der politischen Wende des Jahres 2000 zumindest in der Gelehrtenwelt zugleich entideologisiert.[22]

Anmerkungen

1. Vgl. die neuesten Publikationen: Ronald N. Giere / Alan W. Richardson (eds.), *Origins of Logical Empiricism.* Minneapolis–London: University of Minnesota Press 1996; Gary Hardcastle / Alan W. Richardson (eds.), *Logical Empiricism in North America.* Minneapolis–London: University of Minnesota Press 2004.
2. Anastasios Brenner, „The French Connection: Conventionalism and the Vienna Circle", in: Michael Heidelberger / Friedrich Stadler (eds.), *History of Philosophy of Science. New Trends and Perspectives.* Dordrecht–Boston–London: Kluwer 2002, pp.277-286.
3. Philipp Frank, *Modern Science and Its Philosophy.* Cambridge: Harvard University Press 1949. Deutsch in: Kurt Rudolf Fischer (Hrsg.), *Das goldene Zeitalter der Österreichischen Philosophie. Ein Lesebuch.* WUV-Universitätsverlag 1995. S. 245-296.
4. Frank, „Der historische Hintergrund", in: ebda., S. 256.
5. Ebda., S. 258f.
6. Ebda., S. 259.
7. Ebda., S. 291.
8. Ebda., 291f.
9. Stadler, The *Vienna Circle. Studies in the Origins, Development, and Influence of Logical Empiricism.* Wien–New York: Springer 2001, pp. 363ff., and 377ff.
10. *Wissenschaftliche Weltauffassung. Der Wiener Kreis.* Hrsg. vom Verein Ernst Mach. Wien: Artur Wolf Verlag 1929. Reprint in: Fischer (Hrsg.), a.a.O., S. 125-171.

11. *Erkenntnis* 5, 1935, S. 377.
12. Bertrand Russell, in: *Actes du Congrès International de Philosophie Scientifique.* *Sorbonne*, Paris 1935. Paris: Hermann & Cie. 1936. p. 10.
13. *Erkenntnis* 5, 1935, p. 381.
14. Vgl. auch Antonia Soulez, "The Vienna Circle in France", in: Friedrich Stadler (ed.), *Scientific Philosophy: Origins and Developments.* Dordrecht–Boston–London: Kluwer 1993, pp. 95-112.
15. Otto Neurath, „Die neue Enzyklopädie" (1938), in: Joachim Schulte und Brian McGuinness (Hrsg.), *Einheitswissenschaft.* Frankfurt/M.: Suhrkamp 1992, S. 208.
16. Ebda.
17. Otto Neurath / Rudolf Carnap / Charles Morris (eds.), *Foundations of the Unity of Science. Toward an International Encyclopedia of Unified Science.* 2 vols. Chicago and London: The University of Chicago Press, 1971.
18. Neurath a.a.O., S. 213.
19. *Wien und der Wiener Kreis. Orte einer unvollendeten Moderne. Ein Begleitbuch.* Hrsg. von Volker Thurm-Nemeth und Elisabeth Nemeth. Wien: WUV-Verlag 2003.
20. Vgl. dazu Hans-Joachim Dahms, *Positivismusstreit.* Frankfurt/M.: Suhrkamp 1994.
21. Zwei Beispiele: Das Moritz Schlick Editionsprojekt am Institut Wiener Kreis: http://www.univie.ac.at/Schlick-Projekt/ sowie die von Felix Kreissler und Gerald Stieg 2002 initiierte Gründung der „Österreichisch-französischen Gesellschaft für kulturelle und wissenschaftliche Zusammenarbeit / Societé franco-autrichienne pour la coopération culturelle et scientifique". Diese Aktivitäten stehen in der Tradition der in der Forschung marginalisierten österreichischen (Spät-)Aufklärung. Vgl. dazu: Kurt Blaukopf, „Kunstforschung als exakte Wissenschaft. Von Diderot zur Enzyklopädie des Wiener Kreises", in: Friedrich Stadler (Hrsg.), *Elemente moderner Wissenschaftstheorie. Zur Interaktion von Philosophie, Geschichte und Theorie der Wissenschaften.* Wien–New York: Springer 2000, S. 177-211.
22. Vgl. die entsprechenden Beiträge in: Oliver Rathkolb (Hrsg.), *Außenansichten. Europäische (Be)Wertungen zur Geschichte Österreichs im 20. Jahrhundert.* Innsbruck: StudienVerlag 2003.

THOMAS MORMANN

GEOGRAPHIE DES WISSENS UND DER WISSENSCHAFTEN: VON DER *ENCYCLOPÉDIE* ZUR KONSTITUTIONSTHEORIE

> „... In jenem Reiche erlangte die Kunst der Kartographie eine derartige Vollkommenheit, daß die Karte einer einzigen Provinz den Raum einer ganzen Stadt einnahm und die Karte des Reichs den einer Provinz. Mit der Zeit befriedigten diese übermäßig großen Karten nicht länger, und die Kollegs der Kartographen erstellten eine Karte des Reichs, die genau die Größe des Reiches hatte und sich mit ihm in jedem Punkt deckte. Die nachfolgenden Geschlechter, die dem Studium der Kartographie nicht mehr so ergeben waren, waren der Ansicht, daß diese ausgedehnte Karte überflüssig sei und überließen sie, nicht ohne Verstoß gegen die Pietät, den Unbilden der Sonne und der Winter. In den Wüsten des Westens haben sich bis heute zerstückelte Ruinen der Karte erhalten, von Tieren behaust und von Bettlern; im ganzen Land gibt es sonst keinen Überrest der geographischen Lehrwissenschaften."
>
> J.L. Borges, Von der Strenge der Wissenschaft, (1954)

1. Das Problem der Fülle des wissenschaftlichen Wissens

Nach Wissen zu streben liegt Aristoteles zufolge in der Natur des Menschen (Met. A, 980^a). Dies gilt insbesondere für das wissenschaftliche Wissen. Dieses natürliche Streben ist keineswegs immer unproblematisch: Es kann geschehen, dass wir nach Wissen streben, das verboten ist (vgl. Gen. 3,1), das aus anderen Gründen zu wissen gefährlich ist, oder das zu wissen der Mühe nicht lohnt. Von diesen „großen" Problemen, die mit dem Streben nach Wissen verbunden sind, soll hier nicht die Rede sein. Schon auf einer banaleren Ebene erzeugt das Streben nach Wissen Probleme: Wenn alle von Natur aus nach Wissen streben, manchmal Erfolg damit haben, und ein großer Teil dieses Wissens nicht wieder vergessen wird, dann führt das im Laufe der Zeit zu einer Wissensanhäufung, die nur noch schwer zu bewältigen ist.[1] Das gilt insbesondere für das wissenschaftliche Wissen. Die Fülle dieses Wissens ist uns schon längst über den Kopf gewachsen. Dies gilt nicht nur für die Details, sondern auch für die Prinzipien. Selbst wenn sich der Einzelne gut aristotelisch auf die Prinzipien des Wissens beschränkte, ist es ihm seit langem unmöglich, „alles zu wissen".[2] Für die Gesellschaft wird damit das Problem der Ordnung oder Organisation des

Wissens akut. Seit der frühen Neuzeit gab es zahlreiche, mehr oder minder naive Versuche, das wachsende Wissen in irgendeiner Weise zu ordnen, um es für die Gesellschaft nützlich zu halten (vgl. Yeo 2002, 2003). Einer der einflussreichsten Ansätze war der Francis Bacons, den er in *The Advancement of Learning* (1605) und später ausführlicher in *De dignitate et augmentis scientiarum* (1623) entwickelte.[3] Seine Konzeption könnte man als Geographie des Wissens und der Wissenschaften bezeichnen. Zwar hat Bacon sie nicht erfunden, aber in besonders prägnanter Weise und in einem ausgezeichneten historischen Moment so formuliert, dass seiner Version eine nachhaltige Wirkung im 17. und 18. Jahrhundert beschieden war.

Bacon war überzeugt, am Anfang eines neuen, durch die Wissenschaft bestimmten Zeitalters zu stehen. Er konzipierte den Fortschritt des Wissens und der Wissenschaften als die Eroberung neuer Gebiete eines *mundus intellectualis* – in Analogie zur beginnenden kolonialen Eroberung der sichtbaren Welt, des *mundus visibilis*. Beide Unternehmungen waren für ihn zwei Aspekte derselben Sache.[4] Für beide bedurfte es detaillierter und zuverlässiger geographischer Kenntnisse der zu erobernden neuen Regionen. Am Ende von *De augmentis* rühmte er sich, „sozusagen einen kleinen Globus des *mundus intellectualis* hergestellt zu haben so getreu wie nur irgend möglich, auf dem diejenigen Teile bezeichnet und beschrieben werden, die ich entweder als nicht dauerhaft besiedelt oder durch die Arbeit des Menschen nicht gut bebaut vorgefunden habe." (Bacon 1961–1963, vol. 3, p. 328). Als Grundlage für dieses ehrgeizige Projekt einer Kartierung des *mundus intellectualis* diente Bacon eine Klassifikation des Wissens und der Wissenschaften, die sich wesentlich von den Vorstellungen des Mittelalters und der Renaissance unterschied.

Bacons Projekt der Erforschung der Geographie des *mundus intellectualis* zielte nicht auf einen festen Kanon des Wissens, es war auf Expansion und Eroberung gerichtet und wies manche Ähnlichkeit auf mit den „wirklich geographischen" Projekten des 17. und 18. Jahrhunderts, die im Kontext der kolonialen Eroberung der Welt durch die europäischen Mächte zum ersten Mal in der Geschichte zu einigermaßen zuverlässigen Weltkarten führten. Bacons Projekt hatte auf viele der enzyklopädischen Projekte des 17. und 18. Jahrhunderts einen immensen Einfluß, insbesondere auf Chambers *Cyclopedia*[5] (1728) und die von Diderot und d'Alembert herausgegebene *Grande Encyclopédie* (1751–1772).

Ich möchte in dieser Arbeit die enzyklopädischen Projekte der französischen und der österreichischen Aufklärer aus der Baconischen Perspektive einer „intellektuellen Geographie" betrachten, also als Versuche, die Welt des Wissens – den *mundus intellectualis* – zu kartographieren. Diese Kartierung sollte denjenigen, die sich in ihm bewegten, helfen sich in ihm zu orientieren. Damit wurde der *mundus intellectualis* im Prinzip für alle zugänglich, während zuvor eine Reise in die *terra incognita* ein Risiko darstellte, dem sich nur wenige wagemutige Forschungsreisende aussetzten.

Bei der Erörterung des österreichischen Enzyklopädieprojektes möchte ich mich auf Carnaps Konstitutionstheorie konzentrieren. Das entspricht nicht ganz dem üblichen Vorgehen, da bei Themen, die den Enzyklopädismus betreffen, üblicherweise Neurath eine Quasi-Monopolstellung eingeräumt wird.[6] Ein Grund für mein abweichendes Vorgehen ist, dass Carnaps Konstitutionstheorie in gewisser Hinsicht der Theorie der französischen Enzyklopädie näher steht als Neuraths Enzyklopädismus, ein anderer besteht darin, dass Carnaps Ansatz meiner Meinung nach zukunftsweisender ist der Neuraths.

Bacons „intellektuelle Geographie" sollte nicht vorschnell als „bloß metaphorisch" abgetan werden. Die geographische Formulierung war für Bacon und viele Autoren des 17. und 18. Jahrhunderts mehr als eine ausschmückende Beschreibung.[7] Ohne geographische oder allgemeiner räumliche Metaphern dürfte es schwierig, wenn nicht gar unmöglich sein, die allgemeine Expansion der dem Menschen zugänglichen Welten im 17. und 18. Jahrhundert auszudrücken.

Im Rahmen einer solchen Geographie sollen keineswegs so „große" Fragen behandelt werden, ob etwa die „Ordnung des Wissens" im 17. Jahrhundert eine andere gewesen sei als im 18. oder 20. Jahrhundert. Es geht einfach darum zu zeigen, dass, welche Veränderungen der Wissensordnungen auch immer stattgefunden haben, diese in einer geographischen oder geometrischen Sprache beschrieben und besser verstanden werden können.

Die Verwendung einer solchen Sprache ist nicht so weit hergeholt, wie es zunächst scheinen mag: Bereits wenn man von der Problematik der „Ausdehnung" oder des „Umfangs" des Wissens spricht, verwendet man Beschreibungsmittel, die implizit auf einer Geometrie oder Geographie des Gegenstandsbereichs beruhen, und es ist schwer zu sehen, wie man das vermeiden könnte. Es mag sein, dass diese Geometrie nicht die Geometrie des physikalischen Raumes ist, aber damit hat die moderne Auffassung von Geometrie keine Probleme. Im modernen Verständnis ist Geometrie eine allgemeine Theorie von „Ordnungssetzungen", die historisch zwar in der Theorie der euklidisch konzipierten Struktur des physikalischen Raumes wurzelt, die aber über diese Ur-

sprünge spätestens seit der Mitte des 19. Jahrhunderts hinausge-
wachsen ist. Aus der Sicht einer modernen Geometrieauffassung erscheint also eine Geometrie des Wissens und der Wissenschaften weniger extravagant und metaphorisch als es aus Sicht einer eher traditionellen Auffassung von Geometrie der Fall ist.

Ausgangspunkt einer geometrischen Interpretation von Enzyklopädien ist die einfache Beobachtung, dass Enzyklopädien sowohl im
Verständnis der französischen wie der österreichischen Enzyklopädisten mehr waren als alphabetisch geordnete Sammlungen des Wissens. Das ist nicht selbstverständlich, weil viele „Enzyklopädien" trotz
ihres Namens eben nicht mehr sind als alphabetisch geordnete Wör-
terbücher, was sie wissenschaftsphilosophisch uninteressant macht. Im
Unterschied dazu lagen sowohl der französischen wie der österreichischen Enzyklopädie geometrische oder geographische Strukturtheorien zugrunde, die darauf zielten, das vorhandene Wissen in
geeigneter Weise zu klassifizieren, so dass es möglichst übersichtlich
und möglichst allen zugänglich präsentiert werden konnte. Beide Projekte können als Versuche verstanden werden, eine geographische
Beschreibung des Wissensraumes vorzulegen. Diese war nicht als eine
bloß theoretische Beschreibung gemeint. Wie man bereits bei Bacon
sehen kann, hatte die Verwendung geographischer Metaphern eine
eminent praktische Bedeutung.

Eine Strukturtheorie des Wissensraumes ist deshalb immer ein
entscheidender Teil jeden Enzyklopädieprojektes, selbst in dem Ex-
tremfall, wo vorgeblich auf jede andere Ordnung zugunsten der alpha-
betischen verzichtet wird. Die rein alphabetische Ordnung ist als eine
Schwundstufe zu betrachten, und bis heute sind zahlreiche Versuche
unternommen worden, darüber hinauszukommen.[8] Man kann unterscheiden zwischen streng systematischen Gliederungen, die die verschiedenen Zweige des Wissens strikt hierarchisch gliedern, zum anderen gibt es Gliederungen, die das nichtdeduktive „Nebeneinander" verschiedener Wissensgebiete betonen.[9]

Auch wenn also die Rede vom Raum des Wissens, seiner Geographie oder Geometrie nicht als ein ausgearbeitetes Modell verstanden werden kann, wäre es ein Fehler, sie als bloß metaphorisch
und damit nicht mehr als ein rhetorisches Mittel zu interpretieren. Sie ist
als eine Perspektive zu verstehen, aus der sich kognitive Strategien
entwickeln, die in mehr oder minder elaborierten räumlichen Modellen
entfaltet werden können.

Diese Perspektive befasst sich nicht, oder zumindest nicht direkt,
mit den Inhalten einer gegebenen Enzyklopädie, sondern mit ihrer

Struktur. Das hat Vor- und Nachteile: Von Natur aus sind Enzyklopädien unübersichtlich. Geht es etwa um einen Vergleich der französischen und der österreichischen Enzyklopädie, macht der große zeitliche und sachliche Abstand der Wissens des 18. und des 20. Jahrhunderts einen inhaltlichen Vergleich nicht leicht. Natürlich kann man schnell „ideologische" Beziehungen zwischen beiden Unternehmungen herstellen, indem man einen gemeinsamen philosophischen Nenner zwischen der Pariser und der Wiener Enzyklopädie konstruiert und man beide als aufklärerische oder spätaufklärerische Projekte charakterisiert, die mit mehr oder minder großem Erfolg realisiert wurden und die die und die Wirkungen in der philosophischen, wissenschaftlichen und politischen Landschaft hatten. Ich möchte in dieser Arbeit dazu direkt nichts sagen, mich also nicht in erster Linie mit den Inhalten der jeweiligen Enzyklopädien oder der ihnen zugrunde liegenden „Ideen" und „Intentionen" befassen. Es geht im Folgenden vielmehr um Fragen der *Struktur* von Enzyklopädien, genauer gesagt, um *Strukturtheorien*, die die französischen und die Wiener Enzyklopädisten implizit oder explizit vertraten.

Was die geometrische Struktur der französischen *Encyclopédie* angeht, möchte ich mich auf d'Alemberts *Discours Préliminaire de l'Encylopédie* (1755) konzentrieren. Da Diderots und d'Alemberts Ausführungen zur Enzyklopädieproblematik nicht allzu sehr von einander abweichen und d'Alemberts *Discours* die ausführlichste Darstellung ist, sollte diese Vorgehensweise plausibel erscheinen. Auf österreichischer Seite ist die Sache komplizierter: Üblicherweise wird Neurath nicht nur als der spiritus rector des enzyklopädischen Unternehmens angesehen, sondern auch als der einzige, der zumindest Bruchstücke einer *Enzyklopädietheorie* vorgelegt hat. Ich möchte im folgenden zeigen, dass diese Darstellung unvollständig ist. Auch bei Carnap finden sich Ansätze einer enzyklopädistischen Theorie des wissenschaftlichen Wissens. Diese sind im Rahmen des Neurathschen Enzyklopädieprojektes niemals realisiert worden sind. Überdies sind sie als solche selten erkannt worden, da sie unter dem Rubrum „Konstitutionstheorie" figurieren, was ihre Beziehung zu einer enzyklopädistischen Theorie des wissenschaftlichen Wissens nicht unmittelbar deutlich werden lässt.

Aus der Perspektive einer Geographie des wissenschaftlichen Wissens lässt sich zeigen, dass weitreichende sachliche Übereinstimmungen zwischen d'Alemberts geometrischer Theorie des Wissens und Carnaps Konzeption existieren. Allerdings gibt es auch Unterschiede: am Beispiel von d'Alembert und Carnap lässt sich auch ein gewisser Fortschritt im enzyklopädistischen Denken konstatieren, der sich dem Fortschritt verdankt, den die Geometrie seit dem 18. Jahrhundert gemacht hatte: Carnaps reflektierteres Verständnis von Geometrie erlaubte es ihm, über d'Alemberts elementare Ansätze einer Geometrie des Wissens hinauszugehen und die Aufgabe der Philosophie als einer Theorie der Ordnung des wissenschaftlichen Wissens deutlicher zu explizieren.

Die Arbeit ist folgendermaßen gegliedert: im nächsten Abschnitt – Die Geographie des Wissens in der Encylopédie – sollen die Grundzüge der geographischen Konzeption (im Sinne Bacons) expliziert werden, die der französischen Enzyklopädie zugrunde lagen. Danach, im dritten Abschnitt – Territorialisierung – wird das enzyklopädische Unternehmen der Ausarbeitung einer Geographie des *mundus intellectualis* in Beziehung gesetzt zu anderen Unternehmungen im Zeitalter der Aufklärung, die bemüht waren, einen gestaltlosen und unwegsamen Raum in ein kontrollierbares und überschaubares Territorium zu verwandeln. Im vierten Abschnitt – Geographie und Konstitution des mundus intellectualis – sollen die enzyklopädistischen Aspekte von Carnaps Konstitutionstheorie herausgearbeitet werden. Es geht also darum, die Konstitutionstheorie als eine Geometrie oder Architektonik des Wissensraumes und damit als Rahmentheorie einer Einheitswissenschaft zu verstehen. Im fünften Abschnitt – Geometrie und Pluralismus – wird Carnaps pluralistische Konzeption von Philosophie als Theorie möglicher Sprachrahmen als eine verallgemeinerte Strukturtheorie von Enzyklopädien interpretiert. Außerdem wird gezeigt, dass auch Neuraths Enzyklopädismus mit dem hier skizzierten „geographischen" Ansatz verträglich ist. Im letzten Abschnitt schließlich geht es darum, die klassischen Projekte der *Grande Encyclopédie* und der Enzyklopädie der Einheitswissenschaft in Beziehung zu setzen mit zeitgenössischen enzyklopädieförmigen Wissensrepräsentationen.[10]

2. Die Geographie des Wissens in der Encyclopédie

Während die meisten Enzyklopädien vor und nach der „Grande Encyclopédie" das Problem der Ordnung des Wissens eher beiläufig behandeln, nehmen Diderot und d'Alembert dieses Problem ernst: Diderot geht in einem eigenen Artikel („Enzyklopädie") darauf ein, und noch ausführlicher wird es von d'Alembert in der selbständigen Schrift *Discours Préliminaire de l'Encyclopédie* (d'Alembert 1751) behandelt. Ich werde im Folgenden nur auf d'Alemberts *Discours préliminaire* Bezug nehmen.

Es soll gezeigt werden, dass d'Alemberts „geometrische Theorie" aus einem in sich stimmigen Komplex geometrischer Metaphern besteht, die sich zu einer elementaren geographischen Theorie der enzyklopädischen Ordnung entfalten lassen. Die Grundzüge seines Ansatzes finden sich bereits bei Bacon. Die zentralen Komponenten von d'Alemberts Geographie des *mundus intellectualis*, wie er in der Encyclopédie dargestellt werden soll, ergeben sich aus der Antwort auf die Fundamentalfrage jeder Enzyklopädie: *Was ist der Zweck einer enzyklopädischen Zusammenstellung der verschiedenen Zweige des Wissens?* D'Alembert beantwortet diese Frage folgendermaßen:

Der Zweck der enzyklopädischen Zusammenstellung unseres Wissens besteht in einer Aufstellung in möglichst begrenztem Raum, und der Philosoph soll gewissermaßen über diesem Labyrinth stehen und von einem überlegenen Standpunkt aus gleichzeitig die hauptsächlichen Künste und Wissenschaften erfassen können. Er soll die Gegenstände seiner theoretischen Erwägungen und die mögliche Arbeit an diesen Gegenständen mit einem schnellen Blick übersehen; er soll die allgemeinen Zweige des menschlichen Wissens mit ihren charakteristischen Unterschieden oder ihren Gemeinsamkeiten herausstellen und gelegentlich sogar die unsichtbaren Wege aufzeigen, die von dem einen zu dem anderen führen. Man könnte an eine Art Weltkarte denken, auf der die wichtigsten Länder, ihre Lage und ihre Abhängigkeit voneinander sowie die Verbindung zwischen ihnen in Luftlinie verzeichnet sind; diese Verbindung wird immer wieder durch unzählige Hindernisse unterbrochen, die nur den Bewohnern oder Reisenden des in Frage kommenden Landes bekannt sind und nur auf bestimmten Spezialkarten verzeichnet werden können. Solche Spezialkarten stellen nun die verschiedenen Artikel der Enzyklopädie dar, und der Stammbaum oder die Gesamtübersicht wäre dann die Weltkarte. (*Discours*, p. 85/87).

Kurz, der „Philosoph", d.h. der aufgeklärte Bürger, soll sich mithilfe der *Encyclopédie* in der Geographie des *mundus intellectualis* orientieren können, auch wenn er nicht in allen seinen Gebieten heimisch sein konnte. Die Landkartenmetapher macht klar, dass eine Enzyklopädie ein *Modell* des wissenschaftlichen Wissens war, nicht das wissenschaftliche Wissen selbst, und schon gar nicht eine getreue Repräsentation einer an-sich-seienden Realität. D'Alembert war sich über die Differenz zwischen Karte und kartiertem Gebiet völlig im Klaren. Er insistierte darauf, es sei wenig sinnvoll, für den Raum des Wissens nur eine einzige „korrekte" enzyklopädische Darstellung anzunehmen. Im Gegenteil, dem Leitfaden eines geographischen Pluralismus folgend, erklärte er:

> Ähnlich wie auf den allgemeinen Karten unserer Weltkugel die Gegenstände entsprechend zusammengerückt erscheinen und je nach dem Gesichtswinkel, den das Auge infolge der Kartenzeichnung des Geographen einnimmt, ein verändertes Bild zeigen, so wird die Gestalt der Enzyklopädie von dem Standpunkt abhängen, den man bei der Betrachtung des gesamten Bildungswesens (*univers littéraire*) zu vertreten gedenkt. Man könnte sich demnach ebenso viele wissenschaftliche Systeme denken wie Weltkarten verschiedenen Blickwinkels, wobei jedes dieser Systeme einen besonderen, ausschließlichen Vorteil den anderen gegenüber aufzuweisen hätte. (loc. cit. p. 87)

Diese Vielfalt muss jedoch nicht zu einem trivialen Relativismus führen, was die Gestalt der Enzyklopädie angeht. In einer Art fairen Ausgleichs, der allen Wissenschaften dieselben Rechte einzuräumen bestrebt war, sollte nach d'Alembert „diejenige enzyklopädische Übersicht den Vorzug vor allen anderen verdienen, die in der Lage wäre, die mannigfaltigsten Verbindungspunkte und Beziehungen zwischen den einzelnen Wissenschaften aufzuzeigen"[11] (ebd.). Um eine solche „optimale" enzyklopädische Darstellung zu erreichen, wählte die französische Enzyklopädie eine Darstellung, die sich eng an diejenige anschloss, die Bacon mehr als einhundert Jahre zuvor in *De augmentis* vorgeschlagen hatte. Diese beruhte nicht auf einer ontologischen Einteilung der Welt, sondern auf den epistemischen Fähigkeiten des Menschen, die Bacon und d'Alembert als wesentlich erachteten für den verständigen, denkenden Umgang des Menschen mit der Welt:

> [Denken äußert sich auf zweierlei Art]: im zusammenfassenden Urteil über die Inhalte der unmittelbaren Vorstellungen oder in ihrer Nachahmung. So bilden also das *Gedächtnis,* die *Vernunft* im eigentlichen Sinne und die *Vorstellungskraft* die drei verschiedenen Möglichkeiten für unseren Geist, seine Gedankeninhalte zu verarbeiten. ... Diese drei Begabungen bilden zunächst die drei Hauptteile unseres Systems und die drei Hauptgebiete des menschlichen Wissens: die Geschichte auf der Grundlage des Gedächtnisses, die

Philosophie als Ergebnis der Vernunftarbeit und die schönen Künste als Gebilde der Vorstellungskraft. (loc. cit., p. 91)

Das enzyklopädisch geordnete Wissen hat somit die Gestalt eines
Baumes mit drei Hauptästen. Der Baum der *Encyclopédie* unterscheidet sich grundsätzlich von den ontologischen Bäumen aristotelischen
Typs: Während diese die Struktur der Welt widerspiegeln wollen, ist der
Baum der *Encyclopédie* ein epistemologischer Baum, dem es nicht
direkt um die Struktur der Welt, sondern um eine Repräsentation der
Struktur des Wissens von der Welt geht. Wie oben erläutert, gilt eine
solche Repräsentation als desto besser, je kohärenter sie ist. Das Streben nach Kohärenz steht aber zunächst in Konflikt mit der alpha-
betischen Anordnung. Dieses Problem soll durch ein System von Über-
sichtstabellen und „Anmerkungen"[12] gelöst werden:

> Drei Mittel haben wir dazu angewendet: eine Übersichtstabelle am
> Beginn des Werkes, Angabe der Wissenschaft, auf die sich die je-
> weiligen Artikel beziehen, und die Behandlung der Artikel selbst. ...
> Im übrigen wird aus der inhaltlichen Anordnung jedes etwas um-
> fangreicheren Artikels unfehlbar ersichtlich, daß dieser auch mit ei-
> nem anderen Artikel Berührungspunkte aufweist, der zu einer ande-
> ren Wissenschaft gehört, der zweite wieder zu einem dritten usw.
> Wir haben uns bemüht, durch genaue und häufige Hinweise in die-
> ser Beziehung allen Wünschen gerecht zu werden; denn die An-
> merkungen in diesem Wörterbuch dienen dem besonderen Zweck,
> vor allem den Zusammenhang der behandelten Fragen aufzu-
> zeigen, ... (loc. cit., p. 105)

D'Alembert betont, dass man die Ordnung der Enzyklopädie nicht ü-
berstrapazieren dürfe. Ansonsten kommt Unsinn heraus: Das heißt, es
lassen sich Verbindungen herstellen, die sinnlos sind: „Der Nutzen der
umfassenden Einteilungen liegt in der Sammlung eines sehr umfangreichen Materials: sie darf aber keinesfalls das Studium des Materials
selbst überflüssig erscheinen lassen." (ibidem) Auch diese Einsicht wird
unterstützt von der geographischen Basismetapher: wenn jemand die
Karte eines Gebietes kennt, bedeutet das keineswegs, dass er sich
dort wirklich *auskennt.* Der Unterschied zwischen Karte und kartiertem
Gebiet kann immens sein. Schließlich ist zu bemerken, dass d'Alembert
der genetischen Konnotation des „Stammbaumes" keine große Bedeutung beimisst. Der „Stamm" und seine ersten Äste sind keineswegs als
die ersten oder ursprünglichen Wissensgebiete anzusehen. Im Gegen-

teil, gemäß ihrer partikularistischen Grundeinstellung gehen die Enzyklopädisten davon aus, dass zeitlich wohl zuerst die äußeren Wissenszweige auftraten, in denen es um lokal begrenztes Wissen und lokal
begrenzte Fertigkeiten ging. Die Verzweigungsstruktur reflektiert also
weniger eine genetische Ordnung als eine logische Ordnung der Verallgemeinerung, so dass im Ursprung das allgemeinste Wissen lokalisiert würde.[13] Mit etwas gutem Willen lässt sich diese Interpretation des
Stammbaums (der natürlich vom biblischen Baum der Erkenntnis her-
rührt (vgl. Gen. 2.9)) mit der ansonsten vorherrschenden geographischen Metaphorik vereinbaren. D'Alembert schlug vor, den Stamm als
ein strukturiertes Inhaltsverzeichnis der die Enzyklopädie ausmachen-
den Einzelkarten anzusehen. Wie dem auch sei, in jedem Fall sind epi-
stemologische Bäume vielfältiger als ontologische. Die Ontologie neigt
zur Auszeichnung einer einzigen „wahren" Struktur, während die Epistemologie dazu tendiert, eine Vielfalt möglicher epistemischer Ansätze
zuzulassen. Dieser Freiraum möglicher epistemischer Strukturierungen
wird von den Enzyklopädisten bewusst genutzt.

Ein bekanntes Beispiel liefert die Theologie: Im Gegensatz zu Bacons Baum bestimmen die Enzyklopädisten das theologische Wissen
nicht als eine eigene Art von Wissen, was es von der Legislation der
Vernunft unabhängig machen würde, sondern als einen speziellen Ast
des menschlichen Wissens, den sie überdies noch in der Nähe der
schwarzen Magie lokalisieren. Der subversive Charakter dieser Neu-
strukturierung des Wisssensraumes verdankt sich der Geometrie: Das
heißt, sie lebt von dem suggestiven Modell der Geographie eines *mundus intellectualis*, dem alle Wissensparten zugehörig sind und in dem
sie mehr oder minder weit von einander entfernt lokalisiert sind. Der
Gebrauch des Terminus „Raum" impliziert, dass diese verschiedenen
Wissensbereiche nicht bloß alphabetisch als bloße Agglomeration un-
zusammenhängender Teile dargestellt werden, sondern als näher oder
ferner lokalisiert sind.

Es geht den französischen Enzyklopädisten *nicht* um eine nur „theoretische", sondern um eine neue revolutionäre Geographie des Wissensraumes, die die überkommenen Grenzziehungen und Nachbarschaftsbeziehungen des *mundus intellectualis* von Grund auf zu revidieren bestrebt war. So schreibt der Historiker Darnton:

> [Die Enzyklopädie] zeichnete die Kenntnisse nach philosophischen
> Prinzipien auf, ... Der große strukturierende Faktor war die Ver-
> nunft, die gemeinsam mit der Erinnerung und der Einbildungskraft
> als ihren Schwesterfähigkeiten die Sinnesdaten in Zusammenhang

brachte. ... Sie [die Enzyklopädisten] verbargen nicht die erkenntnistheoretische Grundlage ihres Angriffs auf die alte Kos-
mologie. ... Unter der Masse der achtundzwanzig Foliobände der
Enzyklopädie mit ihren 71.818 Artikel und 2885 Tafeln liegt ein er-
kenntnistheoretischer Richtungswechsel, der die Topographie des
menschlichen Wissens verwandelt. ... Das radikale Element in der
Enzyklopädie stammte nicht aus irgendeiner prophetischen Vision
der fernen Französischen oder industriellen Revolution, sondern
aus ihrem Versuch, die Welt des Wissens gemäß neuer, durch die
Vernunft und die Vernunft allein bestimmter Grenzen zu zeichnen.
Darnton (1998, S.18, 19, 21)

Man bemerke, dass Darnton hier wie selbstverständlich die geographische Metapher einer „Topographie des menschlichen Wissens"
verwendet, auch wenn er sie nicht zu ihrer Baconischen Basis zu-
rückverfolgt. Dies ist ein Beleg dafür, dass eine geographische Perspektive sehr natürlich ist. Die *Grande Encyclopédie* kann also als eine
Art Atlas angesehen werden, der die Geographie des menschlichen
Wissens in einer neuen Weise kartiert. Die Kartierung der *Encyclopédie*
ist nicht einfach eine Bestandsaufnahme der Geographie des *mundus
intellectualis* wie sie sich in der Mitte des 18. Jahrhunderts darstellt, sie
ist auch ein Manifest zu ihrer Veränderung (vgl. Darnton 1998, p. 19).

Karten, insbesondere solche, die die politischen, wirtschaftlichen
und historischen Verhältnisse wiedergeben wollen, sind Konstruk-
tionen. Anzunehmen, sie repräsentierten die Welt so, wie sie wirklich
ist, wäre ein positivistisches Missverständnis. Kaum weniger naiv wäre
es, von vornherein einen kategorialen Unterschied zwischen der Geographie des *mundus visibilis* und dem *mundus intellectualis* anzunehmen. Selbst im Alltag gibt es bei genauerem Hinsehen viele Beispiele,
die belegen, dass die kartographischen Darstellungen auch des *mundus visibilis* und seiner verschiedenen Aspekte alles andere als naiv re-
alistisch sind.[14] Man denke etwa an Karten von Eisenbahn- oder U-
Bahnnetzen, Stadtpläne usw., für die es eher auf topologische denn
metrische Beziehungen ankommt. Es ist wenig sinnvoll, von den Karten
der sichtbaren Welt zu fordern, sie sollten diese so beschreiben wir sie
wirklich ist (vgl. Goodman 1963, S. 552).[15] Allgemein kann man sagen,
dass der kognitive Gehalt von Karten, Diagrammen und anderen nichtpropositional formulierten Erkenntnissen von der herkömmlichen Er-
kenntnis- und Wissenschaftstheorie gewaltig unterschätzt worden ist.
Es ist bemerkenswert, dass sowohl die *Grande Encyclopédie* wie auch
die österreichische Enzyklopädie diese in der Philosophie lange Zeit

übliche Vernachlässigung nicht-propositionalen Wissens überwinden wollten, indem sie Graphiken und Diagrammen eine große Bedeutung beimaßen.[16]

Die Vernachlässigung der geometrischen Aspekte des Wissens durch die traditionelle Philosophie verdankt sich zu einem Gutteil der Tatsache, dass die Philosophie lange Zeit zu enge Vorstellungen davon hatte, was unter Geometrie zu verstehen sei. Solange man Geometrie mit euklidischer Geometrie identifizierte, blieben die oben genannten Darstellungen wenig respektable „Veranschaulichungen" und „Visualisierungen", die mit Wissen im eigentlichen Sinne nichts zu tun hatten, und deshalb auch kein wissenschaftsphilosophisches Interesse beanspruchen konnten. Erst aus der Sicht eines allgemeineren Verständnisses von Geometrie, welches sie im Sinne Leibniz' als eine allgemeine Theorie von Ordnungssetzungen begreift, wird der geometrische Charakter der erwähnten Darstellungen deutlich und erkenntnistheoretisch respektabel.

Man mag einwenden, dass dieser Begriff einer verallgemeinerten Geometrie nicht der war, von dem d'Alembert ausging, als er seine Geographie des enzyklopädischen Wissens konzipierte. Das mag sein. Die Explizierung geometrischer Strukturen braucht nicht Hand in Hand und schon gar nicht gleichzeitig vonstatten zu gehen mit ihrer Verwendung.

3. Territorialisierung

Das von Diderot und d'Alembert geleitete Projekt der *Encyclopédie* gilt gemeinhin als das größte, jemals realisierte Projekt der Aufklärung: Über einem Zeitraum von über 25 Jahren hinweg waren hunderte von Gelehrten, Literaten, Illustratoren, und anderen Autoren[17] damit beschäftigt, zehntausende von Artikeln und tausende von Illustrationen zu verfassen. Schon in organisatorischer Hinsicht stellt dies eine ungeheure Leistung dar, die noch dadurch vergrößert wird, dass die *Encyclopédie* lange Zeit mit der staatlichen Zensur zu kämpfen hatte und auch die materielle Produktion der Bände sich aus mancherlei Gründen als nicht einfach erwies (cf. Darnton 1998).

Die enzyklopädische Kartierung des *mundus intellectualis* war jedoch keineswegs das einzige Großprojekt der Aufklärung, das sich mit der geographischen Erfassung des Universums im Sinne von Bacon befasste. Auch der *mundus visibilis* hatte sein französisches Enzyklopädieprojekt. Im Auftrag des Königs arbeiteten im Frankreich des 17.

und 18. Jahrhunderts Astronomen, Mathematiker, und Geographen aus der italienisch-französischen Familie Cassini über vier Generationen an der ersten zuverlässigen Topographie Frankreichs.[18] Damit schufen sie den Prototyp für die Vermessung anderer europäischer Länder, und darüber hinaus der gesamten Welt. Es ist wenig plausibel, die zeitliche Koinzidenz des Enzyklopädieprojektes und des Cassini-Projektes einem bloßen Zufall zuzuschreiben. Die Parallelität beider Projekte ist vielmehr als charakteristisches Merkmal eines Baconischen Programms zu verstehen, das die Eroberung des *mundus visibilis* und des *mundus intellectualis* miteinander verknüpfte. Es ist nicht abwegig, der Aufklärung allgemein „eine Sehnsucht nach einem aufgeklärten Raum zuzuschreiben, aus dem alle dunklen Stellen getilgt sind" (Schlögel 2003, p. 169). Damit könnte man die verschiedenen „geographischen" Projekte in eine vereinheitlichende Perspektive stellen.

Ich möchte die von den französischen Enzyklopädisten angestrebte (Re)Strukturierung des Wissens und der Wissenschaften als Versuch einer Territorialisierung des Wissensraumes bezeichnen. Was darunter zu verstehen ist, lässt sich am einfachsten an Cassinis Parallelaktion erläutern, die ein geometrisches Problem im herkömmlichen Sinne betraf, nämlich die präzise Triangulierung und kartographische Erfassung Frankreichs. Das, was zuvor als unbestimmter und vager Raum erfahren wurde, verwandelte sich durch Cassinis Triangulation in ein kontrollierbares und im wörtlichen Sinne bestimmtes Territorium, über das die Staatsmacht verfügen konnte.

Eine Parallelsetzung des Projektes von Diderot und d'Alembert auf der einen Seite, und des Triangulierungsprojektes Cassinis auf der anderen Seite, verweist darauf, dass der Begriff des Raumes, handle es sich nun um einen genuin geographischen oder einen konzeptuellen Raum, eine höchst komplexe Kategorie ist, in der kognitive, soziale, und politische Komponenten mit einander verschränkt sind. Im Falle des Triangulierungsprojektes ist das offenkundig. Das Interesse an diesem Projekt ist offensichtlich politisch und ökonomisch begründet. Mehr noch, die Entstehung der Kartographie als wissenschaftliche Disziplin verdankt sich wesentlich dem Interesse der absolutistischen Herrscher an einer genauen Erfassung der Zahl ihrer Untertanen und dem Umfang des von ihnen beherrschten Territoriums (cf. Burke 2000. p.132f). Hand in Hand mit der Kartographie entstanden so wissenschaftliche Disziplinen wie Statistik, Verwaltungs- und Militärwissenschaften. Damit wuchs ein Wissenskomplex, dessen Grenzen zwar nur schwer zu bestimmen war, der aber ein schlagendes Argument für die mögliche praktische Bedeutung allen Wissens darstellte: In einer

Baconischen Welt ist Aristoteles' natürliches Streben nach Wissen um seiner selbst willen eine Illusion oder zumindest eine Ausnahme.

Die wissenschaftlichen Großprojekte des 18. Jahrhunderts, wie Cassinis Projekt, das für den Erfolg maritimer Unternehmungen schlechthin wesentliche Projekt einer genauen Längengradmessung, das vor allem in Großbritannien vorangetrieben wurde (cf. Sobel 1996), und eben auch das französische Enzykopädieprojekt könnten uns daran erinnern, dass den Räumen des Wissens und der Wissenschaft in einem ganz fundamentalen Sinn eine *immense Ausdehnung* eignet, die in einem mühsamen und aufwendigen Prozess der *Territorialisierung* bewältigt werden muss. In diesem Prozess der Territorialisierung wird der zunächst unbestimmte und weglose Raum, in dem sich höchstens einige wenige zu bewegen wissen, bestimmt und im Prinzip *allen* zugänglich gemacht. Das heißt, auch wenn etwa Cassinis Projekt vom französischen Absolutismus angestoßen worden war und zunächst in erster Linie machtpolitischen und militärischen Interessen diente, ließ sich auf die Dauer seine allgemeinere, „demokratische" Nutzung durch das Bürgertum nicht verhindern.[19] Allein der Umfang von Cassinis Atlas machte es unmöglich, es als „Geheimwissen" zu behandeln. Dasselbe gilt für das Längengradprojekt, dessen Erfolg auf der Herstellung genauer Zeitmessgeräte beruhte, die sich zunächst nur wenige leisten konnten. Das Enzyklopädieprojekt als Kartierungsprojekt des Wissensraumes war von vornherein auf die Interessen des bürgerlichen Standes zugeschnitten, aber auch die Realisierung der ursprünglich „absolutistischen" Kartierungsprojekte spielte letztlich den Interessen des dritten Standes in die Hände.

Während zu Ende des 18. Jahrhunderts die Eroberung des *mundus visibilis* noch im unabsehbaren Fortschreiten begriffen war, und die Grenzen der territorialen Expansion der kolonialen Imperien noch jenseits des Vorstellungshorizontes lagen, machte sich Kant bereits Gedanken über die prinzipiellen Grenzen der Expansion des Wissens, was den *mundus intellectualis* anging. In der Grundfrage der *Kritik der reinen Vernunft* (1787) „Was können wir wissen?" ist die Möglichkeit formuliert, dass wir *nicht* alles wissen können. Es deutet sich an, dass die Grenzen des menschlichen Wissens möglicherweise auch überdehnt werden können, und nicht alle Ansprüche auf „Territorien des Wissens" zu rechtfertigen sind.[20] So bemerkt er am Ende der transzendentalen Analytik, in der „Transzendentalen Doktrin der Urteilskraft":

Wir haben jetzt das Land des reinen Verstandes nicht allein durchreist, und jeden Teil davon sorgfältig in Augenschein genommen, sondern es auch durchmessen, und jedem Dinge auf demselben seine Stelle bestimmt. Dieses Land aber ist eine Insel, und durch die Natur selbst in unveränderliche Grenzen eingeschlossen. Es ist das Land der Wahrheit (...), umgeben von einem weiten und stürmischen Ozeane, ... wo manche Nebelbank, und manches bald wegschmelzende Eis neue Länder lügt ... (A 236, B 295)

Die primäre Aufgabe einer theoretischen Geographie des *mundus intellectualis* bestand für Kant also darin, die prinzipiellen Grenzen der möglichen Territorien des Wissens zu bestimmen. Damit sollte vermieden werden, dass der empirische Verstand sich auf Unternehmungen einlässt, die von vorherein zum Scheitern verurteilt sind (cf. A 238, B 297).[21]

Die Philosophie des 19. und 20. Jahrhunderts ist, wenn es um wissenschaftliches Wissen ging, im wesentlichen Kant gefolgt, indem sie die prinzipiellen Aspekte „der Bedingungen der Möglichkeit" in den Vordergrund stellte. Selbst wenn, wie bei Popper, „das Problem des Wachstums oder des Fortschritts als das zentrale Problem der Erkenntnislehre" betrachtet wird (Popper 1959, xiv-xv), heißt das nicht, dass die Wissenschaftsphilosophie sich tatsächlich mit den handfesten Problemen des unaufhörlich wachsenden wissenschaftlichen Wissens befasst hätte, es lief vielmehr darauf hinaus, dass sie sich mit dem prinzipiellen Problem beschäftigte, wie ein solches Wachstum möglich ist.[22]

Die vielfältigen Schwierigkeiten und Probleme einer Territorialisierung der Wissensräume hat sie meistens ignoriert. Eine parallele Betrachtung der verschiedenen „geographischen" Projekte des 18. Jahrhunderts könnte dazu beitragen, die damit verbundenen Einseitigkeiten und Verkürzungen sichtbar werden zu lassen.

4. Geographie und Konstitution des mundus intellectualis

Das Enzyklopädieprojekt des Wiener Kreises wird üblicherweise mit Otto Neuraths *enzyklopädistischer Einheitswissenschaft* identifiziert. Es gibt kaum Untersuchungen, die der Frage nachgehen, ob es nicht auch andere Mitglieder des Kreises gab, die sich mit dem Enzyklopädieprojekt als einem *philosophischen Projekt* beschäftigt haben, dem es um die Ordnung des wissenschaftlichen Wissens zu tun war. Natürlich haben Mitglieder des Kreises Beiträge zur *Encyclopedia of Unified Science* geliefert, die Frage ist jedoch, ob irgend jemand außer Neurath ernsthaft versucht hat, eine Theorie der globalen Ordnung des wissenschaftlichen Wissens auszuarbeiten. Ich möchte in diesem Abschnitt zeigen, dass diese Frage für Carnap zu bejahen ist. Genauer gesagt gibt es einen bisher ziemlich vernachlässigten Versuch Carnaps, die Konstitutionstheorie des *Aufbau* und Neuraths Projekt der Einheitswissenschaft zusammenzubringen. Für einige Jahre scheinen Neurath und Carnap das Projekt ins Auge gefasst zu haben, die Konstitutionstheorie des *Aufbau* als Basistheorie der Einheitswissenschaft zu verwenden. Dies wird im *Manifest des Wiener Kreises* programmatisch so formuliert:

> Da der Sinn jeder Aussage der Wissenschaft sich angeben lassen muß durch Zurückführung auf eine Aussage über das Gegebene, so muß auch der Sinn eines jeden Begriffs ... sich angeben lassen durch eine schrittweise Rückführung auf andere Begriffe, ... Wäre eine solche Analyse für alle Begriffe durchgeführt, so wären sie damit in ein ... „Konstitutionssystem" eingeordnet. Die auf das Ziel eines solchen Konstitutionssystems gerichteten Untersuchungen, die *„Konstitutionstheorie"*, bilden somit den Rahmen, in dem die logische Analyse von der wissenschaftlichen Weltauffassung angewendet wird.
> ...
> Die Einordnung der Begriffe der verschiedenen Wissenszweige in das Konstitutionssystem ist in großen Zügen heute schon erkennbar, für die genauere Durchführung bleibt noch viel zu tun. Mit dem Nachweis der Möglichkeit und der Aufweisung der Form des Gesamtsystems der Begriffe wird zugleich der Bezug aller Aussagen auf das Gegebene und damit die Aufbauform der *Einheitswissenschaft* erkennbar. (Neurath 1981(1929), p. 307/308).

Bereits im *Aufbau* hatte Carnap die Konstitution eines Gegenstandes[23] explizit mit der Angabe seiner geographischen Koordinaten verglichen:

> Der Konstitution eines Gegenstandes entspricht gleichnisweise die Angabe der geographischen Koordinaten für eine Stelle der Erdoberfläche. Durch diese Koordinaten ist die Stelle eindeutig gekennzeichnet; jede Frage über die Beschaffenheit dieser Stelle (etwa über Klima, Bodenbeschaffenheit, usw.) hat nun einen bestimmten Sinn. (*Aufbau*, § 179)

Mit anderen Worten, ein Konstitutionssystem beschreibt die Geographie (oder Geometrie) eines Begriffs- oder Gegenstandssystems – durchaus im Sinne von Bacons Programm einer Geographie des *mundus intellectualis*. Die Konstitutionstheorie als Theorie von Konstitutionssystemen kann somit als eine „theoretische Geographie" des wissenschaftlichen Wissens verstanden werden, der es um die Explizierung der möglichen geometrischen Strukturen eines Wissensraumes geht. Für diese Interpretation sprechen zahlreiche Belege aus der Vorgeschichte des *Aufbau*. Auch in einigen weniger bekannten, z.T. unveröffentlichten Arbeiten, die Carnap zu Anfang der dreißiger Jahre verfasste, sind die Umrisse einer solchen geometrischen Theorie erkennbar. Hier sind die geometrischen oder geographischen Leitmotive seiner Erkenntnis- und Wissenschaftstheorie deutlicher sichtbar als im *Aufbau* selbst, wo er bestrebt war, die geometrische Motivation seines Denkens zugunsten einer „streng logischen" Darstellung zu verbergen. In dem unveröffentlichten Vortrag *Von Gott und Seele. Scheinprobleme in Theologie und Metaphysik* (RCC-089-63-01) von 1929 argumentierte Carnap mit Hilfe von Bacons Analogie zwischen dem *mundus visibilis* und *mundus intellectualis* folgendermaßen für eine verifikationistische und kohärentistische Erkenntnistheorie:

> Im Raum stehen alle Dinge in räumlicher Beziehung zu einander, und zu jedem Ding muß es von mir aus einen Zugangsweg geben. Ebenso stehen aufgrund des Begriffssystems, gewissermaßen eines alles umfassenden Begriffsraumes, alle Begriffe in Beziehung zueinander. ... Es muß zu jedem Begriff einen Verbindungsweg von meinen Erlebnisinhalten ... geben.
> ....
> Der englische Philosoph Hume hat vor zweihundert Jahren diese zwingende Forderung der Zurückführbarkeit eines jeden Begriffs auf Sinneseindrücke, die sogenannte positivistische Forderung aufgestellt ... Und gegenwärtig sind englische und deutsche Logiker damit beschäftigt, den „Begriffsraum" oder besser den „Stammbaum der Begriffe" aufzustellen, d.h. das System („Konstitutionssystem"), in dem die Wege zur Darstellung kommen, die von den einfachsten Erlebnisinhalten ... bis hinauf zu den kompliziertesten, abstraktesten Begriffen ... hinführen.

Ein System, in dem die „Wege zur Darstellung kommen", die verschiedene Orte mit einander verbinden, ist aber nichts anderes als eine Landkarte. Carnap verstand also die Konstitutionstheorie als Theorie

einer allgemeinen Geographie von Konstitutionssystemen.[24] Im ihrem
Kern findet man genau denselben Komplex geometrischer Metaphern
wie in d'Alemberts *Discours préliminaire* und Bacons „intellektueller Geographie". Auch in inhaltlichen Punkten stimmen die Intentionen der
Encylopédie und der Konstitutionstheorie überein. Sowohl Diderots und
d'Alemberts Darstellung wie auch Carnaps konstitutionstheoretische
Rekonstruktionen zielen auf eine Territorialisierung des Wissensraumes im früher definierten Sinne, d.h. auf seine Verfügbarmachung
für die gesamte Gesellschaft. Beide sind sich ebenfalls einig darin,
dass eine solche „territorialisierende" Kartierung des Wissensraumes
grundsätzlich auf verschiedene Weisen geschehen kann: Es gibt keine
ausgezeichnete, einzig richtige Strukturierung des Wissens genau so
wenig wie es die eine „richtige" Koordinatisierung der physikalischen
Welt gibt. Jede Kartierung des Wissensraumes beruht, wie schon
Goodman (1963) eindrücklich dargestellt hat, auf mannigfachen, meist
konventionell begründeten Abkürzungen, Vereinfachungen und Stilisie-
rungen, die nicht als „Fehler" oder „Defekte" der Karte zu interpretieren
sind, welche einer vollkommenen Karte à la Borges nicht mehr anhaf-
ten würden, sondern sie gehören zum Wesen jeder vernünftigen, d.h.
verwendbaren Karte (cf. ibidem, p. 552/553). Auch Carnap selbst beschreibt zumindest implizit das Vorhaben des *Aufbau* als ein Kartierungsprojekt, in dem es darum geht, die Struktur des Wissensraumes
zu explizieren:

> Durch eine solche kennzeichnende Definition oder „Konstitution"
> eines Begriffes ist freilich der Begriff keineswegs erschöpft. Es ist
> nur sein *Ort* im System der Begriffe angegeben, wie gleichnisweise
> ein Ort der Erdoberfläche durch seine geographische Länge und
> Breite; seine übrigen Eigenschaften müssen in empirischer For-
> schung festgestellt werden und in der Theorie des betreffenden
> Gebietes dargestellt werden. Aber damit diese Darstellung sich auf
> etwas Bestimmtes bezieht, muß zuvor die Konstitution (die geogra-
> phischen Koordinaten im Gleichnis) angegeben sein." (Carnap
> 1927, p. 358)

Man mag einwenden, dass diese geometrische Interpretation der Konstitutionstheorie zwar plausibel sein mag, gleichwohl aber wenig bedeutsam ist, als Carnap selbst davon schon bald abgerückt ist. Überdies habe sie keinen Eingang in das „eigentliche" Enzyklopädieprojekt
des Wiener Kreises gefunden, eben Neuraths Enzyklopädie der Einheitswissenschaft. Letzteres ist sicher richtig. Die angestrebte Ko-

operation zwischen Konstitutionstheorie und enzyklopädischer Einheitswissenschaft wurde nicht realisiert, und seit Mitte der dreißiger Jahre
nahm Neurath in seinen Arbeiten zur Theorie der Enzyklopädie keinen
Bezug mehr auf die Konstitutionstheorie. Das heißt jedoch nicht, dass
Carnap selbst den konstitutionstheoretischen Ansatz ersatzlos aufgegeben hätte. In den dreißiger Jahren transformierte sich die Konstitutionstheorie als Theorie von Konstitutionssystemen in das Projekt
einer neuen Art von Philosophie, deren Hauptaufgabe darin bestand,
Vorschläge für die Konstruktion von Sprachrahmen (linguistic frameworks) für die Wissenschaft zu machen (cf. Carnap 1934). Ohne das
hier im Einzelnen begründen zu können, möchte ich behaupten, dass
Konstitutionstheorie im Sinne des *Aufbau* und Konstruktion von Sprachrahmen enger mit einander verwandt sind als man meinen möchte.
Carnaps späterer logisch-linguistischer Ansatz kann als eine Fortsetzung der Konstitutionstheorie verstanden werden. Dies wird klar, sobald man sich daran erinnert, welchen Begriff von Sprache Carnap in
Logische Syntax der Sprache seinen Untersuchungen zugrundelegt.
„Sprache" tritt in *Syntax* im Plural auf; der Gegenstand von *Syntax* sind
Sprachen, aufgefasst als Kalküle (Carnap 1968 (1934), p. 2ff). Daraus
ergibt sich:

> Die Syntax einer Sprache oder eines sonstigen Kalküls handelt all-
> gemein von den Strukturen möglicher Reihenordnungen (be-
> stimmter Art) beliebiger Elemente. ... [Die reine Syntax] ist nichts
> anderes als Kombinatorik oder, wenn man will, Geometrie endlicher
> diskreter Reihenstrukturen bestimmter Art. Die deskriptive Syntax
> verhält sich zur reinen wie die physikalische Geometrie zur mathe-
> matischen ..., (Carnap 1968 (1934), p. 6, 7)

Grundsätzlich gilt, dass Carnaps Vorbild für seinen syntaktischen Begriff von Sprache als Kalkül Hilberts Begriff von formaler Geometrie ist,
wie er in *Grundlagen der Geometrie* (Hilbert 1899) expliziert wird (cf.
Carnap 1934, p.9). Darüber hinaus lässt sich zeigen, dass Carnaps
linguistischer Konventionalismus seinen Ursprung im strukturellen Konventionalismus der Geometrie hat, den er im Anschluss an Poincaré
bereits in seiner Dissertation (Carnap 1922) formulierte. Vereinfacht
gesagt lautet seine These, dass die in den Wissenschaften verwendeten Sprachen ebenso konventionell sind wie die in der Geometrie oder Geographie verwendeten Koordinatensysteme (Mormann
2004). Die Rolle der Philosophie als Syntaxtheorie ist es, Vorschläge

für die Konstruktion von Wissenschaftssprachen, d.h. Koordinatisierungen von Wissensräumen zu machen.

Schließlich sei angemerkt, dass die Auffassung von Philosophie als Syntax der Sprache, d.h. als Mathematik oder Geometrie der Wissenschaftssprache, keineswegs eine bloß erläuternde Funktion hatte. Sie lieferte Carnap das entscheidende Argument gegen Hume und Wittgenstein, auch die Sätze Wissenschaftslogik seien streng genommen sinnlos:

> Wenn nach Hume jeder Satz sinnlos ist, der nicht entweder zur Mathematik oder zur Realwissenschaft gehört, dann sind ja auch alle Sätze eurer eigenen Abhandlungen sinnlos ... Demgegenüber wollen wir hier die Auffassung vertreten, daß die Sätze der Wissenschaftslogik Sätze der logischen Syntax der Sprache sind. Damit liegen diese Sätze innerhalb der von Hume gezogenen Grenze; denn logische Syntax ist – wie wir sehen werden – nichts Anderes als Mathematik der Sprache. (Carnap 1934b)

Diese Belege sollten genügen, die Annahme plausibel zu machen, dass auch Carnaps linguistisch gewendete Konstitutionstheorie, die seit Anfang der dreißiger Jahre die im *Aufbau* formulierte Version abzulösen begann, über ein geometrisches Substrat verfügte, durch das sie sich als allgemeine Theorie der geometrischen oder geographischen Struktur des *mundus intellectualis* im Sinne Bacons erweist.

Natürlich unterscheidet sich Carnaps Geometriekonzeption erheblich von der, die Bacon und die französischen Enzyklopädisten ihrem Ansatz zugrunde legten: während Carnap von einer konstruktiven und formalen Konzeption von Geometrie ausging, die durch die strukturalistische Mathematik des 19. und 20. Jahrhunderts geprägt war, ist Bacons Verständnis der Geographie des *mundus intellectualis* wohl eher naiv metaphorisch. Von Konventionalismus kann bei Bacon sicher nicht die Rede sein. Es ist jedoch bemerkenswert, dass d'Alembert und Diderot in ihrer Beschreibung der Geographie des Wissensraumes durchaus gewisse konventionelle Komponenten anerkannten: für sie war eine Enzyklopädie immer aus einer bestimmten Perspektive geschrieben, die niemals vollständig objektiv begründet werden konnte. Die Konventionalität der Geometrie des Wissensraumes übertrifft also in ihrem Fall die des gewöhnlichen Raumes. Carnaps globaler Konventionalismus hingegen hat seine Lektionen der nichteuklidischen Geometrien gelernt und geht davon aus, dass die Geometrien sowohl des *mundus visibilis* wie die des *mundus intellectualis* konventionell und damit nicht eindeutig bestimmt sind. Dies soll im nächsten Abschnitt genauer untersucht werden.

5. Geometrie und Pluralismus

Die Strukturtheorie einer enzyklopädischen Darstellung eines *mundus intellectualis* als „Geometrie" zu beschreiben, sollte, wenn diese Charakterisierung nicht auf einer sehr allgemeinen Ebene verbleiben will, mit der Entwicklung der Geometrie schritthalten. Jedenfalls wäre das ein Beleg für die „Wirksamkeit" des geometrischen Faktors. Ich möchte im Folgenden am Beispiel des immer deutlicher werdenden geometrischen Pluralismus dafür argumentieren, dass das in der Tat der Fall war.

Es ist unmöglich, die Entwicklung der Geometrie seit dem 18. Jahrhundert bis heute in wenigen Sätzen sinnvoll zusammenzufassen. Gleichwohl kann man kurz auf einen entscheidenden Unterschied zwischen „alter" und „neuer" Geometrie hinweisen, nämlich die Einsicht in die grundsätzliche Pluralität geometrischer Systeme. Seit Beginn des 20. Jahrhunderts war es für eine wissenschaftlich ernstzunehmende Wissenschaftsphilosophie nicht mehr möglich, die Vielfalt möglicher Geometrien zu ignorieren. Die euklische Geometrie erwies sich als eine unter vielen möglichen. Diese Einsicht erweiterte nicht nur den Gegenstands- und Anwendungsbereich der Geometrie, sondern führte auch zu einer grundlegenden Transformation des Gegenstandsbereichs der Geometrie. Nicht mehr jedes geometrische System wird einzeln für sich untersucht, sondern die Gesamtheit möglicher geometrischer Systeme wird Gegenstand der Geometrie – Geometrie wird zur Metageometrie. Das Erlanger Programm von Felix Klein, das Geometrien anhand der sie charakterisierenden Transformationsgruppen untersucht, ist das Projekt, das bis heute unter Philosophen am bekanntesten ist.[25] Carnap wurde anscheinend weniger durch Kleins *Erlanger Programm*, als durch Riemanns und Hilberts „neue" Geometrie inspiriert, die über Kleins Pluralismus möglicher Geometrien hinausgehen. Wie aus *Der Raum* (Carnap 1922) zu ersehen ist, war er besonders beeindruckt durch Poincarés euklidisches Modell der hyperbolischen Geometrie (Poincaré 1902). Er interpretierte dieses Modell als Beweis, dass die verschiedenen Geometrien (euklidische, hyperbolische und elliptische) als verschiedene Sprachformen aufgefasst werden konnten, in denen dieselben topologischen Sachverhalte ausgedrückt werden konnten.[26]

Dies führte ihn zum Toleranzprinzip: ebenso wenig wie die Geometrie gewisse geometrische Systeme ausschloss, sollte auch die Syntax als Theorie möglicher Sprachformen gewisse Formen nicht diskriminieren oder gar verbieten, sondern sich auf ihre Bestandsaufnahme und Klassifizierung konzentrieren:

> [W]ir wollen nicht Verbote aufstellen, sondern Festsetzungen treffen. ... Verbote können durch eine definitorische Unterscheidung ersetzt werden. In manchen Fällen geschieht das dadurch, daß Sprachformen verschiedener Arten nebeneinander untersucht werden (analog den Systemen euklidischer und nichteuklidischer Geometrien), z.B. eine definite und eine indefinite Sprache, eine Sprache ohne und eine Sprache mit Satz vom ausgeschlossenen Dritten. ... In der Logik gibt es keine Moral. Jeder mag seine Logik, d.h. seine Sprachform, aufbauen wie er will. Nur muß er angeben, wie er es machen will, syntaktische Bestimmungen geben anstatt philosophischer Erörterungen. (Carnap 1934, p. 45)

Ersetzt man hier „Sprachform" durch „Koordinatensystem" oder „geometrisches System" wird der geometrische Hintergrund des Toleranzprinzips sichtbar: zur Orientierung im Raum kann jeder das Koordinatensystem verwenden, das ihm zusagt, solange er es so beschreibt, dass Umrechnungen in andere Systeme möglich sind. Wie bereits erwähnt, kann man schon bei d'Alembert ein analoges, auf die Struktur von Enzyklopädien bezogenes Prinzip des Pluralismus finden: es gibt nicht die eine „richtige" Darstellung, sondern viele verschiedene, die sich aus verschiedenen möglichen Perspektiven ergeben. Eine enzyklopädische Ordnung des Wissens spiegelt also keineswegs eine eindeutig bestimmte „natürliche" Ordnung der Welt wider.

Das Toleranzprinzip war nicht auf Carnaps syntaktische Epoche beschränkt: Auch nachdem er den syntaktischen Ansatz in der Wissenschaftsphilosophie aufgegeben hatte, hielt er am Toleranzprinzip fest, das er in *Empiricism, Semantics, and Ontology* (Carnap 1950) folgendermaßen formulierte:

> Wir wollen denjenigen, die auf irgendeinem Gebiet der Forschung arbeiten, die Freiheit zugestehen, jede Ausdrucksform zu benutzen, die ihnen nützlich erscheint, die Arbeit auf dem Gebiet wird früher oder später zu einer Ausscheidung derjenigen Formen führen, die keine nützliche Funktion haben. *Wir wollen vorsichtig sein im Auf-*

*stellen von Behauptungen und kritisch bei ihrer Prüfung, aber duld-
sam bei der Zulassung sprachlicher Formen.* (Carnap 1950, p. 278)

Carnaps Konzeption von Philosophie als Theorie möglicher wissenschaftlicher Sprachformen könnte man als Theorie der Planung von
Enzyklopädien begreifen. Eine solche Theorie zielte darauf, der scientific community die sprachlichen und logischen Mittel an die Hand geben, das zunächst „wildwüchsige" und logisch nichtanalysierte Wissen
in geeigneten Sprachrahmen „rational zu rekonstruieren", um es damit
allgemein zugänglich zu machen. Dies aber entspricht der Grund-
intention jeder Enzyklopädie, ein Wissen als Ganzes zu präsentieren.
Man könnte also Carnaps „neue Art des Philosophierens" charakterisieren als eine Theorie möglichen Wissens, d.h. als Theorie der Geographie möglicher *mundi intellectuales* (vgl. Mormann 2001). Aus dieser
Perspektive wird deutlich, dass Carnaps Konstitutionstheorie als Theorie möglicher Konstitutionssysteme und allgemeiner als Theorie möglicher Sprachformen der Wissenschaften durchaus etwas mit dem Enzyklopädieprojekt zu tun hatte, auch wenn die Enzyklopädie der Einheitswissenschaft nicht auf der Grundlage der Konstitutionstheorie, sondern
von Neuraths Enzyklopädismus (wenn auch nur zu einem kleinen Teil)
verwirklicht worden ist.

Die Pointe von Neuraths enzyklopädistischem Ansatz war bekanntlich seine Gegenüberstellung von „Enzyklopädie" und „System", wie er
sie emphatisch in seinem berühmt-berüchtigten Diktum „Das System ist
die große wissenschaftliche Lüge" ausgedrückt hat. Vielleicht sollte
man heute dieses Thema etwas nüchterner angehen. In einer allgemeinen Ordnungstheorie des Wissens, die vielleicht einmal als Nach-
folgedisziplin der klassischen Erkenntnis- und Wissenschaftstheorie
wird gelten können, wird man verschiedene Typen von Ordnungen
unterscheiden: strikt logische, aber auch flexiblere wie die von Neurath
vorgeschlagene „enzyklopädische" Ordnung. Eine strikte Entgegen-
setzung von „System" und „Enzyklopädie" führt zu einer unnötigen Po-
larisierung und verschleiert nur das Kernproblem der enzyklopädischen
Konzeption, das darin besteht, dass Neuraths „Enzyklopädie" als Modell des Wissens abhängig bleibt vom Begriff des Systems – der Begriff
der Enzyklopädie wird definiert als Abschwächung des Begriffs des
deduktiven Systems, indem eine Enzyklopädie im Unterschied zu einem System höchstens partiell deduktiv strukturiert ist, anstatt präzis
definierter Begriffe auch sogenannte „Ballungen" auftreten können etc.
Mit diesen negativen Charakterisierungen bleibt der Enzyklopädismus
als Theorie empirischen Wissens gegen seine eigentlichen Intentionen

der Theorie logisch-deduktiver Systeme verhaftet. Eine Bezugnahme auf die Geometrie könnte hier hilfreich sein: Die Geometrie besitzt eigene „positive" begriffliche Ressourcen, die nicht darin aufgehen, sie schlicht als „Nicht-Logik" oder „schwächere Logik" zu charakterisieren. So ist es ohne Schwierigkeiten möglich, im Rahmen einer Theorie geographischer Kartierungen Unbestimmtheit und Nichtwissen zu behandeln. Die „weißen Flecken" auf Landkarten, das zwanglose Weglassen von Details, etc. erlauben es, mit dem Phänomen der „Ballungen" auch in einem geographischen Kontext umzugehen. Aus diesem Grunde sind geometrische Beschreibungen des Wissensraumes mit einem neurathianischen Enzyklopädismus nicht nur ohne weiteres verträglich, sondern ihm durchaus kongenial.[27]

6. Zusammenfassung und Ausblick

Das Hauptanliegen dieser Arbeit bestand darin, einen Zusammenhang zwischen den Projekten der französischen und österreichischen Enzyklopädisten dadurch herzustellen, dass beide als Versuche interpretiert werden, die geographische Struktur eines *mundus intellectualis* im Sinne Bacons zu bestimmen. Eine solche Strukturierung hat eine eminent praktische Bedeutung, ermöglicht sie doch, sich in dieser Welt des Wissens zu orientieren. An die Stelle riskanter Expeditionen Einzelner treten organisierte Reisen der Vielen. Was einst höchste Anstrengung und Geschicklichkeit erforderte, zu der nur wenige imstande waren, sinkt zur routinierten Durchführung von Aufgaben herab, zu deren Lösung im Prinzip alle fähig ist. Eine enzyklopädische Strukturierung des Wissens erscheint so als eine notwendige Voraussetzung für die Demokratisierung und allgemeine Verbreitung des Wissens. In gewisser Weise lässt sich enzyklopädische Strukturierung eines Wissensbereiches daher als Fortsetzung wissenschaftlicher Theoretisierung auffassen. Schon Mach und Duhem haben darauf hingewiesen, dass wissenschaftliche Theorien als Mittel verstanden werden können, empirisches Wissen in geeigneter Weise zu komprimieren und zu klassifizieren, um es möglichst leicht und effizient handhabbar zu machen:

Klassifizierte Erkenntnisse sind leicht anwendbar und sicher zu gebrauchen. Aus kunstgerechten Werkzeugkästen, in denen die Instrumente, die demselben Zweck dienen, beieinander liegen, diejenigen aber, die verschiedenen Aufgaben haben, durch Scheidewände getrennt sind, nimmt der Arbeiter blitzschnell, ohne Zögern oder Ängstlichkeit, das Werkzeug, das er braucht. Dank der Theorie findet der Physiker mit Sicherheit, ohne Wesentliches außer Acht zu lassen oder Überflüssiges anzuwenden, die Gesetze, die ihm zur Lösung eines gegebenen Problems dienlich sein können. (Duhem 1978 (1906), p. 26-27)

Enzyklopädien gehen noch einen Schritt weiter: sie ermöglichen auch den Nichtspezialisten eine erste allgemeine Orientierung in einem Wissensbereich. Eventuell, d.h. nach weiteren Studien, kann diese allgemeine Orientierung zu einem genuinen Wissen ausgebaut werden, das es erlaubt, sich in diesem Wissensbereich selbstständig zu bewegen.

Enzyklopädien, wenn sie denn mehr sein wollen als bloß alphabetisch geordnete Sammlungen von Wissensbeständen, haben also eine Struktur. Je nach dem, welche Aspekte man in den Vordergrund stellen will, kann diese Struktur als Geometrie, Geographie oder Architektonik eines Wissensraumes beschrieben werden. Obwohl es manchmal zweckmäßig ist, zwischen geometrischen, geographischen und architektonischen Aspekten zu unterscheiden, werde im folgenden eine Theorie der Struktur von Wissensräumen kurz als Geometrie bezeichnet. Eine solche Geometrie bildet den formalen Rahmen einer philosophischen Theorie der möglichen Ordnung des wissenschaftlichen Wissens. Eine solche Theorie hätte große Ähnlichkeit mit Carnaps Konzeption von Philosophie als Theorie möglicher Sprachformen, die in den Wissenschaften verwendet werden können und darüber hinaus in allgemeineren Bereichen, wo man von Wissen sprechen kann. Genauer gesagt, wäre eine solche Theorie eine Verallgemeinerung von Carnaps Theorie, da sie nicht nur auf die linguistischen Aspekte der zu repräsentierenden Wissensbereiche abhebt, sondern allgemein auf ihre Struktur. Sie entspräche damit den „ontological frameworks", die Carnap in *Empiricism, Semantics, and Ontology* (Carnap 1950) einführt. Ein wichtiger Unterschied wäre der, dass die Erörterung der formalen Strukturen sich nicht beschränkte auf Logik und Mengentheorie, sondern die Geometrie explizit mit einbezöge.

Zum Abschluss möchte ich vorschlagen, das Thema der enzyklopädistischen Organisation und Repräsentation des Wissens nicht allein den Historikern zu überlassen. Man sollte sich nicht nur über die mehr oder minder interessante Geschichte des Enzyklopädiegedankens den Kopf zerbrechen. Es ist nicht abwegig, die französische, die österreichische, und alle Enzyklopädien der Vergangenheit als bloße Vorläufer einer wirklich modernen Enzyklopädie anzusehen, die gerade im Entstehen begriffen ist. Gemeint ist die Enzyklopädie, die durch die Vernetzung des Wissens mithilfe des Internets dabei ist, Gestalt anzunehmen. Zur Erhellung der Struktur und Entwicklung dieser *neuen* Enzyklopädie haben die traditionelle Epistemologie und Wissenschaftsphilosophie bisher wenig beigetragen, auch wenn sie für das zukünftige Wissen von äußerster Wichtigkeit sein wird.

Ohne auf Einzelheiten einzugehen und durchaus an der Oberfläche bleibend, wird man behaupten können, dass die neue Enzyklopädie die Kategorien von Kodifizierung, Austausch und Verarbeitung des Wissens grundlegend verändern wird. Auch wird das Problem der Erneuerung oder Aktualisierung des Wissens in der neuen Enzyklopädie wesentlich einfacher und befriedigender lösbar sein als es sich die klassischen Enzyklopädisten je vorstellen konnten.[28] Die Eingliederung individuellen Wissens in die neue Netz-Enzyklopädie wird eine Vereinheitlichung der Terminologie, die Einführung verbindlicher Stichwörter, und andere Maßnahmen zur Standardisierung mit sich bringen. Allgemein ist klar, dass eine solche Enzyklopädie ohne eine ausgearbeitete Strukturtheorie nicht funktionieren kann.[29] Mit elementaren Stammbäumen wie in der *Encyclopédie* oder intuitiven Erläuterungen wie bei Neurath („Zwiebelform der Enzyklopädie der Einheitswissenschaft") wird es nicht mehr getan sein. Das bedeutet nicht, dass die Struktur der neuen Enzyklopädie von ganz anderer Art sein wird als die ihrer Vorgängerinnen. Wie schon in Ausdrücken wie „Cyberspace" oder „Infosphäre" usw. angedeutet, werden auch in der entstehenden neuen Enzyklopädie räumliche Strukturen im verallgemeinerten Sinne eine zentrale Rolle spielen.[30] Das Moment einer räumlichen Struktur scheint eine Konstante jeder Art von Wissensdarstellung und -organisation zu sein. Dadurch wird ein Moment (sekundärer) Anschauung erzeugt, das beim Menschen für den Besitz von Wissen unverzichtbar zu sein scheint.[31]

Die Wissenschaftsphilosophie hat in der Vergangenheit den „mikrologischen" Problemen der Wissenschaftssprache minutiöse Aufmerksamkeit geschenkt, während Probleme der globalen Organisation von Wissenschaft weitgehend ignoriert worden sind – ein Beleg dafür ist die Tatsache, dass die enzyklopädistischen Probleme sicher nicht zum Kernbestand der Wissenschaftsphilosophie gehören. Die traditionelle Erkenntnistheorie und Wissenschaftsphilosophie sind den praktischen Problemen der „Handhabbarkeit", d.h. den Problemen der Territorialisierung des *mundus intellectualis* aus dem Wege gegangen. Diese Zurückhaltung lässt sich auf die Dauer nicht aufrecht erhalten. Die neue virtuelle Enzyklopädie ist eine Tatsache, die man nicht ignorieren kann und die eines der zentralen Themen der Philosophie betrifft – das Wissen und die Wissenschaften. Unter den Klassikern der Philosophie des 20. Jahrhunderts scheint mir Carnap, der die Aufgabe der Philosophie in der Konstruktion von Sprachformen erblickte, noch die deutlichste Ahnung davon gehabt zu haben, welchen Aufgaben sich eine wirklich moderne Philosophie des Wissens und der Wissenschaften in Zukunft zu stellen haben würde.

Bibliographie

d'Alembert, J. Le Rond, 1997 (1751), Discours préliminaire de l'Encyclopédie – Einleitung zur Enzyklopädie, Hamburg.

Bacon, F., 1857–1874, The Works, Collected and edited by J. Spedding, R.L. Ellis and D.D. Heath, London. Reprint 1961–1963, Stuttgart.

Black, J., 1997, Maps and History. Constructing Images of the Past, New Haven and London.

Blumenberg, H., 1985, Prolegomena zu einer Metaphorologie, Frankfurt/Main.

Burke, P., 2000, A Social History of Knowledge. From Gutenberg to Diderot, Cambridge.

Carnap, R., 1922, Der Raum. Ein Beitrag zur Wissenschaftslehre, Kant-Studien Ergänzungsheft No. 56. Berlin.

Carnap, R., 1927, Eigentliche und uneigentliche Begriffe, Symposion, Zeitschrift für Forschung und Aussprache, Bd. 1, Heft 4, 355-374.

Carnap, R., 1998 (1928), Der logische Aufbau der Welt, Hamburg.

Carnap, R., 1929, Von Gott und Seele. Scheinfragen in Metaphysik und Theologie, in R. Carnap, Scheinprobleme in der Philosophie und andere metaphysikkritische Schriften, hg. Von T. Mormann, Hamburg: Meiner 2004.

Carnap, R., 1934 (1968), Logische Syntax der Sprache, Wien.

Carnap, R., 1950, Empiricism, Semantics, and Ontologie, *Revue de Philosophie Internationale* 4, 20-40.

Dahms, H.-J., 1996, Vienna Circle and French Enlightenment – A Comparison of Diderot's *Encyclopédie* with Neurath's *International Encyclopedia of Unified Science*, in E. Nemeth and F. Stadler (eds.), Encyclopedia and Utopia, The Life and Work of Otto Neurath (1882 – 1945), Vienna Circle Yearbook 4, Dordrecht, 53-62.

Darnton, R. 1998 (1979), Glänzende Geschäfte. Die Verbreitung von Diderots „Encyclopédie" oder Wie verkauft man Wissen mit Gewinn?, Frankfurt/Main.

Dierse, U., 1977, Enzyklopädie. Zur Geschichte eines philosophischen und wissenschaftstheoretischen Begriffs, Archiv für Begriffsgeschichte, Supplementheft 2, Bonn.

Duhem, P, 1906 (1978), Ziel und Struktur der physikalischen Theorien, Hamburg.

Galison, P.L., 1997, Image and Logic. A Material Culture of Microphysics, Chicago and London, The University of Chicago Press.

Encyclopédie, ou Dictionnaire raisonné des sciences, des arts et des métiers, par une societé de gens de lettres. Mis en ordre & publié par M. Diderot, de l'Académie Royale des Sciences & des Belles-Lettres de Prusse; & quant à la Partie Mathématique, par M. D'Alembert, de l'Académie Royale des Sciences de Paris, de celle de Prusse & de la Societé Royale de Londres, 1751–1765, Paris.

Goodman, N., 1963, The Significance of Der Logische Aufbau, in P. S. Schilpp (ed.), The Philosophy of Rudolf Carnap, 545-558.

Floridi, L. 1999, Philosophy and Computing. An Introduction, London and New York.

Kusukawa, S., 1996, Bacon's Classification of Knowledge, in M. Peltonen (ed.), 25-46.

Mormann, T., 2001, Carnaps Philosophie als Möglichkeitswissenschaft, Zeitschrift für philosophische Forschung 55 (1), 79-100.

Mormann, T. 2004, Geometry of Logic and Truth Approximation, in R. Festa, A. Aliseda, and J. Peijnenburg (eds.), Confirmation, Empirical Progress, and Truth Approximation, Poznan Studies in the Philosophy of the Sciences and the Humanities vol. 83, 433-456, Amsterdam and Atlanta.

Mormann, T., 2005, Carnap's Conventionalism and Differential Topology, PSA 2004, Proceedings of the 2004 Biennial Meeting of the Philosophy of Science Association.

Neurath, O., 1981, Gesammelte philosophische und methodologische Schriften, Band I und II, herausgegeben von R. Haller und H. Rutte, Wien.

Peltonen, M., 1996, The Cambridge Companion to Bacon (ed.), Cambridge.

Poincaré, H., 1902, La Science et l'hypothèse, Paris.

Popper, K., 1934 (1959), Logik der Forschung, Tübingen.

Popper, K. 1963 (1989). Conjectures and Refutations, 5th revised edition. London.

Sobel, D., 1996, Längengrad, Berlin.

Schlögel, K., 2003, Im Raume lesen wir die Zeit. Über Zivilisationsgeschichte und Geopolitik, München und Wien.

Steiner, G. 2002, Die Grammatik der Schöpfung, München und Wien.

Steinhart, E. C., 2001, The Logic of Metaphor. Analogous Parts of Possible Worlds. Synthese Library vol. 229, Dordrecht, Kluwer.

Tega, W., 1996, Atlases, Cities, Mosaics. Neurath and the *Encyclopédie*, in E. Nemeth and F. Stadler (eds.), Encyclopedia and Utopia, The Life and Work of Otto Neurath (1882–1945), Vienna Circle Yearbook 4, Dordrecht, 63-77.

Yeo, R., 2001, Encyclopedic Visions: Scientific Dictionaries and Enlightenment Culture, Cambridge.

Yeo, R., 2002, Managing Knowledge in Early Modern Europe, Minerva 40, 304-314.

Yeo, R., 2003, A Solution to the Multitude of Books: Ephraim Chambers's *Cyclopedia* 1728 as „the Best Book in the Universe", Journal of History of Ideas 64(1), 61-72.

Ziman, J., 1978, Reliable Knowledge. An Exploration of the Grounds for Belief in Science, Cambridge.

Anmerkungen

1. Hellsichtig bemerkte Diderot im Artikel „Enzyklopädie" der *Encyclopédie* dazu: „Während die Jahrhunderte dahinfließen, wächst die Masse der Werke unaufhörlich, und man sieht einen Zeitpunkt voraus, in dem es fast ebenso schwer sein wird, sich in einer Bibliothek zurecht zu finden wie im Weltall, und beinahe so einfach, eine feststehende Wahrheit in der Natur zu suchen, wie in einer Unmenge von Büchern." Zweihundert Jahre nach Diderot ist dieser Zeitpunkt längst gekommen. In den sechziger Jahren des vorigen Jahrhunderts begann unter Experimentalphysikern die Furcht umzugehen, in wenigen Jahren werde ein neues Experiment nur noch darin bestehen, ins Archiv zu gehen und die dort gesammelten Magnetbänder durch einen Computer unter einem neuen Gesichtspunkt auswerten zu lassen (vgl. Galison 1997, p.1).
2. „Alles wissen zu wollen" war spätestens im 19. Jahrhundert ein untrügliches Zeichen für Dilettantismus, wie Flaubert in seinem „enzyklopädischen" Roman *Bouvard und Pécuchet* drastisch vorführte.
3. Für eine Diskussion der verschiedenen Aspekte von Bacons Philosophie siehe Peltonen 1996.
4. Die Titelseite der englischen Übersetzung (1640) von *De augmentis* zeigt in einer allegorischen Darstellung die zwei Globen des „mundus visibilis" und des „mundus intellectualis", die sich die Hände reichen.

5. Chambers *Cyclopedia* war ursprünglich das Vorbild für die französische *Encyclopédie*, die zunächst als bloße Übersetzung der *Cyclopedia* geplant worden war.
6. Aus Gründen der terminologischen Bequemlichkeit möchte ich diese beiden Unternehmungen als die „französische Enzyklopädie" und die „österreichische Enzyklopädie" bezeichnen. Streng genommen, ist dies nicht korrekt: Nach der Encyclopédie Diderots und d'Alemberts gab es in Frankreich andere enzyklopädische Unternehmungen, die sich als „Encycopédie française" bezeichneten, und die „österreichische" Enzyklopädie ist weniger in Österreich als im US-amerikanischen Exil entstanden.
7. Ich gehe also in dieser Arbeit ohne weitere Begründung davon aus, dass Metaphern mehr sind (oder zumindest mehr sein können) als rhetorische Figuren ohne Erkenntniswert. In vielen Fällen, so im Fall von Bacons geographischer Metaphorik, besitzen sie erkenntnisleitende Funktionen. Für eine moderne Darstellung der Logik erkenntnisrelevanter Metaphern konsultiere man z.B. Steinhart (2001).
8. Noch im späten 20. Jahrhundert (1974) wurde in der *Encyclopedia Britannica* das Problem einer geeigneten, über die bloße alphabetische Ordnung hinausgehende Organisation des Wissens thematisiert: Im Vorwort („Propaedia") der 15. Auflage plädierte Mortimer Adler dafür, die Enzyklopädie solle mehr sein als ein „bloßer Lagerraum" des Wissens, sondern solle dazu beitragen, die „gesamte Welt des Wissens als ein Diskursuniversum" zu begreifen. Er schlug vor, die Einheit des Wissens nicht hierarchisch, sondern kreisförmig zu verstehen, so dass man von jeder Stelle des Kreises zu jeder anderen gelangen könne (vgl. Yeo 2001, p. 32). Wie Yeo bemerkt, leistet das aber bereits die alphabetische Ordnung.
9. Neuraths Gegenüberstellung von „System" und „Enzyklopädie" ist also wohl nicht so neu und einzigartig, wie oft angenommen wird.
10. Eine Bemerkung zur Terminologie: Gegeben die herkömmlichen Bedeutungen von Geometrie, Geographie und Architektonik erweist sich keiner dieser Begriffe als immer passend für die Beschreibung der Struktur von Wissensräumen. Für die Beschreibung eher deskriptiver Aspekte wird der Terminus „geographisch" gewählt, während für die Erörterung eher theoretischer Aspekte der Ausdruck „Geometrie" Verwendung findet; „Architektonik" hingegen soll auf die konstruktiven Aspekte räumlicher Konzeptualisierungen des Wissens verweisen.
11. Bereits bei d'Alembert findet sich also die These, die später auch von Neurath und Carnap verfochten wurde, nämlich dass eine gegebene Enzyklopädie immer nur eine unter vielen möglichen ist. Für Carnaps Konstitutionstheorie entspricht dies der Behauptung, dass ein Wissensbereich immer auf verschiedene Weise konstituiert oder rational rekonstruiert werden kann. Des weiteren ist zu bemerken, dass d'Alembert ebenso wie Neurath für eine enzyklopädische Darstellung des Wissens eine nichthierarchische Struktur zugrunde legte, der es auf die Vielfalt der Verbindungen zwischen den Gebieten des Wissens ankommt. Anders ausgedrückt, eine Enzyklopädie verkörpert eher den systematischen Geist als den Geist des Systems.
12. Genau in diesen „Anmerkungen" steckt die geometrische Feinstruktur der *Encyclopédie*: Die „enzyklopädische Geometrie" besteht in dem Geflecht wechselseitiger Verweisungen, durch die ein einzelner Artikel mit denjenigen Artikeln verbunden ist, auf die er verweist und die auf ihn verweisen. In Carnaps strukturalistischen Konstitutionssystemen sollte jeder Begriff allein durch seine Stellung im Gesamtsystem charakterisierbar sein, vgl. *Aufbau*, § 14.
13. In der Tat versuchte Bacon eine extensionale Interpretation des Stammbaumes seiner Klassifikation der Wissenschaften, wonach dieser das Wissen der „prima philosophia" repräsentiere, d.h. das allen speziellen Wissensgebieten gemeinsame Wissen. Bacons „prima philosophia" ist jedoch wenig mehr als eine zufällige Ansammlung allgemeiner Prinzipien.

14. Vgl. dazu die brillanten Ausführungen von Schlögel (2003, p. 81ff.), für den geographisch besonders bedeutsamen Begriff der Grenze auch (ebendort, p. 137ff.).

15. Siehe Borges (1954).

16. So plante Neurath für die Encyclopedia of Unified Science nicht weniger als 26 Textbände zu je zwei Monographien und 10 Bände mit Graphiken und Diagrammen in ISOTYPE zu veröffentlichen. Dieser Plan wurde allerdings niemals realisiert: Nur die beiden ersten Textbände sind erschienen, von den geplanten ISOTYPE-Bänden kein einziger. Die französische Enzyklopädie hingegen erschien vollständig und enthielt, wie oben erwähnt, mehrere tausend graphische Tafeln (cf. Dahms 1996, p. 57f).

17. Viele Autoren sind bis heute unbekannt, und insgesamt ist die Gruppe der Verfasser von Artikeln für die Encyclopédie sehr inhomogen (cf. Darnton 1998, p. 26).

18. Das Ergebnis des „Cassiniprojektes", die „Carte géométrique de la France" wurde nach jahrzehntelangen Vorarbeiten 1749 von Jacques Cassini in seinem Discours du méridien veröffentlicht. Die Erstellung dieser ersten „modernen" Karte Frankreichs markierte eine Zäsur, und man sprach von „avant la carte" und „après la carte" (siehe Schlögel 2003, p. 169)

19. Ein sehr anschauliches Beispiel für Territorialisierung als Konstruktion eines geplanten Herrschaftsraumes bietet die sogenannte Jefferson-Hartley Karte, die die Grundlage für die Erweiterung des US-amerikanischen Territoriums im späten 18. und frühen 19. Jahrhundert bildete, vgl. Schlögel 2003, p. 177. Schlögel bezeichnet diese Karte treffend als „die Matrix der amerikanischen Demokratie".

20. Dass Kant sich durchaus als der Baconischen Tradition zugehörig empfand, wird belegt durch die Tatsache, dass er der Kritik (B) ein Zitat aus der Instauratio Magna voranstellte.

21. In dieser Hinsicht trifft er sich merkwürdigerweise mit Neurath: auch dieser war der Auffassung, dass es in den Enzyklopädien durchaus „dunkle" und nicht kartographierte Gebiete geben konnte, die sogenannten Ballungen. Den Optimismus der Aufklärung des 18. Jahrhunderts, alles in ein helles Licht setzen zu können, teilte er nicht. Die Idee einer cartesischen Wissenschaft, formuliert in einer cartesischen Sprache, deren sämtliche Begriffe klar und distinkt definiert waren, erschien Neurath als Pseudorationalismus, d.h. als ein Rationalismus, der die Grenzen seines Territoriums überdehnt.

22. Immerhin findet sich auch bei Popper die Einsicht in die Bedeutung geometrischer Strukturen für Wissensräume: Seine Theorie der Wahrheitsähnlichkeit (Popper 1989) geht davon aus, dass die Differenz zwischen verschiedenen konkurrierenden Theorie als Distanz im geometrischen Sinne aufgefasst werden kann (cf. Mormann 2004).

23. Im Aufbau machte Carnap keinen Unterschied zwischen „Begriff" und „Gegenstand": „Wir können ... geradezu sagen, daß der Begriff und sein Gegenstand dasselbe sind. Diese Identität bedeutet jedoch keine Substantialisierung des Begriffs, sondern eher umgekehrt eine „Funktionalisierung" des Gegenstandes." (Aufbau, § 5). Dies ist wahrscheinlich eine Anspielung auf Cassirers „Substanzbegriff und Funktionsbegriff" (Cassirer 1910) zu deuten.

24. Diesem Kartencharakter eines Konstitutionssystems haben die meisten Interpreten des Aufbau wenig Bedeutung beigemessen. Eine Ausnahme ist Goodman, der bereits 1963 feststellte: „The function of a constructional system is not to recreate experience but rather to map it." (Goodman 1963, p. 552).

25. Für den Neukantianer Cassirer wurde es bekanntlich zum leitenden Paradigma seiner gesamten Erkenntnis- und Wissenschaftstheorie (cf. Cassirer 1910).

26. Meiner Meinung nach begeht Carnap in seiner Interpretation Poincarés einen fundamentalen mathematischen Irrtum (cf. Mormann 2005). Darauf kommt es für das folgende jedoch nicht an, es genügt, dass Poincarés Beispiel für Carnaps Erkenntnis- und Wissenschaftstheorie eine entscheidende Rolle gespielt hat (ob sich dies einem Missverständnis verdankt oder nicht, ist gleichgültig): der (vermeintlich durch die Autorität Poincarés gedeckte) geometrische Konventionalismus dient als Paradigma für seinen logischen und linguistischen Konventionalismus, wie er etwa im „Toleranzprinzip" zum Ausdruck kommt.

27. Neurath selbst verwendete für die Erläuterung des Begriffs der Enzyklopädie eine Reihe von Bildern wie „Gebäude", „Mosaik", „Rahmen", „polyzentrische Stadt" usw. (cf. Tega 1996). Alle diese Bilder schöpfen offenbar aus der Geometrie, der Geographie oder der Architektonik und bestätigen so den räumlichen Charakter der enzyklopädischen Repräsentation des Wissens.

28. Die übliche Methode, einer abgeschlossenen Enzklopädie post festum „Supplemente" hinterher zu schicken, wurde immer als unbefriedigend empfunden.

29. Dass die Strukturierung des Internets noch viel zu wünschen übrig lässt, weiß jeder Benutzer zur Genüge. In einem Buch von Floridi, auf das ich erst nach Fertigstellung dieser Arbeit gestoßen bin, wird diese Tatsache drastisch so ausgedrückt: „The Internet has been described as a library where there is no catalogue, books on the shelves keep moving and an extra lorry load of books is dumped in the entrance hall every ten minutes." (Floridi 1999, p. 85/86).

30. Siehe auch Floridi (1999, p. 130): „... a whole new vocabulary develops, one based on extensional concepts borrowed from the various sciences of space: cartography, geography, topology, architecture, set theory, geology, and so forth."

31. Dies deutet darauf hin, dass Aristoteles Recht haben könnte, der als Hauptmotiv des Strebens nach Wissens das Bedürfnis nach visueller Erfahrung ausmachte: „Nicht bloß um handeln zu können, ziehen wir das Sehen sozusagen allem anderen vor. Der Grund ist, dass diese Sinneswahrnehmung uns am meisten Kenntnisse vermittelt und viele Eigentümlichkeiten der Dinge offenbart." (Met. A, 980ᵃ)

DOMINIQUE LECOURT

L'*ENCYCLOPEDIE* VUE PAR DIDEROT

Je ne résiste pas au plaisir de vous lire ce qu'écrit Diderot de son engagement avec D'Alembert en 1747 dans le projet de l'*Encyclopédie:*

> J'arrive à Paris. J'allais prendre la fourrure et m'installer parmi les docteurs en Sorbonne. Je rencontre sur mon chemin une femme belle comme un ange; je veux coucher avec elle, j'y couche, j'en ai quatre enfants; et me voilà forcé d'abandonner les mathématiques que j'aimais, Homère et Virgile que je portais toujours dans ma poche, le théâtre pour lequel j'avais du goût; trop heureux d'entreprendre l'*Encyclopédie* à laquelle j'aurai sacrifié vingt-cinq ans de ma vie.

Ce sacrifice, celui qu'on appelait de son temps « Le Philosophe » aura été le seul à faire jusqu'au bout, contre vents et marées – quitté ou trahi par ses amis, à commencer par D'Alembert lui-même, qui, après les remous suscités par son article « Genève » en 1757, abandonne l'animation de l'ouvrage, tout en continuant à lui fournir des articles de mathématiques et de physique, puis Grimm, puis Madame Necker et bien d'autres, dès lors que l'entreprise aura été interdite. Ce sacrifice en valait-il intellectuellement la peine? D'aucuns lui imputent la prétendue absence d'œuvre personnelle de Diderot oubliant tous les textes écrits parallèlement où s'exprime son génie propre; et négligeant de lire les contributions propres de Diderot au grand Dictionnaire. Sa persévérance, son courage, donnent en réalité à penser qu'il ne s'est nullement agi pour lui d'une œuvre annexe dans laquelle il ne se serait absorbé comme à contrecoeur que pour des raisons alimentaires comme il le donne ici à entendre par goût du jeu d'esprit.

Si le projet d'abord ne lui appartient pas, il se l'approprie en fait rapidement. Par ses interventions personnelles, ses propres contributions, ses suggestions, ses corrections, il lui a donné une allure particulière assez éloignée sans doute de celle que lui aurait conférée la direction du seul D'Alembert. Dans l'article ENCYCLOPEDIE (tome V, 1755) de l'ouvrage, il commente sa propre démarche et thématise sa position. Il serait instructif de confronter systématiquement le contenu de cet article à celui du « Discours préliminaire ». A lire les premières lignes, mise à part une étymologie approximative qui traduit sans sourciller *païdeia* par « connaissance », la présentation du but de l'*Encyclopédie* semble répondre fidèlement au *Discours*:

> Le but d'une encyclopédie est de rassembler les connaissances éparses sur la surface de la terre; d'en exposer le système général aux hommes avec qui nous vivons, et de le transmettre aux hommes qui viendront après nous; afin que les travaux des siècles passés n'aient pas été des travaux inutiles pour les siècles qui succèderont; que nos neveux, deviennent plus instruits, deviennent en même temps plus vertueux et plus heureux, et que nous ne mourrions pas sans avoir bien mérité du genre humain.

Tout change cependant lorsqu'on en vient à la question cruciale de l'ordre de l'ouvrage. Le « Discours » croit pouvoir justifier la présence de Francis Bacon au frontispice de l'ouvrage en rapportant l'ordre des matières à celle des facultés de l'âme – au mépris de la réalité même du texte où cet ordre n'apparaît nullement. Dans l'article ENCYCLOPEDIE, c'est comme en passant qu'il y est fait allusion, comme à une évidence à rappeler! Il apparaît au fil du texte que Diderot a une tout autre vue de l'*Encyclopédie*. L'*Encyclopédie* doit donner une image de l'*univers*; « tout s'y enchaîne et s'y succède par des liaisons insensibles ». Ce qui lui importe, c'est que par principe l'*Encyclopédie* soit *une*, parce que le monde physique et humain est *un*.

Mais, Diderot sait bien que cette unité est idéale. Il faudrait pouvoir accéder au point de vue du Créateur pour l'appréhender complètement. Ce qui ne nous est pas possible. Nous sommes donc condamnés au lacunaire.

Sommes-nous pour autant voués au décousu, à l'épars, au disparate – les mots qui reviennent sous la plume de Diderot ? Non, car s'il n'y a pas de déduction linéaire possible, il y a la possibilité pour notre point de vue humain de faire transparaître l'unité de l'œuvre (donc aussi l'unité de l'univers). Et comment? Essentiellement en multipliant les *renvois*, « les uns des choses et les autres des mots ». D'autres encore « auxquels il ne faut pas s'abandonner complètement » qui sont de nature « analogique ». D'autres enfin satiriques et épigrammatiques. Comme celui de « cordeliers » à « capuchon » qui tempère d'un éclat de rire l'éloge des franciscains un peu trop forcé dans le premier. Belle formule: les renvois, c'est « l'art de déduire tacitement les conséquences les plus fortes ».

> Par le moyen de l'ordre encyclopédique, de l'universalité des connaissances et de la fréquence des renvois, les rapports augmentent, les liaisons se portent en tout sens, la force de la démonstration s'accroît, la nomenclature se complète, les connaissances se rapprochent et se fortifient; on aperçoit la continuité ou les vides ...;

Ce que Diderot écrit ici des renvois, renvoie à ce qu'il dit par ailleurs du génie dans ses *Pensées sur l'interprétation de la nature* lorsqu'il qualifie le génie par son « esprit de combinaison », et cet enthousiasme qui « rapproche les analogies les plus éloignées ». On connaît les premières lignes de l'article THEOSOPHES qui tout entier devrait dissuader de ranger Diderot parmi les rationalistes classiques.

> Voici peut-être l'espèce de philosophie la plus singulière. Ceux qui l'ont professée regardaient en pitié la raison humaine ... Les théosophes ont passé pour fous auprès de ces hommes tranquilles et froids dont l'âme pesante ou rassise n'est susceptible ni d'émotion ni d'enthousiasme, ni de ces transports dans lesquels l'homme ne voit point, ne sent point, ne parle point, comme dans son état habituel. Ils ont dit de Socrate et de son démon que si le sage de la Grèce y croyait, c'était un insensé, et que s'il n'y croyait pas, c'était un fripon. Me sera-t-il permis de dire un mot en faveur du démon de Socrate et de celui des Théosophes?

Et dans l'article ECLECTISME :

> Quel est l'effet de l'enthousiasme dans l'homme qui en est transporté, si ce n'est de lui faire apercevoir entre des êtres éloignés des rapports que personne n'y a jamais vu, ni supposé. A quel résultat ne sera point conduit un philosophe qui poursuit l'explication d'un phénomène de la nature à travers un long enchaînement de conjectures?

Ce qu'il importe de montrer ce sont les *rapports* – lesquels s'inscrivent toujours dans un système de rapports. D'où la présentation qu'il donne de l'*Encyclopédie* par métaphores: elle est comparable à un arbre, à une mappemonde, à une ville dont il ne « faudrait pas construire toutes les maisons sur le même modèle », à « une campagne immense couverte de montagnes, de plaines, de rochers, d'eaux, de forêts, d'animaux et de tous les objets qui font la variété d'un grand paysage ».

Aux renvois de l'éditeur, s'ajouteront les renvois spontanés des lecteurs. L'œuvre aura ainsi une *unité vivante*. Elle sera, noble et ancienne analogie, « livre du monde ». Mais cette analogie est ici développée en un sens original. Le monde est en effet, explique Diderot, plein de lacunes et de disparates. Il faut observer, décrire, enregistrer. Mais pourquoi? Parce qu'à ce prix nous pourrons voir l'intervalle qui sépare les phénomènes « se remplir successivement par des phénomènes intercalés ». « Il en naîtra une chaîne continue. Les systèmes d'abord isolés, se fondront les uns dans les autres en s'étendant ».

A l'esprit de système du 18ème siècle, l'*Encyclopédie* substitue ainsi un nouvel esprit qui cherche à « dresser l'inventaire de nos connaissances, à réaliser notre avoir afin de le mieux exploiter ». Dans l'*Essai sur les règnes de Claude et Néron* (§ 97), Diderot réfléchissant sur les « questions naturelles » de Sénèque en vient à des formules semblables. « Observer les phénomènes, les décrire et les enregistrer, voilà le travail préliminaire; et plus on y sacrifiera de temps, plus on approchera de la vraie solution du grand problème qu'on s'est proposé ... ». Suit une nouvelle référence à Bacon: il faut questionner la nature puisqu'en physique il ne s'agit pas de ce qui s'est passé « dans la tête du physicien mais de ce qui se passe dans la nature ». Mais si elle ne répond pas?, demandera-t-on. Alors il faut « suppléer à son silence par une analogie, par une conjecture ». Et ce sera « rêver ingénieusement, grandement, si l'on veut, mais ce sera rêver; pour une fois où l'homme de génie rencontrera juste, cent fois il se trompera ... ».

L'ordre de l'*Encyclopédie* n'est donc pas pour l'essentiel celui d'une récapitulation mais celui d'un *mouvement* et un mouvement aventureux où rien n'est garanti d'avance. Celui-ci va de l'épars (décousu, disparate) vers une profonde unité. Mais une unité vivante, une force qui ouvre l'œuvre sur son dehors – à commencer par les autres textes de Diderot lui-même, textes passés ou à venir (cf. Jacques Proust dans sa thèse sur la *Philosophie de l'homme chez Diderot*). Nous voici vraiment très loin de l'idée d'une somme. Beaucoup plus proche au demeurant de ce Francis Bacon célébrant le plaisir et le goût de l'innovation et de la démarche par analogies, si différent du Bacon cartésianisé dont D'Alembert et les Lumières françaises ont composé le portrait quelque peu caricatural.

Mieux: ce mouvement, parce qu'il est ouvert sur l'extérieur du monde des livres et qu'il prend en compte des réalités comme l'agriculture ou les manufactures de bas, est destiné à voir rapidement certains articles périmés. Ce que Diderot prévoit expressément. Cette réflexion occupe même plusieurs paragraphes de quelque étendue dans l'article ENCYCLOPEDIE. Tel est le monde que doit refléter l'*Encyclopédie*: unité dans une multiplicité infinie « sans presque aucune division fixe et déterminée » [...].

Tout s'y enchaîne et s'y succède par des nuances insensibles. Et à travers cette informe immensité d'objets s'il en apparaît quelques uns qui, comme les pointes des rochers, semblent percer la surface et la dominer, ils ne doivent cet avantage qu'à des systèmes particuliers.

L'ordre de l'*Encyclopédie*, c'est « l'enchaînement des idées ou des phénomènes » qui en dirige la marche. Ce qui la rapproche des traités scientifiques: « Dans les traités scientifiques, c'est l'enchaînement des idées ou des phénomènes qui dirige le monde... Il en sera de même dans l'*Encyclopédie* ». Par les « rapprochements » que cet ordre suggère, elle pourra à l'occasion produire des connaissances nouvelles.

C'est cet ordre encore qui détermine le style de l'ouvrage. Un style qui doit tourner le dos à la scolastique; renoncer donc à l'exposé systématique; pas de *more geometrico* chez Diderot. Un style qui doit par ailleurs se garder du « bel esprit ». Diderot vise Fontenelle et Voltaire. Un style clair qui cependant doit à l'occasion savoir « instruire et toucher », comme lui-même s'y entend.

Diderot dénonce l'indulgence qu'on a pour le style des grands livres et surtout des Dictionnaires. Il insiste: l'*Encyclopédie* doit être « bien écrite ». De fait, même dans les articles de seconde main, il varie non seulement le vocabulaire mais les tons. Passant du familier, au soutenu et au sublime.

Yvon Belaval dans ses *Etudes sur Diderot* (Paris: Presses universitaires de France, 2003) en donne quelques exemples savoureux. Ironie: « L'Alcatrace est un oiseau "si mal défini qu'on ne risque pas de le trouver" » ... Les Bédouins « font assez peu de cas de leur généalogie, pour celle de leurs chevaux, c'est tout autre chose ». Le ton soutenu est celui par exemple de l'article ART tout du long. Diderot ne se refuse même pas les sentences du type: « je ne connais rien d'aussi machinal que l'homme absorbé dans une méditation profonde, si ce n'est l'homme plongé dans un profond sommeil ».

L'*Encyclopédie* de Diderot est ainsi – doit être – une réalité vivante. Il ne se lasse pas de le rappeler. Mais on n'a peut-être pas assez réfléchi à ce qu'enveloppait sous sa plume ce qualificatif de « vivant » ainsi appliqué. La lecture des *Eléments de physiologie*, ouvrage sur lequel il n'a cessé de travailler, le montre indiscutablement non comme l'un parmi les philosophes matérialistes du siècle, mais comme un « matérialiste vitaliste ». Et par ce vitalisme, Diderot apparaît certainement plus proche encore de Leibniz qu'il ne l'est de Bacon. Le Leibniz dont les projets encyclopédiques hantent visiblement le texte de l'article « Encyclopédie » de *L'Encyclopédie*.

L'*Encyclopédie* a-t-elle rempli son objectif? Créant un cercle dans lequel l'ensemble du monde connu est représenté, a-t-elle en particulier réussi à faire voisiner des techniques jusqu'alors autarciques? A-t-elle ainsi, en décloisonnant les corporations, permis à des inventions d'en susciter d'autres? Etait-il juste de penser que cette mission était celle des « gens de lettres »? Il y a peut-être lieu de suivre ici Gilbert Simondon qui suggère que ce n'est pas en fait par le contenu de l'exposé qu'elle a représenté une révolution intellectuelle, mais parce qu'elle a incité les meilleures plumes de son temps à écrire sur des sujets qui leur étaient étrangers. L'*Encyclopédie* de Diderot donne effectivement un exemple unique d'une grande littérature technique intégrée dans la culture générale. Mais ne doit-on pas considérer que cette réussite – car c'en fut une – était celle d'un moment historique exceptionnel, voué à rester sans lendemain. On a fait remarquer que l'*Encyclopédie méthodique* de Panckoucke – la suivante – comporte 166 volumes et signe pour deux siècles et plus la dissociation des réalisations techniques et de la culture générale. Une réintégration est-elle aujourd'hui possible? Peut-être, dès lors que les techniques d'information et de communication modifient – et pour la dynamiser en un sens ou en un autre – la dite culture générale. Peut-être encore dès lors que les biotechnologies réveillent des interrogations sur la nature humaine dont l'idée même de culture générale se trouve indirectement tributaire!

Reste une question qui va nous mener à l'actualité la plus immédiate: les planches, les célèbres planches de l'*Encyclopédie*. On sait ce qu'on a pu en dire: qu'elles présentaient un état déjà très ancien des techniques et des machines. Mais peu importe. Car c'est l'idée des planches qui est intéressante: que les images sont plus adaptées que les mots pour communiquer une information technique. Mais on voit tout de suite à les feuilleter la difficulté sur laquelle est venu buter Diderot: une image ne peut souligner en elle ce qui est important. D'où comme l'a très bien souligné Pascal Chabot dans un ouvrage récent sur *La philosophie de Simondon* (Paris: J. Vrin, 2003) – c'est-à-dire sur un descendant de Diderot – l'utilisation d'un artifice graphique: les petites mains coupées qui voltigent sur les pages en pointant ce qui est remarquable. Des mains qui avaient, comme sur nos ordinateurs actuels, fonctions d'indication, « organes d'un savoir sur les techniques. Elles apparaissent comme déléguées par la raison qui s'introduit dans les techniques jusqu'à transformer les machines en des raisonnements ».

Tournons-nous vers l'article BAS qui traite de la machine à faire les bas. Diderot dit qu'« on peut la regarder comme un seul et unique raisonnement ». Roland Barthes: « ce qui frappe dans toute l'*Encyclopédie*, c'est qu'elle propose un monde sans peur ... ». Un monde familier antérieur à la révolution industrielle, où la science newtonienne déployait ses succès à échelle humaine où ne s'était pas encore glissée la défiance qui nous assaille devant les prouesses de la « phénoménotechnique » et les réalisations de la « technoscience ». Pour surmonter et maîtriser cette défiance qui vire souvent au catastrophisme, comment ne pas ressentir la nécessité d'un mouvement du type de celui que Diderot s'est épuisé à organiser et entretenir. Un mouvement d'hommes libres ne visant que le bien commun du genre humain, dans leur émulation même.

PIERRE WAGNER

L'*ENCYCLOPÉDIE* DE DIDEROT ET D'ALEMBERT EST-ELLE L'EXPRESSION D'UNE CONCEPTION SCIENTIFIQUE DU MONDE?

L'*Encyclopédie* éditée par Diderot et d'Alembert est-elle l'expression d'une conception scientifique du monde? Si par cette expression on entend la "*wissenschaftliche Weltauffassung*" dont il a été question dans le Cercle de Vienne, alors il faut bien reconnaître que la réponse à cette question est clairement négative. Quel sens faudrait-il donner à l'expression pour qu'elle puisse s'appliquer à l'*Encyclopédie*? À y regarder de près, on s'aperçoit assez rapidement qu'il faudrait lui donner un sens si vague et si général que son application à l'ouvrage de Diderot et d'Alembert perdrait beaucoup de son intérêt. Ce qui est digne d'intérêt, en revanche, ce sont les raisons pour lesquelles cette question doit recevoir une réponse négative. À cet égard, un détour anachronique par l'idée de "*wissenschaftliche Weltauffassung*" se révèle être éclairant pour la compréhension de certaines questions qui concernent l'*Encyclopédie* elle-même.

Lorsque les membres du Cercle de Vienne ont défendu l'idée d'une conception scientifique du monde (notée CSM désormais), ils se sont référés à l'esprit des Lumières, et parfois explicitement à l'*Encyclopédie* de Diderot et d'Alembert. Dans ce qui suit, nous ne cherchons cependant pas à faire une comparaison systématique entre l'*Encyclopédie* du dix-huitième et la CSM du vingtième siècle. La question de savoir si l'encyclopédie est l'expression d'une CSM sera seulement, ici, l'occasion d'apporter quelques précisions sur ce qu'il convient d'entendre par "science" dans l'ouvrage qu'ont dirigé Diderot et d'Alembert, et sur la manière dont les encyclopédistes concevaient la science et son rapport à la philosophie. Notre but n'est pas de déterminer si c'est à tort ou à raison que les défenseurs de la CSM ont fait référence à l'*Encyclopédie* (cela exigerait de comprendre précisément en quel sens ces références ont été faites); il s'agit plutôt d'éclairer un point qui concerne proprement l'ouvrage qu'ont dirigé Diderot et d'Alembert: y a-t-il quelque chose comme une conception générale de la science, une philosophie de la science qui se dégage de cet ouvrage? Si oui, quelle est-elle? L'examen de la CSM, dans ce qui suit, n'a pas d'autre but que de fournir un détour commode pour éclairer ce point.

Bien que la CSM ait été décrite, illustrée et défendue dans de nombreux textes, il n'est pas très facile de la caractériser de manière précise, d'une part parce que les auteurs qui ont défendu cette conception n'en avaient pas toujours exactement la même idée, et d'autre part parce que les implications de cette conception ont beaucoup évolué, entre 1929 et 1936.

Je me contenterai de souligner quelques-uns des traits dominants de la CSM tels qu'ils apparaissent dans le "Manifeste du Cercle de Vienne" de 1929, ou dans les textes de Schlick, Hahn, Neurath et Frank parus dans le premier volume de la revue *Erkenntnis* en 1930. Lorsqu'on relève ces traits, il n'est pas difficile de voir quelles sont les idées caractéristiques de l'*Encyclopédie* avec lesquelles ils peuvent être mis en correspondance; on pourrait même avoir l'impression de comprendre pourquoi les empiristes logiques se sont référés à l'esprit des Lumières et ont parfois explicitement mentionné l'*Encyclopédie* (bien que les principales références à l'*Encyclopédie*, notamment sous la plume de Neurath, apparaissent plus tard, lorsque se développe le projet d'une encyclopédie de la science unifiée).

1. L'unité de la science et l'ordre du savoir

Selon les auteurs du *Manifeste du Cercle de Vienne* la CSM vise la science unitaire. Il s'agit même de l'une des premières déterminations qu'ils en donnent. Celle-ci se caractérise non par une thèse, celle de l'unité de la science, mais par une direction de recherche, un point de vue, une attitude qui visent à relier et harmoniser les travaux particuliers des chercheurs dans les différents domaines de la science. À cette époque, le problème de l'unité était posé de manière explicite et il était l'objet de débats dans nombre de sciences particulières: se posaient notamment le problème de l'unité des mathématiques, celui de l'unité de la physique, celui des liens entre les sciences de l'esprit et les sciences de la nature, ou encore entre les sciences formelles et les sciences du réel. Mais c'est au sujet de la science dans son ensemble que les tenants de la CSM soulèvent la question. Les empiristes logiques ont emprunté différentes voies pour tenter de parvenir à cette unité de la science.

Il n'est pas difficile de trouver dans l'*Encyclopédie* une visée qui semble à première vue tout à fait similaire à la recherche de l'unité de la science telle qu'elle s'exprime dans les premières décennies du vingtième siècle au sein même des sciences puisque Diderot et d'Alembert ont explicitement cherché les moyens d'ordonner l'ensemble du savoir de manière systématique. Ce problème de la recherche d'un système de toutes les connaissances est soulevé, par exemple, dans le *Discours préliminaire*, dans l'article « Éléments des sciences » ou dans l'article rédigé par Diderot pour l'entrée « Encyclopédie ». Dans le *Discours préliminaire*, d'Alembert traite assez longuement de l'ordre encyclopédique des connaissances. Il est cependant remarquable et tout à fait significatif que le mot "unité" n'ait pas une seule occurrence, ni dans le *Discours préliminaire* ni dans l'article « Éléments des sciences ». Dans ces textes, il est question du "système de nos connaissances", des "branches de ce système", de ses "divisions", ou encore de "l'ordre encyclopédique", de l'"arbre de nos connaissances", mais pas de l'*unité* de la science en tant que telle.

Cela ne signifie pas qu'une certaine forme de la question de l'unité ne soit pas posée, mais il importe de déterminer en quel sens précis le problème est soulevé. Diderot et d'Alembert posent effectivement le problème du lien, ou plutôt *des* liens qui existent entre les connaissances, ou entre les sciences. Mais ce n'est pas pour autant que leur recherche porte sur la question de savoir quelle est l'*unité* du savoir au sens où cette question se posait au début du vingtième siècle. Pour les encyclopédistes, il s'agit de savoir comment *ordonner* l'ensemble des connaissances, et comment *diviser* cet ensemble.

Les solutions que Diderot et d'Alembert apportent à ce problème présentent deux caractéristiques remarquables:

a) Il n'y a pas *une* solution, mais *plusieurs*; on peut même dire que les éditeurs de l'*Encyclopédie* se plaisent à multiplier les ordres ou les systèmes. Voici en effet ce qu'on peut lire dans le *Discours préliminaire:* "On peut donc imaginer autant de systèmes différents de la connaissance humaine, que de mappemondes de différentes projections; et chacun de ces systèmes pourra même avoir, à l'exclusion des autres, quelque avantage particulier."

À cet égard, il est tout à fait significatif que l'ordre de présentation des articles soit l'ordre alphabétique, qui est, du point de vue de la connaissance, un ordre aléatoire. Lorsque Panckoucke s'engage dans la publication de l'*Encyclopédie méthodique et par ordre de matières* (1772–1832), il subvertit profondément l'esprit de l'ouvrage original en imposant *un* système de la connaissance. L'intérêt de l'ordre alphabétique est qu'il ne fige pas l'ensemble en un système; il rend possible la projection de multiples ordres qui sont introduits par d'autres moyens. Au nombre de ces moyens, on compte notamment:

i) le système figuré des connaissances humaines, qui forme un grand tableau au début de l'ouvrage. C'est au sujet de ce système que d'Alembert dit que de nombreux autres choix eussent été possibles.

ii) ce que Diderot et d'Alembert appellent "le système des renvois", qui donne à l'ensemble de l'ouvrage une structure comparable à celle d'un graphe au sens mathématique du terme.

iii) l'ordre généalogique des connaissances, dont la présentation occupe la première grande partie du *Discours préliminaire*.
Diderot, dans l'article « Encyclopédie », et d'Alembert, dans le *Discours préliminaire*, exposent également d'autres moyens utilisés dans l'ouvrage pour multiplier les systèmes de mise en ordre des connaissances.

b) Les solutions apportées au problème d'un système des connaissances présentent une seconde caractéristique remarquable: le problème des liens entre les connaissances ou entre les sciences est souvent conçu comme la recherche d'un *parcours*. Or ce parcours ne prétend ni posséder l'objectivité que pourrait lui conférer un système logique, ni être une image ou un miroir de la réalité: il cherche à répondre à la question de la voie, du chemin que pourrait suivre celui qui a la volonté de s'instruire et de prendre possession de ces connaissances. C'est ce que montre à l'évidence le système des renvois. D'Alembert utilise plusieurs fois l'image d'une carte, ou d'une mappemonde du savoir qui doit permettre à chacun de parcourir le réseau des connaissances selon une trajectoire qui lui est propre. "Le système général des sciences et des arts est une espèce de labyrinthe, de chemin tortueux, où l'esprit s'engage sans trop connaître la route qu'il doit tenir[1]." L'ordre encyclopédique ne prétend pas donner la clef d'un système de la science. Il consiste "à rassembler 'les connaissances' dans le plus petit espace possible, et à placer, pour ainsi dire, le philosophe au-dessus de ce vaste labyrinthe dans un point de vue fort élevé d'où il puisse apercevoir à la fois les sciences et les arts principaux[2]". Il s'agit bien de multiplier, pour chacun, les possibilités de trouver une voie qui lui convienne pour s'instruire: "celui de tous les arbres encyclopédiques qui offrirait le plus grand nombre de liaisons et de rapports entre les sciences, mériterait sans doute d'être préféré".[3]

2. Critique de la métaphysique et des systèmes.

Il y a un second trait de la CSM qui se prête assez bien à un rapprochement, ou plutôt à une tentative de rapprochement avec l'*Ency-*

clopédie; il s'agit de la critique de la métaphysique. L'un des points sur lesquels les empiristes logiques du Cercle de Vienne étaient largement d'accord entre eux concerne la critique des philosophes qui prétendent accéder à des connaissances par des moyens qui ne sont pas ceux de la science, par exemple en faisant appel à une intuition qui permettrait, selon eux, d'atteindre des objets ou des vérités qui restent inaccessibles par les moyens empiriques et discursifs de la science. La critique que les empiristes logiques font de ce genre de méthode philosophique consiste à dire qu'au moment où ces philosophes croient faire acte de connaissance selon une méthode qui leur est propre, ils ne font que produire des énoncés qui en réalité sont dépourvus de toute signification cognitive. Il s'agit là d'un des traits les plus connus de la CSM et certainement celui sur lequel il est le moins utile de s'attarder. Voyons donc directement s'il est possible de trouver, dans l'*Encyclopédie*, des textes qui correspondent à cette critique de la métaphysique.

De fait, les encyclopédistes ne prennent qu'assez rarement le mot "métaphysique" en mauvaise part, et il existe bien, selon eux, une connaissance métaphysique qui est tout à fait légitime. Mais cette remarque ne doit pas cacher qu'il existe également, dans l'*Encyclopédie*, une véritable critique, sinon de la métaphysique en tant que telle, du moins d'une certaine forme de métaphysique: celle des systèmes rationalistes qui sont, aux yeux de d'Alembert comme de Diderot, de véritables romans de la raison. Ce qui est critiqué – notamment dans un célèbre passage du *Discours préliminaire* – c'est l'esprit de système, que d'Alembert appelle aussi "l'esprit d'hypothèse et de conjecture" et qu'il dépeint d'une manière clairement péjorative dans l'expression suivante: "le goût des systèmes, plus propre à flatter l'imagination qu'à éclairer la raison". L'usage des hypothèses est loin d'être illégitime aux yeux des éditeurs de l'*Encyclopédie*; ce qui est critiqué est plutôt l'échafaudage de systèmes bâtis sur des hypothèses abstraites, très éloignées de l'expérience. Voici ce qu'on peut lire à l'article « Métaphysique »: "Quand on borne l'objet de la *métaphysique* à des considérations vides et abstraites sur le temps, l'espace, la matière, l'esprit, c'est une science méprisable"; l'auteur de cet article ajoute cependant: "mais quand on la considère sous un vrai point de vue, c'est autre chose. Il n'y a guère que ceux qui n'ont pas assez de pénétration qui en disent du mal".

Même si les encyclopédistes, contrairement aux partisans de la CSM ne pouvaient pas utiliser les découvertes de la logique moderne pour critiquer la métaphysique comme dépourvue de sens, on retrouve bien dans l'*Encyclopédie* une critique de la signification des systèmes métaphysiques, par exemple au travers de l'éloge d'une analyse claire des concepts ou notions. Dans l'article « Éléments des sciences », d'Alembert introduit l'idée d'une *métaphysique des propositions*. Voici ce qu'il en dit:

> Cette métaphysique, qui a guidé ou dû guider les inventeurs, n'est autre chose que l'exposition claire et précise des vérités générales et philosophiques sur lesquelles les principes de la science sont fondés. Plus cette métaphysique est simple, facile, et pour ainsi dire populaire, plus elle est précieuse; on peut même dire que la simplicité et la facilité en sont la pierre de touche.

À cette métaphysique simple et facile, d'Alembert oppose, pour la critiquer, "la métaphysique obscure et contentieuse", celle qui prétend porter sur la nature des choses indépendamment des faits, comme c'est le cas lorsque les philosophes s'opposent sur des questions comme celle de la nature du mouvement, alors que toutes les écoles s'accordent sur les vérités de la géométrie.

3. La nécessité, pour la connaissance, de recourir à l'expérience

Il existe un troisième trait marquant de la CSM qu'il est possible de mettre en correspondance avec des idées caractéristiques de l'*Encyclopédie* qui semblent similaires, au moins à première vue, à savoir la nécessité pour la connaissance de recourir à l'expérience et aux faits. Les partisans de la CSM défendent avec insistance l'idée selon laquelle il n'y a pas de connaissance par la pensée pure; pour eux, la signification des énoncés dépend directement de la manière dont ils sont susceptibles d'être, sinon vérifiés, du moins testés par l'expérience.

La possibilité d'associer ce principe aux idées qu'on trouve dans l'*Encyclopédie* est directement liée au point précédent, celui qui concerne la critique des systèmes du rationalisme classique. Bien que d'Alembert défende lui-même une forme de rationalisme, et qu'il doive beaucoup à la philosophie de Descartes, il rejette néanmoins l'idée cartésienne selon laquelle les éléments des sciences consisteraient en vérités de la raison auxquelles nous pourrions avoir accès par la "lumière naturelle", de même qu'il rejette le système des idées innées. D'Alembert pense que les propositions qui forment les éléments des sciences peuvent être prouvées par une analyse *des faits*. Ainsi donnet-il une preuve des principes de la mécanique (par exemple la loi d'inertie) en partant des faits pertinents pour cette science.

Quels sont dans chaque science les principes d'où l'on doit partir? des faits simples, bien vus et bien avoués; en physique l'observation de l'univers, en géométrie les propriétés principales de l'étendue, en mécanique l'impénétrabilité des corps, en métaphysique et en morale l'étude de notre âme et de ses affections, et ainsi des autres. (article « Éléments des sciences »).

On connaît aussi le célèbre passage du début du *Discours préliminaire:* "Toutes nos connaissances directes se réduisent à celles que nous recevons par les sens; d'où il s'ensuit que c'est à nos sensations que nous devons toutes nos idées." La critique, par d'Alembert, du "système des idées innées" peut être considérée comme l'une des conséquences des idées qui sont ainsi exprimées.

Un autre aspect de la nécessité d'ancrer nos connaissances dans l'expérience pour ne pas être conduit à bâtir des romans de la raison ou des systèmes vides est illustré par la célèbre querelle des newtoniens et des cartésiens, qui tourne définitivement à l'avantage des newtoniens lorsque la mécanique de Newton est confirmée de manière éclatante par plusieurs événements marquants de l'histoire des sciences comme les résultats des missions géodésiques menées au Pérou (en 1735 par La Condamine et d'autres) et en Laponie (en 1736 par Maupertuis et Clairaut), et la prédiction à un mois près – grâce aux calculs effectués par Clairaut – du retour de la comète de Halley en 1759. Dans le système rationaliste cartésien, la théorie des tourbillons ne permettait aucune prédiction aussi précise que la date, même approximative, du retour d'une comète; et les prédictions cartésiennes relatives à la courbure de la Terre furent contredites par les mesures et les observations.

Dans ce qui précède, nous avons relevé trois traits caractéristiques de la CSM, en cherchant à déterminer quel genre de correspondance avec l'*Encyclopédie* pourrait laisser penser que cet ouvrage est l'expression d'une CSM. Il va de soi que dans tout ce qui vient d'être dit, notre but n'était pas de montrer qu'il y a effectivement des rapports importants entre la CSM et l'*Encyclopédie*. Les remarques qui précèdent tendent bien plutôt à suggérer que les rapprochements qu'on pourrait être tenté de faire sont en réalité assez faibles et assez peu convaincants.

Il y a indiscutablement, dans l'esprit des Lumières tel qu'il s'exprime dans l'*Encyclopédie*, quelque chose de similaire à la CSM telle qu'elle est défendue par les empiristes logiques. Mais en réalité, cette similarité est mise à mal chaque fois que l'on considère séparément l'une des caractéristiques de la CSM et que l'on effectue une comparaison précise avec l'*Encyclopédie*.

Il semble que cette similarité vienne plus de la multiplicité des points de rapprochement possibles (tant qu'on n'examine pas les choses de trop près) que de leur réelle pertinence. Parmi ces points, on compte notamment les suivants:

1) la volonté de mettre des connaissances en commun et d'effectuer un travail collectif de critique et de mise en ordre, plutôt que de chercher à atteindre seul une vision du monde (la "*Weltauffassung*" s'oppose à l'idée d'une "*Weltanschauung*");

2) la critique des obscurités de la métaphysique et l'aspiration à une plus grande clarté dans l'examen des problèmes philosophiques;

3) l'abandon de toute connaissance *a priori* et la nécessité d'un recours à l'expérience et aux faits pour l'élaboration des connaissances;

4) l'abandon pour la philosophie de toute position de surplomb à l'égard des sciences;

5) l'idée que la science peut servir d'instrument pour une forme d'émancipation sociale.

Sur le dernier point, il ne fait pas de doute que l'entreprise des encyclopédistes a une vocation morale, sociale et politique, et que si l'on veut caractériser leur "philosophie de la science", c'est un point tout à fait essentiel. Dans l'*Encyclopédie*, la science se conçoit non seulement comme un système de connaissances abordées sous leur aspect théorique, mais aussi comme le ferment des progrès de l'humanité et elle possède à ce titre des dimensions pédagogique, sociale, politique et morale, qui sont fortement marquées à l'intérieur de l'ouvrage. Dans l'article « Géomètre », par exemple:

> Indépendamment des usages physiques et palpables de la géométrie, nous envisagerons ici ses avantages sous une autre face, à laquelle on n'a peut-être pas fait encore assez attention: c'est l'utilité dont cette étude peut être pour préparer comme insensiblement les voies à l'esprit philosophique, et pour disposer toute une nation à recevoir la lumière que cet esprit peut y répandre.

Les encyclopédistes s'accordent sur l'importance politique et sociale de l'ouvrage, car ils ne doutent pas que la diffusion des sciences et d'une philosophie rendue populaire soit au principe de l'émancipation, du progrès et du bonheur de l'humanité. Cette dimension politique et sociale s'aperçoit également sous la plume de Diderot lorsqu'il écrit que "l'*Encyclopédie* ne pouvait être que la tentative d'un siècle philosophe[4]". Le caractère d'un bon dictionnaire est de "changer la façon commune de penser". Dans l'esprit des éditeurs, cette volonté demandait que l'on rendît accessible au public les connaissances des savants, et à cet égard, le travail de vulgarisation effectué par d'Alembert, qui se charge de la partie mathématique, est tout à fait exemplaire. "On ne saurait, écrit-il dans l'article « Éléments des sciences », [...] rendre la langue de chaque science trop simple, et pour ainsi dire trop populaire."

Lorsque les auteurs du *Manifeste du Cercle de Vienne* se réfèrent à "l'esprit des Lumières", ils pensent certainement aussi à cet aspect. Mais la dimension émancipatrice, y compris en un sens social et politique, ne peut pas être considérée comme l'un des traits caractéristiques de la CSM sur lesquels les membres du Cercle de Vienne s'accorderaient entre eux: à cet égard, des positions comme celles de Schlick et de Neurath sont connues pour être divergentes.

Sur ce point également, il serait certainement possible de montrer que la référence à "l'esprit des Lumières" n'est justifiée que si l'on en reste à un niveau de très grande généralité. Mais c'est une question que nous ne développerons pas davantage dans ce qui suit. Nous allons plutôt examiner d'un peu plus près un dernier point sur lequel on pourrait être tenté de proposer un rapprochement entre la CSM et l'*Encyclopédie* et qui est souligné avec force dans de nombreux textes parmi ceux qui illustrent et défendent la CSM: il s'agit de l'absence d'une réelle séparation entre la science et la philosophie, ou de l'idée selon laquelle aucune méthode proprement philosophique et non scientifique ne permet d'atteindre des connaissances qui sont inaccessibles aux méthodes scientifiques elles-mêmes.

En réalité, cette idée n'appartient pas en propre à la CSM au sens où l'ont défendue les empiristes logiques; on la trouve en effet déjà sous la plume de Russell au début du siècle, et avant lui chez Mach, et elle sera reprise plus tard par Quine, qui lui donne un sens très différent, dans le cadre de sa conception naturalisée de l'épistémologie. Cette idée n'en est pas moins l'un des principaux traits de la "*wissenschaftliche Weltauffassung*". Il est d'ailleurs directement lié à ceux qui ont été évoqués précédemment: la recherche d'une science unitaire, la critique et le dépassement de la métaphysique, et la nécessité d'un recours à l'expérience pour toutes nos connaissances. Aussi n'est-il pas étonnant que les partisans de la CSM s'engagent clairement pour défendre une certaine conception des rapports entre science et philosophie. Cette position est particulièrement bien exprimée par Philipp Frank dans sa conférence de 1929 sur la signification des théories physiques contemporaines pour la théorie générale de la connaissance: "Nulle part ne se trouve un point où le physicien doive dire: ma tâche s'arrête ici, et ici commence celle du philosophe." Il convient d'ajouter deux choses pour bien comprendre le sens de cette citation: premièrement, que dans la CSM, la philosophie a pour vocation l'éclaircissement des propositions, l'examen du sens, et non la production de propositions qui exprimeraient des connaissances proprement philosophiques; deuxièmement, que ce travail d'éclaircissement des concepts et des propositions n'est pas séparé du travail des scientifiques. Sur ce dernier point, l'exemple qui est le plus souvent cité est celui de Einstein et de son analyse du concept de simultanéité: la théorie de la relativité est indissolublement liée à l'analyse du concept de simultanéité, à la mise en évidence du fait que le sens de ce concept n'était pas parfaitement clair avant que Einstein ait soulevé la question de la mise en œuvre effective d'un contrôle, par l'expérimentateur, de la simultanéité de deux événements.

Sur la question des rapports entre science et philosophie considérée d'un point de vue assez général, un rapprochement avec l'*Encyclopédie* est clairement possible puisque ni Diderot ni d'Alembert ne conçoivent quelque chose comme une philosophie qui serait séparée de la science, qui viendrait après ou au-delà de la science. Au début de l'Encyclopédie, lorsque Diderot donne une explication du système des connaissances humaines, il écrit explicitement que la science et la philosophie sont une seule et même chose: "*Dieu*, l'*Homme*, et la *Nature*, nous fourniront [...] une distribution générale de la *Philosophie* ou de la *Science* (car ces mots sont synonymes); et la *Philosophie* ou *Science*, sera *Science de Dieu*, *Science de l'Homme*, et *Science de la Nature*."

Encore faut-il comprendre ce que signifie, pour Diderot, cette absence de distinction entre science et philosophie. Or l'examen de ce point donne en fait une nouvelle raison, s'il en était besoin, de n'utiliser l'expression "conception scientifique du monde" qu'avec la plus grande prudence lorsqu'il s'agit de qualifier l'esprit ou la philosophie de l'*Encyclopédie*. Car le rapprochement qui vient d'être suggéré entre deux manières de comprendre les rapports entre science et philosophie se révèle être tout à fait abusif lorsqu'on y regarde de plus près. Mais ce qui est particulièrement éclairant, ici, est l'analyse des raisons pour lesquelles il en est ainsi. L'examen de ce point nous permettra d'aller plus loin dans la compréhension de ce qu'il convient d'entendre par "science" dans le contexte de l'*Encyclopédie;* elle nous permettra également d'apporter une réponse à la question de savoir s'il y a une conception de la science propre à l'*Encyclopédie,* et quels sont les questions philosophiques qui sont soulevées par la science dans ce contexte. Il s'agit aussi de montrer pourquoi l'idée de présenter l'*Encyclopédie* comme l'expression d'une CSM introduit en définitive plus de confusion que de clarté et quelles sont les raisons pour lesquelles le rapprochement ainsi suggéré se révèle être à la fois anachronique et déplacé.

On ne saurait contester que les encyclopédistes, tout comme les tenants de la CSM, pensent qu'il n'y a pas de réelle séparation entre la science et la philosophie. Mais la signification de cette idée est, ici et là, tout à fait différente. Pour tenter de préciser quelle conception les encyclopédistes se font de la science et du rapport entre science et philosophie, nous développerons successivement plusieurs points dans ce qui suit. Certains de ces points concernent le sens du mot "science" à l'époque où sont écrits les articles de l'*Encyclopédie,* et ils dépassent le cadre de l'ouvrage de Diderot et d'Alembert; d'autres concernent plus précisément l'*Encyclopédie* proprement dite.

D'une manière générale, le mot "science" peut être précédé d'un article défini ou d'un article indéfini. Au singulier, dans le premier cas, on parle d'"une science", et l'on sous-entend donc qu'il en existe plusieurs; ce que l'on vise alors, ce sont "les sciences". Dans le second cas, on parle de "la science", et en ce sens, le mot ne se met pas au pluriel. Examinons les deux usages du terme, en commençant par parler *des* sciences dans l'*Encyclopédie.*

1) Les sciences particulières

Dans le système figuré des connaissances humaines, beaucoup de ces sciences sont nommées et forment les ramifications d'un arbre qui représente *le système,* ou plutôt, *un* système possible des connaissances humaines. Le tableau comporte trois colonnes, puisque le principe de la division, emprunté à Bacon, est celui des trois facultés: la mémoire, la raison, l'imagination. Une première lecture du système figuré indique que les sciences ne se trouvent que dans la colonne centrale, celle qui est placée sous le titre "raison" et dont le nom général est "philosophie".

Dans les faits, le lecteur du système figuré se convainc assez rapidement que lorsqu'il est question de sciences (au pluriel) dans ce tableau, le mot "science" ne peut pas avoir le même sens que celui que nous lui donnons aujourd'hui.

La raison n'en est pas seulement que les disciplines ont changé de nom, ou que certaines d'entre elles ont disparu de l'encyclopédie, alors que d'autres ont fait leur apparition depuis. C'est plutôt que le terme "science" ne désigne pas la même chose. Donnons trois indices qui permettent de le montrer, et de le faire comprendre:

– La division de la colonne centrale est une première indication qui va dans ce sens: "science de dieu", "science de l'homme" et "science de la nature". Face à la présence, dans le tableau, d'une science de Dieu, qui elle-même regroupe des "disciplines", à côté d'une science de l'homme et d'une science de la nature, le lecteur d'aujourd'hui peut légitimement s'interroger sur le sens du mot science en cette occurrence.

– Deuxièmement, le lecteur contemporain ne peut pas manquer d'être frappé par les noms qu'il trouve dans cette colonne centrale; car parmi les sciences nommées, on ne trouve pas seulement l'arithmétique, l'optique, la zoologie ou la botanique, on trouve également l'orthographe, l'héraldique, la navigation, la diète, l'astronomie judiciaire, ou le jardinage, dont la présence aux côtés des autres disciplines nommées ne peut que nous étonner.

– En outre, la division du tableau en trois colonnes, parmi lesquelles seule la colonne centrale comporterait des sciences ne doit pas être prise trop au sérieux. D'Alembert lui-même s'emploie à brouiller cette division dans l'article *Eléments des sciences*:

> Nous dirons seulement ici que toutes nos connaissances peuvent se réduire à trois espèces; l'Histoire, les Arts tant libéraux que mécaniques, et les Sciences proprement dites, qui ont pour objet les matières de pur raisonnement; et que ces trois espèces peuvent se réduire à une seule, à celle des sciences proprement dites.

En effet, "l'histoire appartient à la classe des sciences, quant à la manière de l'étudier et de se la rendre utile, c'est-à-dire quant à la partie philosophique" et "il en est de même des arts tant mécaniques que libéraux".

Tout cela indique suffisamment que lorsque Diderot et d'Alembert parlent des sciences, au pluriel, il s'agit de tout autre chose que ce à quoi nous pensons. Ce n'est pas que certaines sciences portent aujourd'hui un nom différent, que certaines sciences ont disparu ou que d'autres ont fait leur apparition dans le champ encyclopédique. C'est au contraire que le concept de science a une extension telle à l'époque de Diderot et d'Alembert que le sens en est différent. Or l'idée d'une conception scientifique du monde suppose que l'on prenne beaucoup plus au sérieux que ne le font les encyclopédistes la distinction entre ce qui est science et ce qui ne l'est pas. En réalité, cette question n'est pas posée et ne présente pas du tout pour eux l'intérêt que nous lui donnons. La question de la démarcation, qui est devenue centrale en philosophie des sciences, est tout à fait étrangère aux préoccupations des encyclopédistes.

Cela apparaît de manière plus claire encore lorsqu'on considère un autre usage du mot "science", précédé cette fois de l'article défini au singulier: non plus *une* science, ou *les* sciences, mais *la* science.

2) La science en général

Lorsque nous lisons sous la plume de Diderot que les mots "science" et "philosophie" sont synonymes, nous ne devons évidemment pas en conclure que selon Diderot, ce que *nous* entendons aujourd'hui par "science" et ce que *nous* entendons par "philosophie" sont une seule et même chose. Cela doit plutôt nous aider à mesurer combien le sens de ces mots est différent de celui que nous leur donnons aujourd'hui. Diderot ne veut certainement pas dire que les deux mots peuvent être confondus. En réalité, Diderot indique par là que l'apprentissage ou l'amour de la sagesse, ce que l'on nomme "philosophie", n'est pas différent d'une recherche de la connaissance conduite sous l'autorité de la raison, connaissance qu'il nomme "science", ce mot étant compris en un sens extrêmement large. Diderot met implicitement en garde le philosophe: qu'il s'efforce de connaître ce qui est susceptible de l'être, et qu'il ne confonde pas cette recherche de la connaissance avec, par exemple, ce qui relève de l'autorité de l'Eglise ou d'un auteur respecté, des préjugés, de l'opinion, etc.

À l'époque de l'encyclopédie, lorsque les philosophes parlent de *la* science, le mot doit s'entendre au sens de la connaissance; la connaissance excellente, par opposition à l'opinion, à l'imagination, à la croyance, au témoignage. Dans le contexte de l'encyclopédie, ce qu'on nomme "la science" n'est ni une collection de disciplines ni un ensemble de méthodes. Le sens du mot science que l'on trouve aujourd'hui et depuis la seconde moitié du XIXe siècle dans des expressions comme "la valeur de la science", "l'avenir de la science", "la méthode de la science", "les objets de la science" correspond à tout autre chose que ce dont il est question dans l'*Encyclopédie*: il ne s'agit pas de la connaissance proprement dite en tant qu'elle se distingue, par exemple, de la croyance ou de l'opinion, mais d'un corps de connaissances qui, au XIXe siècle, se répartissent en disciplines constituées dont on peut discuter l'unité, la méthode, l'objet, la valeur, et que l'on oppose alors aux lettres, aux humanités, ainsi, bien entendu, qu'à la philosophie. Or c'est précisément l'opposition puis la séparation qui en résultent, celle de la science et de la philosophie, que les partisans de la conception scientifique du monde entendent remettre à certains égard en question, en contestant l'existence d'une méthode de connaissance proprement philosophique, différente de la connaissance scientifique.

Nous oublions ou négligeons trop souvent le fait que la plupart des usages que nous faisons de l'expression *"la science"* datent *grosso modo* de la seconde moitié du XIXe siècle, et qu'il en va de même du mot "scientifique"; que ce corps de connaissances n'est pas du tout conçu comme tel par les encyclopédistes, et que l'expression "conception scientifique du monde" n'a de sens que par rapport à un sens du mot science qui est tout à fait étranger aux réflexions que l'on trouve dans l'*Encyclopédie*.

On sait qu'en anglais, le mot *"scientist"*, qui désigne celui que nous appelons "le scientifique" vient de Whewell, et que son usage date de 1840. En français, ce n'est que plus de quarante ans plus tard, après 1880, que l'on commence à employer le mot "scientifique" comme substantif.

Nous avons déjà souligné le fait que le mot unité n'a pas une seule occurrence dans tout le *Discours préliminaire* de l'*Encyclopédie*. C'est que le problème des encyclopédistes n'est pas du tout de chercher à définir ce qu'est la science, ce qui est scientifique, ou de réaliser l'unité de la science. Les encyclopédistes n'ont pas cette notion de *la* science qui nous est si familière. En forçant un peu le trait, mais à peine, on pourrait dire que pour les encyclopédistes, *la* science, au sens où nous entendons ce terme, cela n'existe pas. Cela ne veut pas dire qu'il n'y a pas *des* sciences et que dans les sciences qu'ils nomment, nous ne retrouvons pas des disciplines que nous reconnaissons clairement comme étant des sciences particulières. Cela veut plutôt dire que ce qu'ils entendent par "la science" n'est pas ce que nous entendons par là, et que le problème de son unité ne se pose pas pour eux comme il se pose pour les tenants de la CSM au XXe siècle. Comment pourrait-il être question, pour les encyclopédistes, d'une "conception scientifique du monde"?

Si le mot "unité" est absent du *Discours préliminaire*, et si le problème de l'unité de la science ne se pose pas à eux comme il peut se poser à nous, il existe une question qui se pose clairement aux encyclopédistes: celle de la *division* de la science. Quelles sont les branches du système des connaissances humaines? Comment diviser l'arbre ou le tableau? Ce qui frappe le lecteur de l'*Encyclopédie*, et sur ce point, ce ne sont pas seulement le *Discours préliminaire* et quelques articles qui sont en question, c'est que l'ensemble de l'ouvrage se présente comme un vaste laboratoire où s'opère un processus de disciplinarisation, sur lequel les auteurs de l'ouvrage, qui forment "une société de gens de lettres", ne sont d'ailleurs pas d'accord entre eux. On aperçoit davantage un phénomène d'éclatement de la science, ou encore la naissance de sciences nouvelles comme l'économie politique, que la recherche d'une unification des sciences. Comment les encyclopédistes pourraient-ils rechercher la science unitaire, ou l'unité des sciences, alors que les sciences ne forment pas les champs disciplinaires que nous connaissons aujourd'hui?

Au demeurant, lorsque Diderot et d'Alembert parlent de l'avenir des sciences et de leur conception de la connaissance ils montrent clairement que sur cette question, ils ne partagent pas les mêmes idées. Plus généralement, il faut souligner que l'auteur de l'*Encyclopédie* est un auteur collectif et se présente – c'est bien ce qu'on peut lire sur la page de garde de l'ouvrage – comme "une société de gens de lettres". Or les quelques cent trente auteurs qui ont rédigé des articles pour l'*Encyclopédie* ont des idées différentes sur l'avenir de la connaissance. Diderot et d'Alembert ont eu l'occasion, plus qu'aucun autre membre de l'auteur collectif, de s'exprimer sur ce point. Il est vrai que ces deux auteurs partagent certaines idées caractéristiques de l'esprit des Lumières, par exemple l'idée selon laquelle la promotion et le développement de la science sont des conditions du progrès (compris en un sens moral et politique) parce qu'il ne fait aucun doute pour eux que les lumières de la connaissance contribuent à l'éducation, à l'entente et au bonheur des peuples. Cependant, dès que Diderot et d'Alembert s'expriment sur la manière dont ils conçoivent la science, sur ce qu'on pourrait appeler leur "philosophie de la science", on aperçoit leurs profondes divergences. Leurs représentations des différents modèles de la science, de l'avenir de la science, ou de ce que devrait être la science sont très différentes. Ainsi, il ne sont pas du tout d'accord sur l'avenir des mathématiques, sur leur rôle paradigmatique pour l'ensemble de la science, ou sur le sens et l'importance qu'il convient d'accorder au calcul des probabilités.[5]

L'une des conséquences de ces remarques est que si l'on voulait à toute force user de l'expression "conception scientifique du monde" pour parler de ce qu'ont écrit les auteurs de l'*Encyclopédie*, il faudrait commencer par mettre cette expression au pluriel.

Lorsque nous disons que l'*Encyclopédie* n'est pas l'expression d'une CSM, nous ne reprochons nullement aux partisans de la *"wissenschaftlische Weltauffassung"* de s'être référé à tort à l'œuvre de Diderot et d'Alembert, ou plus généralement à l'esprit des Lumières. Ce n'est évidemment pas là ce que nous avons voulu suggérer par les remarques qui précèdent. Au demeurant, chez Neurath, la référence aux encyclopédistes du XVIIIe siècle ne concerne pas tant la CSM en tant que telle, que son projet d'encyclopédie. Et à cet égard, une tentative de comparaison entre Diderot d'un côté et Neurath de l'autre demanderait un travail d'une tout autre ampleur. Notre but, ici, était surtout de faire quelques remarques sur la "philosophie de la science" des encyclopédistes et le détour par la *wissenschaftliche Weltauffassung* des empiristes logiques nous a seulement donné l'occasion, par un effet de contraste, de mieux faire ressortir certains aspects de la manière dont Diderot et d'Alembert concevaient la science et son rapport à la philosophie.

Notes

1. D'Alembert, *Discours préliminaire de l'Encyclopédie.* Paris: J. Vrin 2000, p. 108.
2. *Ibid.*, p. 109.
3. *Ibid.*
4. Article ENCYCLOPÉDIE, *in:* Diderot, *Œuvres complètes*, t. VII, Paris: Hermann 1976, p. 222.
5. Sur ces différents points, cf. Colas Duflo et Pierre Wagner, "La science dans l'*Encyclopédie*. D'Alembert et Diderot", *in:* Pierre Wagner (ed.), *Les philosophes et la science*, Paris: Gallimard 2002, pp. 205-245.

ANASTASIOS BRENNER

HISTOIRE ET LOGIQUE DANS L'ÉCRITURE ENCYCLOPÉDIQUE

Introduction

L'écriture encyclopédique, dans sa tâche d'abréger notre savoir, recourt généralement à deux procédés: soit elle donne brièvement le cheminement historique qui a conduit aux connaissances actuelles, soit elle fournit une reconstruction rationnelle de ces connaissances à partir d'éléments simples. On peut en donner une illustration à partir de l'*Encyclopédie* de Diderot et d'Alembert, que les positivistes logiques prendront comme origine de leur propre projet encyclopédique. D'Alembert exprime nettement les deux procédés qui sous-tendent l'ouvrage qu'il dirige avec Diderot. En parlant de l'organisation des sciences, il écrit:

> Le premier pas que nous ayons à faire dans cette recherche est d'examiner, qu'on nous permette ce terme, la généalogie et la filiation de nos connaissances, les causes qui ont dû les faire naître et les caractères qui les distinguent; en un mot, de remonter jusqu'à l'origine et à la génération de nos idées.[1]

Tel est l'objet de la première partie du *Discours préliminaire* de l'*Encyclopédie*. La seconde partie adopte une autre démarche:

> L'exposition historique de l'ordre dans lequel nos connaissances se sont succédées, ne sera pas moins avantageuse pour nous éclairer nous-mêmes sur la manière dont nous devons transmettre ces connaissances à nos lecteurs.[2]

La généalogie et l'histoire ne représentent pas seulement les deux divisions du *Discours préliminaire*; elles correspondent aussi aux deux voies de la mise en forme encyclopédique.

La généalogie préfigure ce qu'on appellera au XXe siècle la reconstruction rationnelle. Certes, ce volet de *l'Encyclopédie* de Diderot et d'Alembert peut sembler rétrospectivement manquer de rigueur. La physiologie expérimentale et la psychologie empirique n'étaient pas encore constituées. Le ralliement à l'empirisme, que les positivistes logiques loueront, n'est pas vraiment justifié ni complet. On peut néanmoins percevoir ici le début d'un programme qui se prolonge chez Comte et chez Poincaré. Lorsque celui-ci étudie la genèse de nos notions fondamentales, il hérite de d'Alembert, et la parenté se marque encore avec l'analyse des sensations d'Ernst Mach. Dans sa tâche de construction logique du monde, Carnap se réclamera à son tour de Poincaré et de Mach.

On aurait pu penser que les positivistes logiques, en s'engageant dans la voie encyclopédique, allaient faire table rase des tentatives antérieures. L'instrument remarquable que constitue la logique mathématique ne permettait-elle pas d'isoler les véritables atomes de signification et de recomposer, sur cette base, nos connaissances complexes? Mais peut-on réellement construire une encyclopédie sans recourir à l'histoire? N'oublions pas que ce projet représente un approfondissement et un élargissement. Il doit procurer une justification de la conception scientifique du monde; il doit encore être ouvert à des collaborateurs extérieurs au Cercle de Vienne. L'encyclopédie fournit alors l'occasion à Neurath de corriger une approche trop exclusivement logique. Celui-ci insiste sur l'apport de la sociologie et de l'histoire. Par là, il rappelle l'intérêt pour l'évolution passée de la science, qu'il partage avec d'autres membres du Cercle, tels que Philipp Frank et Hans Hahn.[3] Un examen attentif des écrits de Neurath révèle que le terme d'histoire apparaît constamment. Ce terme recouvre toute une série d'arguments: le caractère évolutif de la science, la dimension historique du langage scientifique et l'histoire des sciences proprement dite.[4] Nombreux sont les travaux qui nous incitent aujourd'hui à remettre en cause l'image figée et hiératique du Cercle de Vienne qui a longtemps eu cours.

Si Neurath revendique l'originalité du programme de l'*Encyclopédie de la science unitaire*, il ne rejette pas pour autant l'expérience de ses prédécesseurs. Comment dès lors entendre la référence aux travaux antérieurs? Neurath ne nous offre pas une étude d'ensemble de l'*Encyclopédie* de Diderot et d'Alembert; il ne nous donne pas une histoire des encyclopédies. Nous risquons même d'être déroutés, en lisant pour la première fois les passages qu'il consacre à ses devanciers. On relève des généralisations hardies, des rapproche-ments surprenants et des raccourcis énigmatiques. Neurath est un auteur pressé, et ses lectures sont subordonnées à la tâche poursuivie: la mise en place de la conception scientifique du monde et la rédaction d'une encyclopédie d'un genre nouveau. Il n'en reste pas moins que Neurath a une large culture; on découvre, au détour d'une remarque, dans une note, qu'il connaissait bien les étapes intermédiaires, la filiation historique qui a rendu possible le positivisme logique. Son interprétation met en évidence des points qui échappent aux historiens spécialistes: la descendance d'un courant de pensée, ses tendances subreptices et son potentiel latent. Évidemment, il nous faudra combler les lacunes du récit laissé par les positivistes logiques; nous devons fournir les explications qui manquent, et nous aurons à débusquer les préjugés.

Mais je voudrais aussi soulever la question de la signification de cet héritage pour nous aujourd'hui. La formation des membres du Cercle de Vienne se situe au tournant des XIXᵉ et XXᵉ siècles. C'est l'époque de la publication de la *Grande encyclopédie*, sous la direction de Marcelin Berthelot, qui a pu servir d'exemple à dépasser.[5] Le Cercle de Vienne réagira aux révolutions scientifiques: on élaborera une conception scientifique du monde et, enfin, on commencera à réaliser l'*Encyclopédie de la science unitaire*. Il est à noter qu'au même moment, en France, Lucien Febvre lance l'*Encyclopédie française*.[6] Ces deux encyclopédies procèdent de la même volonté d'innover et de resserrer les liens entre les sciences. Pour une part, elles puisent leur inspiration à la même source: l'association de l'histoire et de la sociologie, la synthèse historique d'Henri Berr et le positivisme nouveau d'Abel Rey.[7] Pourtant, l'aboutissement est totalement différent. On sait que Lucien Febvre est l'un des chefs de file de l'école historique française, qui prend son essor entre les deux guerres. L'instrument logique aura peu de place dans l'encyclopédie qu'il dirige, et l'approche historique sera fondée sur la notion de mentalité. Pourquoi la pensée française et la pensée autrichienne, qui semblaient si proches au début du XXe siècle, ont-elles divergé par la suite? On sait que la philosophie autrichienne a contribué à la formation de la tradition analytique, alors que la philosophie française, se rapprochant de la pensée allemande, s'est fondue dans la tradition continentale. D'une certaine manière, la question des relations entre ces deux traditions se pose à l'intérieur de l'encyclopédie, dans l'articulation entre logique et histoire. C'est cette question que je vous propose d'examiner.

Aux sources du projet encyclopédique

Quelle est l'attitude des positivistes logiques à l'égard de la tradition française? Que vont-ils emprunter aux divers projets encyclopédiques menés en France? Nous pouvons prendre comme point de départ un passage de la plaquette intitulée « La conception scientifique du monde: le Cercle de Vienne », plus connue comme le *Manifeste du Cercle de Vienne*.[8] Les positivistes logiques dressent un tableau des précurseurs qui ont contribué à la formation de leur mouvement. Parmi une trentaine de noms, qui vont dans l'ordre chronologique d'Epicure à Wittgenstein, on relève: les Lumières, Comte, Poincaré et Duhem.[9] On note que ces penseurs ou courants sont évoqués à plusieurs reprises, en rapport avec les différentes directions de recherche poursuivies. Ils se retrouvent dans d'autres écrits de Neurath et des membres du Cercle.[10] Il s'agit précisément dans le *Manifeste* de la constitution d'une conception scientifique du monde. Mais cette conception n'est pas sans rapport avec le projet encyclopédique que Neurath rendra public peu d'années après, comme nous le verrons tout à l'heure. Et l'on retrouvera les mêmes références dans ce domaine; ce sont autant d'étapes de l'élaboration d'une encyclopédie des sciences et de sa conception moderne. Ce passage du *Manifeste* nous permet de dresser un canevas. Les positivistes logiques gardent à l'esprit *l'Encyclopédie* de Diderot et d'Alembert, tout en étant soucieux de tenir compte de l'évolution ultérieure: ils mettent en avant l'unité des sciences proposée par Auguste Comte; enfin, ils retiennent l'apport d'Henri Poincaré et de Pierre Duhem au développement des techniques d'analyse des concepts.

Que Neurath fasse référence à *l'Encyclopédie* de Diderot et d'Alembert ne doit pas nous étonner. Par son ampleur et l'originalité de sa mise en œuvre, cette encyclopédie inaugure un genre de travail collectif, et Neurath en signale la modernité: « Avec Bayle, les matérialistes du XVIIIe siècle, d'Alembert et les autres encyclopédistes, le chemin s'ouvre déjà tout droit vers le domaine moderne. »[11] Mais il y a aussi des raisons plus profondes. Neurath approuve l'orientation empiriste; il relève la critique des systèmes métaphysiques; il cherche à renouveler le projet d'émancipation politique. Enfin, il s'intéresse de près à l'écriture et à la méthode encyclopédique.

Neurath ne manque pas de renvoyer à d'Alembert, lorsqu'il présente son propre projet:

J'ai proposé le terme d'"encyclopédie" principalement par opposition au terme de "système" par lequel on présuppose l'existence d'une sorte de science totale fondée sur des axiomes et qui resterait à découvrir. Cette notion est franchement douteuse si l'on commence à donner l'esquisse d'un tel système — constat qui a déjà été fait par le chef de file des encyclopédistes français, d'Alembert.[12]

Il s'agit d'éviter de donner une image statique et dogmatique de l'ensemble des sciences. On trouve en effet une idée analogue chez d'Alembert, dans la première partie du *Discours préliminaire*:

> Ce n'est point par des hypothèses vagues et arbitraires que nous pouvons espérer de connaître la nature, c'est par l'étude réfléchie des phénomènes, par la comparaison que nous ferons des uns avec les autres, par l'art de réduire autant qu'il sera possible, un grand nombre de phénomènes à un seul qui puisse en être regardé comme le principe. Cette réduction constitue le véritable esprit systématique, qu'il faut bien se garder de prendre pour l'esprit de système avec lequel il ne se rencontre pas toujours.[13]

Une certaine conception de la science, que j'appellerai classique, sous-tend cette critique de l'esprit de système. La science doit être systématique, mais elle doit éviter la tentation de contraindre les faits à prendre la forme d'un système en procédant par des conjectures. Ce distinguo fera fortune au point qu'un siècle plus tard Émile Littré le consignera dans son dictionnaire. Le lexicographe, que l'on sait positiviste, ne s'en tient pas à la pure description linguistique: « L'esprit de système est la disposition à prendre des idées imaginées pour des notions prouvées. L'esprit systématique est la disposition à concevoir des vues d'ensemble. L'un est un défaut, l'autre peut être une qualité. »[14]

Voici en quels termes d'Alembert précise sa critique dans la seconde partie de son *Discours préliminaire*:

> L'esprit de système est dans la physique ce que la métaphysique est dans la géométrie (...). C'est au calcul à assurer pour ainsi dire l'existence [des causes des phénomènes], en déterminant exactement les effets qu'elles peuvent produire, et en comparant ces effets avec ce que l'expérience nous découvre. Toute hypothèse dénuée d'un tel secours acquiert rarement ce degré de certitude, qu'on doit toujours chercher dans les sciences naturelles, et qui néanmoins se trouve si peu dans *ces conjectures frivoles qu'on honore du nom de systèmes*.[15]

Il a à l'esprit les systèmes de Descartes et de Leibniz. En effet, selon d'Alembert, Descartes prétendait tout expliquer.[16] En revanche, Newton bannit « les hypothèses vagues »; il développe une théorie du monde et non un système.[17] La métaphysique doit être établie sur ce modèle newtonien. Le mérite revient à Locke d'avoir accompli cette tâche; il développe « une physique de l'âme ».[18] Tels sont les principaux passages où d'Alembert développe sa critique de l'esprit de système.

Mais d'autres remarques, portant plus précisément sur l'écriture encyclopédique, ont dû attirer l'attention de Neurath. D'Alembert ne se contente pas de formuler les procédés que suivront les encyclopédistes dans leur tâche; il porte son attention sur la nature et sur la difficulté du travail:

> Quoique l'histoire philosophique que nous venons de donner de l'origine de nos idées soit fort utile pour faciliter un pareil travail, il ne faut pas croire que l'ordre encyclopédique doive ni puisse même être servilement assujetti à cette histoire. Le système général des sciences et des arts est une espèce de labyrinthe, de chemin tortueux, où l'esprit s'engage sans trop connaître la route qu'il doit tenir.[19]

Ou encore cette expression de pluralisme: « On peut imaginer autant de systèmes différents de la connaissance humaine que de mappemondes de différentes projections. »[20]

Cependant, il faut souligner tout ce qui sépare les Lumières des positivistes logiques. Le Cercle de Vienne met au premier plan la science unitaire. Ce n'est pas le cas de d'Alembert. Le système figuré des connaissances humaines est rattaché aux trois facultés de l'âme distinguées par Bacon: la mémoire, la raison et l'imagination. La raison, quant à elle, donne lieu à deux sortes de sciences, selon que son objet est la nature ou l'homme, instaurant une dichotomie fondamentale, qui aura ses partisans jusqu'à nos jours. En proposant une bifurcation des sciences en cosmologiques et noologiques, Ampère, s'inspire des encyclopédistes.[21] Or, avant le milieu du XIXe siècle, Comte oppose à cette conception un tableau des sciences, qui vise à mettre en relief leur unité. Et l'encyclopédie de Neurath se rapprochera sur plusieurs points du *Cours de philosophie positive:* il s'agit moins d'un dictionnaire raisonné que d'une classification des sciences.

Encyclopédie et unité des sciences

On peut noter plusieurs points de convergence entre Comte et les positivistes logiques. Rappelons tout d'abord en quels termes Comte rejette les tentatives de ses prédécesseurs:

> On est aujourd'hui bien convaincu que toutes les échelles encyclopédiques construites, comme celles de Bacon et de d'Alembert, d'après une distinction quelconque des diverses facultés de l'esprit humain, sont par cela seul radicalement vicieuses, même quand cette distinction n'est pas, comme il arrive souvent, plus subtile que réelle; car, dans chacune de ses sphères d'activité, notre entendement emploie simultanément toutes ses facultés principales.[22]

L'ordre encyclopédique des six sciences fondamentales que nous propose Comte est progressif et continu: mathématiques, astronomie, physique, chimie, biologie et sociologie. Et Neurath ne manque pas d'inclure Comte dans la liste de ses prédécesseurs:

> Notre critique du système en tant que modèle n'en est pas moins doublée d'un travail très intense – dans le sens du 'scientisme' qui s'est développé toujours plus consciemment depuis Saint-Simon, Comte, Cournot, et autres – pour instaurer dans la science un nouvel ordre et enchaînement qui, sans prétendre prématurément à une clarté universelle, prend son point de départ dans la masse des énoncés donnés.[23]

Neurath signale à juste titre l'influence de Saint-Simon sur Comte; il paraît soucieux de replacer le positivisme dans le cadre d'un mouvement général, qui comporte des aspects politiques. On relève également la référence à Cournot, qui avait été quelque peu oublié. Celui-ci a apporté une contribution non négligeable à la philosophie des sciences par ses études conceptuelles et historiques.[24] Quant à Auguste Comte, on note chez lui des anticipations étonnantes: il formule un critère empirique de signification, afin d'exclure la métaphysique, et préconise une approche résolument sociologique.

Neurath est parfois plus proche de Comte qu'il ne le pense. Ainsi, la critique qu'il lui adresse dans le passage suivant n'est pas entièrement justifiée:

Nombreux sont ceux qui, suivant Comte, conçoivent la transformation de la pensée humaine de la manière suivante: elle
commence par une période théologique religieuse, suivie d'une
période philosophique métaphysique, jusqu'à ce que celle-ci soit
remplacée par une période positiviste scientifique. Mais il existe
des raisons en faveur d'une autre notion du changement historique,
et ceci est intéressant d'un point de vue éducatif et psychologique.
Si des éléments de base de la conception scientifique du monde
ont été présents dès le printemps de l'humanité, alors nous avons
une meilleure chance de pouvoir les réactiver.[25]

Or justement Comte prétend que l'esprit positif est présent dès l'origine;
son action s'accentuerait au fur et à mesure, produisant invinciblement
le progrès.[26]

Toutefois, le positivisme comtien comporte des difficultés.
Rappelons que Comte par sa « Théorie fondamentale des hypothèses », exposée dans la vingt-huitième leçon du *Cours de
philosophie positive*, cherche à réglementer l'usage de la conjecture en
science. L'hypothèse doit être une simple « anticipation » sur
l'observation future. Elle n'est qu'un « artifice » pour contourner les
difficultés que peut présenter l'analyse directe d'un phénomène; on
peut s'en passer lorsque la théorie est entièrement développée.[27] Le
rôle de l'hypothèse se rattache à l'intuition centrale du fondateur du
positivisme: la science consiste en la recherche des lois, non en celle
des causes. Comte veut rejeter de la science les fluides et les
substances fictifs imaginés par les scientifiques de son époque, autant
de spéculations qui nous entraînent sur le terrain de la métaphysique.
Or Neurath formule une critique judicieuse à l'encontre de cette théorie:

Auguste Comte, dans sa *Philosophie positive*, est allé beaucoup
trop loin, dans son aversion extrême pour les hypothèses. D'ailleurs
il n'a pas été parfaitement conséquent, puisqu'il a admis la théorie
des atomes. Nous trouvons une attitude semblable chez Mach, qui
considérait avec scepticisme toutes les théories atomiques
contemporaines, de même que la théorie de la relativité d'Einstein,
qu'il a pourtant contribué à fonder. Peut-être la prudence excessive
de Comte et de Mach tient-elle à ce que, de leur temps, on ne
disposait pas encore des instruments logiques permettant de
commencer à s'y retrouver dans la redoutable confusion des
énoncés plus stables et moins stables, des formules plus ou moins
indéterminées.[28]

Le Cercle de Vienne cherche à dépasser ce premier stade de la doctrine positiviste qui inclut Mill, Comte et même Mach. Sur ce point, Neurath et les positivistes logiques héritent d'une critique déjà formulée dans le cadre du conventionnalisme autour de Poincaré. En effet, les avancées de la science et l'approfondissement de la réflexion philosophique font surgir, dès la fin du XIXe siècle, un sentiment d'insatisfaction à l'égard des diverses théories de la science qui avaient été proposées. Ce sentiment trouve une expression particulièrement nette chez les conventionnalistes: leur volonté d'innover s'accompagne de nombreuses objections à l'encontre d'Auguste Comte et des conceptions antérieures. Tel est le sens du positivisme nouveau formulé par Édouard Le Roy et par Abel Rey, que le Cercle de Vienne reprendra à son compte.[29]

Une nouvelle encyclopédie

Lorsque le *Manifeste* aborde le problème des fondements de la physique, il donne cette caractérisation:

> À l'origine, le Cercle de Vienne s'intéressait surtout aux problèmes méthodologiques de la science du réel. Les idées de Mach, Poincaré et Duhem nous ont incités à débattre des problèmes relatifs à la maîtrise du réel par des systèmes scientifiques, en particulier par des systèmes d'hypothèses et d'axiomes. Tout d'abord un système d'axiomes, entièrement séparé de toute application empirique, peut être considéré comme un système de définitions implicites (...). Les modifications entraînées par de nouvelles expériences peuvent affecter soit les axiomes, soit les 'définitions de coordination'. On touche là au problème des conventions qu'a tout particulièrement traité Poincaré.[30]

Ce qui est décrit ici est ce qu'on appelle la conception canonique: une théorie scientifique est un système axiomatique dont l'application à la réalité s'effectue au moyen de définitions de coordination ou règles de correspondance.[31] En effet, le problème qu'affronte le Cercle de Vienne est d'expliquer le caractère mathématique des théories des parties avancées de la science, sans renoncer à leur soubassement empirique. En introduisant la notion de convention, Poincaré permet de rendre compte des termes théoriques. Le langage mathématique est choisi à cause de sa puissance et de sa commodité. Les principes de la

mécanique sont des conventions, c'est-à-dire une certaine manière de
parler des phénomènes. Ce qui retient particulièrement l'attention des
positivistes logiques c'est la question de la maîtrise du réel à travers les
systèmes formels.

Mais Duhem paraît encore plus proche de la conception canonique,
lorsqu'il écrit en 1906, dans *La théorie physique*:

> Le développement mathématique d'une théorie physique ne peut
> se souder aux faits observables que par une *traduction*. Pour
> introduire dans les calculs les circonstances d'une expérience, il
> faut faire une version qui remplace le *langage de l'observation
> concrète* par le *langage des nombres;* pour rendre constatable le
> résultat que la théorie prédit à cette expérience, il faut qu'un thème
> transforme une valeur numérique en une indication formulée dans
> la langue de l'expérience. Les méthodes de mesure sont (...) le
> *vocabulaire* qui rend possible ces deux traductions en sens
> inverse.[32]

Carnap adoptera cette perspective, et le Cercle de Vienne retiendra sa
formulation.[33] Sans doute les recherches axiomatiques et logiques
permettent-elles de proposer une formulation plus nette. On sépare
catégoriquement trois sortes de termes: logico-mathématiques,
théoriques et observationnels. Les conditions qui s'appliquent à la
théorie sont décortiquées: les termes observationnels renvoient à des
objets physiques directement observables ou à des attributs
directement observables de ces objets; les termes théoriques reçoivent
une définition explicite en fonction des observables grâce à des règles
de correspondance. Il n'en demeure pas moins qu'on trouve chez
Poincaré et chez Duhem toute une série de thèmes qui vont
réapparaître: l'interprétation des systèmes formels, la traduction entre
les différents langages de la science, les définitions opérationnelles.

Il s'ensuit que la conception canonique n'est pas le résultat de
l'emploi de la logique mathématique; même si cet instrument permet
d'en préciser remarquablement le sens. La conception de la théorie en
tant que système déductif est née d'une épistémologie qui fait appel à
l'histoire des sciences. On s'explique alors pourquoi cette conception a
survécu au positivisme logique; elle ne lui est pas consubstantielle.
Même l'école historique de Kuhn ne l'a pas entièrement renversée; elle
a simplement montré la nécessité de prendre également en compte
une structure profonde, sous-jacente aux théories, le paradigme.

Conclusion

Nous avons noté chez les positivistes logiques de nombreux emprunts à la pensée française et une certaine communauté d'esprit entre l'Autriche et la France au début du XXe siècle. À Vienne comme à Paris, se faisait sentir alors le même besoin d'instaurer une réflexion sur la science, appuyée sur les développements récents, notamment dans les domaines des mathématiques, de la psychologie et de la sociologie.

On peut encore faire état d'un développement simultané. Neurath ne manque pas de signaler ceux qui œuvrent dans une direction analogue à la sienne:

> C'est donc sur cette base commune du langage vulgaire que s'est formée toute la bigarrure des sciences, que seule l'histoire peut nous faire comprendre. Quelle variété de "découpages", quelle richesse en différenciations! C'est pas à pas seulement que l'on commence à mettre de l'unité entre les sciences particulières, début que nous pouvons considérer comme "le prologue nécessaire de l'unification de la science". Que ce processus d'unification doive se poursuivre, pour ainsi dire, à tous les échelons de la formulation scientifique et que de plus le *travail collectif* seul rende possible cette œuvre de *synthèse*, semblable à celle qu'Henri Berr, Abel Rey et d'autres préconisent, c'est justement ce que nous cherchons à montrer ici.[34]

En effet, Henri Berr promeut, au moyen de nouvelles revues et du Centre international de synthèse, un projet ambitieux, qui vise à resserrer les liens entre les différentes sciences; il exerce une influence féconde sur Lucien Febvre et sa nouvelle école historique. Quant à Abel Rey, dont la thèse sur les conceptions philosophiques des physiciens eut un impact sur le Cercle de Vienne, il joue un rôle de premier plan dans l'établissement institutionnel de la philosophie des sciences.[35] La chaire qu'il occupe à la Sorbonne, que l'on peut comparer à celle de Schlick à l'Université de Vienne, est associée à l'Institut de philosophie et histoire des sciences. L'objet de cet institut est de favoriser la collaboration entre spécialistes des différentes disciplines.

Pourtant il faut reconnaître une divergence qui se creuse. Le discours philosophique finira par se diviser en deux traditions antagonistes. La tradition continentale, représentée par la pensée française et allemande, préconisera une méthode historique; la tradition anglo-saxonne, héritant de la pensée autrichienne, prônera une méthode logique. Il semble que nous soyons aujourd'hui en présence de deux manières différentes de philosopher.

Essayons d'en cerner les causes. Il faut rappeler tout d'abord le développement spécifique de l'école française. La philosophie des sciences en France se caractérise par une approche principalement historique. L'une de ses sources est l'œuvre de Comte, qui donne lieu, on le constate, à des formes de positivisme quelque peu différentes. L'école française est également marquée par une méfiance à l'égard de la logique, qui se manifeste de manière particulièrement nette dans la controverse entre Poincaré et Russell. Or l'évolution ultérieure de la logique permet de mieux comprendre la nature de cette discipline et son rapport avec les mathématiques. Il n'y a pas de système logique unique, mais une pluralité de logiques possibles. Et la frontière entre logique et mathématiques est perméable et mouvante.

Revenons une dernière fois aux positivistes logiques. Il pourrait sembler qu'à un moment donné la logique passe au premier plan au détriment de l'histoire. En fait, le projet encyclopédique, qui comporte un volet historique, est ancien, et Neurath ne l'a jamais perdu de vue. Dans un passage autobiographique, il nous explique que ce projet précède la fondation du Cercle de Vienne:

> J'essaierai de décrire comment, en tant qu'empiriste logique, j'ai forgé mon attitude à l'égard les sciences et de leur unité. Plusieurs d'entre nous, outre moi-même, ont été élevés dans une tradition machienne (...). Nous avons également été influencés par des scientifiques tels que Poincaré, Duhem, Abel Rey, William James, Bertrand Russell, et, en ce qui me concerne, par Gregorius Itelson.[36]

Et il ajoute: « J'ai le souvenir que Poincaré et Duhem m'ont aidé à comprendre que là où une hypothèse peut être élaborée, il est possible d'en élaborer plusieurs. »[37] Le holisme que Neurath développe sous l'influence de Duhem, dès avant la Première guerre mondiale, a sans aucun doute joué un rôle. L'encyclopédie avait sa place dans la définition de la conception scientifique du monde, car l'analyse logique du langage de la science va de pair avec l'effort d'organisation des sciences. Ainsi que l'écrit Neurath: « Le processus d'organisation logique d'une science particulière ne peut être séparé du processus d'établissement de passerelles ou connexions entre les différentes sciences. »[38]

Le positivisme logique est un mouvement riche et complexe; nous pouvons en proposer diverses lectures. En mettant l'accent sur Neurath, et en privilégiant le thème de l'histoire, j'espère avoir montré que l'on touche à des préoccupations actuelles. Neurath et son projet encyclopédique nous aident à voir plus clair dans la tâche, qui nous incombe aujourd'hui, d'articuler convenablement histoire et logique.

Notes

1. Jean Le Rond d'Alembert, *Discours préliminaire de l'Encyclopédie* (1751). Paris: J. Vrin 1989, p. 13.
2. *Ibid.*, p. 75.
3. On sait que ces trois condisciples de l'université de Vienne avaient pris l'habitude de se réunir, avant la Première Guerre mondiale, au sein d'un groupe de discussion. Rudolf Haller, qui en a souligné l'importance, a dénommé ces échanges « le premier Cercle de Vienne ». On découvre effectivement ici plusieurs thèses qui annoncent la doctrine du Cercle qui se formera autour de Schlick. Voir Rudolf Haller, « The first Vienna Circle », in: Thomas Uebel (Ed.), *Rediscovering the forgotten Vienna Circle*. Dordrecht: Kluwer 1991, pp. 95-108.
4. On peut signaler deux articles du jeune Neurath, qui appartiennent à l'histoire des sciences: «Zur Klassifikation von Hypothesensystemen » (1914-1915) et «Prinzipielles zur Geschichte der Optik » (1915), in: Otto Neurath, *Gesammelte philosophische und methodologische Schriften*, 2 Bde. Wien: Hölder-Pichler-Tempsky 1981, vol. 1. Par exemple, Neurath se souvient de ces travaux, lorsqu'il écrit: « Supposons que nous puissions déduire d'une théorie déterminée un groupe de prédictions assurées et d'une autre théorie un autre groupe de prédictions assurées; eh bien, nous considérerons comme un progrès scientifique de réussir à créer une troisième théorie, d'où l'on puisse déduire l'un et l'autre de ces groupes de prédictions. L'histoire de la science nous montre qu'il n'est pas rare que de telles tentatives aient été puissamment stimulées par l'intuition spéculative », « L'encyclopédie comme 'modèle' », in: *Revue de synthèse* 12, 2, 1936, pp. 187-201, p. 190. L'original allemand ayant été perdu, la traduction française sert de référence.
5. Marcelin Berthelot (Éd.), *Grande encyclopédie.* 31 vol., Paris: Lamirault 1886–1902.
6. Lucien Febvre (Éd.), *Encyclopédie française.* 21 vol., Paris: Larousse 1935–1966.
7. Henri Berr et Abel Rey figurent sur le comité d'honneur de l'*Encyclopédie française*, à côté de Bergson et de Brunschvicg.
8. Otto Neurath, « Wissenschaftliche Weltauffassung. Der Wiener Kreis », in: *Gesammelte philosophische und methodologische Schriften*, vol. 1. (Trad. fr. « La conception scientifique du monde: le Cercle de Vienne », in: Antonia Soulez (éd.), *Manifeste du Cercle de Vienne et autres écrits*. Paris: Presses universitaires de France, 1985).
9. *Ibid.*, p. 303 (trad. fr., p. 113). Si les Lumières, ou *Aufklärung*, sont un mouvement européen, il semble bien que les membres du Cercle désignent par là principalement les penseurs français du XVIIIe siècle. En effet, Voltaire est cité juste

avant ce passage. Par ailleurs, Neurath évoque plus en détail la pensée française:
Le développement du Cercle de Vienne et l'avenir de l'empirisme logique. Paris:
Hermann, 1935.

10. Voir également Philipp Frank, *Between physics and philosophy*, Cambridge (Mass.):
Harvard University Press, 1941.

11. Otto Neurath, *Le développement du Cercle de Vienne*, p. 27.

12. « Den Terminus 'Enzyklopädie' habe ich in erster Linie im Gegensatz zum Terminus
'System' vorgeschlagen, durch den eine Art axiomatisierter Gesamtwissenschaft als
vorhanden unterstellt wird, die man gewissermassen zu entdecken habe. Solche
Vorstellung ist insbesondere dann bedenklich, wenn man daran geht, ein solches
System zu skizzieren — ein Umstand, auf den schon der Führer der französischen
Enzyklopädisten D'Alembert hingewiesen hat ». Otto Neurath, « Physikalismus und
Erkenntnisforschung II », in: *Gesammelte philosophische und methodologische
Schriften*, vol. 2, p. 757. Je traduis. Ailleurs, Neurath évoque « la Science totale » de
Comte, « L'encyclopédie comme 'modèle' », *op. cit.*, p. 200.

13. D'Alembert, *op. cit.*, p. 30.

14. Émile Littré, *Dictionnaire de la langue française* (1863-1872). Chicago:
Encyclopaedia Britannica 1978, entrée « système ». Pour une étude plus détaillée
de ce point, voir Anastasios Brenner, « La notion de révolution scientifique selon les
encyclopédistes », *Kairos*, 18, 2001, 25-35.

15. D'Alembert, *op. cit.*, p. 117.

16. *Ibid.*, pp. 99, 107.

17. *Ibid.*, pp. 100-101.

18. *Ibid.*, p. 104.

19. *Ibid.*, p. 58.

20. *Ibid.*, p. 61.

21. Neurath critique expressément la classification d'Ampère, *Gesammelte Schriften*,
vol. 2, p. 818.

22. Auguste Comte, *Cours de philosophie positive* (1830-1842), 2 vol. Paris: Hermann,
1975, 2e leçon, p. 43.

23. Otto Neurath, « L'encyclopédie comme 'modèle' », *op. cit.*, p. 195.

24. Sur la redécouverte de Cournot, voir le numéro thématique de la *Revue de
métaphysique et de morale*, 13, 1905, pp. 293-543.

25. « In Anlehnung an Comte denken sich nämlich viele die Wandlung menschlichen
Denkens so, dass eine religiös-theologische Periode den Anfang bilde, der dann
eine metaphysisch-philosophische folge, bis sie durch eine wissenschaftlich-posi-
tivitische abgelöst werde. Aber es gibt Gründe für eine andere Vorstellung von der
geschichtlichen Wandlung, was pädagogisch-psychologisch nicht gleichgültig ist.
Sind Grundelemente der wissenschaftlichen Weltauffassung schon in der Frühzeit
der Menschen dagewesen, dann haben wir grössere Aussicht, sie wiederbeleben zu
können ». Otto Neurath, « Wege der wissenschaftlichen Weltauffassung », in:
Gesammelte, vol. 1, p. 372. Je traduis.

26. Auguste Comte, *op. cit.*, vol. 2, 51e leçon, où il développe une conception continuiste
de l'évolution humaine.

27. *Ibid.*, vol. 1, 28e leçon.

28. Otto Neurath, « L'encyclopédie comme 'modèle' », *op. cit.*, p. 195.

29. Voir Édouard Le Roy, « Un positivisme nouveau », *Revue de métaphysique et de
morale*, 1901, pp. 138-153 et Abel Rey, *La théorie de la physique chez les
physiciens contemporains*, Paris: F. Alcan, 1907. Cf. Philipp Frank, *Modern science
and its philosophy*, Cambridge (Mass.): Harvard University Press, 1949.

30. « Ursprünglich galt das stärkste Interesse des Wiener Kreises den Problemen der Methode der Wirklichkeitswissenschaft. Angeregt durch Gedanken von Mach, Poincaré, Duhem, wurden die Probleme der Bewältigung der Wirklichkeit durch wissenschaftliche Systeme, insbesondere durch *Hypothesen- und Axiomensysteme*, erörtert. Ein Axiomensystem kann zunächst, gänzlich losgelöst von aller empirischen Anwendung, betrachtet werden als ein System impliziter Definitionen (...). Die durch neue Erfahrungen erforderlichen Änderungen können entweder an den Axiomen oder an den Zuordnungsdefinitionen vorgenommen werden. Damit ist das besonders von Poincaré behandelte Problem der Konventionen berührt ». Otto Neurath, « Wissenschaftliche Weltauffassung: Der Wiener Kreis », *op. cit.*, vol. 1, p. 310 (trad. fr., p. 122).

31. Conception canonique est utilisée ici pour traduire ce que les commentateurs anglophones appellent *standard view* ou *received view*. Par exemple, Frederick Suppe (ed.), *The structure of scientific theory*. Urbana; London: University of Illinois Press 1977.

32. Pierre Duhem, *La théorie physique, son objet et sa structure* (1906). Paris: Vrin, 1981, p. 199, je souligne.

33. Au sujet de la réception du conventionnalisme dans le Cercle de Vienne, voir Anastasios Brenner, *Les origines françaises de la philosophie des sciences*, Paris: Presses universitaires de France, 2003, 2ᵉ partie.

34. Otto Neurath, « L'encyclopédie comme 'modèle'», *op. cit.*, pp. 198-199, souligné dans le texte. Il est significatif que deux ouvrages aussi différents que ceux de Hempel et Kuhn aient trouvé place dans l'*International encyclopedia of unified science*: Carl G. Hempel, *Fundamentals of concept formation in empirical science*, Chicago: University of Chicago Press, 1952 et Thomas S. Kuhn, *The structure of scientific revolutions*, Chicago: University of Chicago Press, 1962.

35. Abel Rey, *op. cit.*

36. « I shall try to describe how I myself, as a logical empiricist, developed my attitude towards the sciences and their unity. Many of us, besides myself, have been brought up in a Machian tradition (...). We were also influenced by scientists such as Poincaré, Duhem, Abel Rey, William James, Bertrand Russell, and I, in particular, by Gregorius Itelson ». Otto Neurath, « The orchestration of the sciences by the encyclopedism of logical empiricism», in: *Philosophical papers* (Dordrecht: Reidel, 1983), p. 230. L'original allemand ayant été perdu, la traduction anglaise sert de référence.

37. « I think that Poincaré and Duhem made me realize that wherever one hypothesis can be elaborated, it is possible to elaborate any number ». *Ibid.*, p. 230.

38. « The process of the logical organization of a single science cannot be divorced from the process of building up bridges or connections between the different sciences », « Unified science and its encyclopedia », in: *Philosophical papers*, p. 175.

HANS-JOACHIM DAHMS

DIE „ENCYCLOPEDIA OF UNIFIED SCIENCE" (IEUS).
IHRE VORGESCHICHTE UND IHRE BEDEUTUNG
FÜR DEN LOGISCHEN EMPIRISMUS

1. Zur Vorgeschichte und Entstehung der IEUS

Die historische Forschung hat sich der Geschichte der „International Encyclopedia of Unified Science" (IEUS) erst relativ spät angenommen, teils wohl, weil sie ein Torso geblieben ist,[1] teils auch, weil ihre Publikationsgeschichte bis in die jüngere Gegenwart hineinragt und deshalb vielleicht weniger für historische Studien geeignet erschien.

Ich beginne mit der Vorgeschichte des Werks, das, wie wir sehen werden, seine Wurzeln schon zu Beginn der 20er Jahre des 20. Jahrhunderts hatte. Otto Neurath als chief editor hat darüber selbst verschiedentlich im Briefwechsel mit seinem Mitherausgeber Charles Morris gesprochen, allerdings so, dass die Datierung und die näheren Umstände nicht unmittelbar hervorgehen. Er schreibt z.B. an Morris im Vorfeld des 1. Kongresses für Einheitswissenschaft 1935 in Paris Folgendes:

> Ich beschäftige mich mit dem Plan einer Enzyklopädie – der viele Wandlungen durchgemacht hat – über 15 Jahre. Es ist lange her, seit ich mit EINSTEIN, und HAHN, anderen Mathem. und Physikern hoch über Wien, am Kahlenberg den Plan zum ersten Mal entwickelte. Damals in anderem Zusammenhang. Mehr als AUFKLÄRUNG gedacht, wie die alten Enzyklopädisten, von EINSTEIN auch in diesem Sinn ... aufgefaßt. Alles kommt mal an die Reihe.

Was Einstein ihm damals mitgeteilt haben soll, geht aus einem weiteren Brief Neuraths an Morris hervor, in dem Neurath Einstein wie folgt zitiert:

> Sie haben mich davon überzeugt, dass Ihr Plan zur Herstellung einer Volksbibliothek geeignet ist, dazu zu führen, dem tiefen Bildungsbedürfnis zahlreicher Menschen in wirklich wirksamer Weise entgegenzukommen. Ihr Unternehmen kann für die breite Masse eine ähnliche Bedeutung gewinnen wie die Enzyklopädie im

18. Jhd. für das gebildete Frankreich. Ich bin gerne bereit, nach besten Kräften mitzuarbeiten und werde bemüht sein, tüchtige und wohlgesinnte Fachgenossen für Ihren Plan zu interessieren.[2]

Hier stellen sich sofort eine ganze Reihe von Fragen, denen ich im Folgenden nachgehen werde:
–   Wann soll das gewesen sein?
–   Was waren das für Pläne?
–   Was haben Neurath und Einstein darüber auf dem Kahlenberg diskutiert bzw. davor und/oder danach schriftlich ausgetauscht?
–   Welche weiteren Stadien haben diese Pläne durchlaufen?

1.1 Der Plan einer Volksbücherei (1921)

Zunächst zur *Datierung*: Einstein ist insgesamt viermal in Wien gewesen,[3] und zwar 1910, 1913, 1921 und 1931. Beim ersten Termin 1910 ging es um Verhandlungen mit dem Österreichischen Unterrichtsministerium wegen seiner Berufung an die deutsche Universität in Prag, beim zweiten 1913 besuchte er die Jahresversammlung deutscher Naturforscher und Ärzte. Diesen beiden Daten liegen offenbar zu früh, da Neurath im Brief an Morris zwar von „über fünfzehn Jahre" schrieb, aber vermutlich „über zwanzig Jahre" geschrieben hätte, wenn er 1910 oder 1913 gemeint hätte. Zum letzten Mal war Einstein 1931 für einen Vortrag am physikalischen Institut der Universität in Wien. Dies Datum liegt aus entsprechenden Gründen offenbar zu spät.

Dazwischen aber akzeptierte Einstein für den Januar 1921 eine Einladung der Urania sowie der Chemisch-Physikalischen Gesellschaft in Wien. Dabei gab er zunächst einen mehr technischen Vortrag für Wissenschaftler und am 13. Januar einen für das allgemeine Publikum im großen Konzerthaussaal vor 3000 Menschen. Davon hat Philipp Frank, sein Nachfolger auf dem Lehrstuhl für theoretische Physik in Prag, der ihn kurz zuvor dorthin eingeladen hatte und ihn nun nach Wien begleitete, in seiner Einsteinbiographie berichtet.[4] In einem Zeitungsbericht eines insiders in der Neuen Freien Presse vom 5. Februar wird außerdem von einem *anschließenden* Treffen Einsteins „in kleinstem Kreise" gesprochen, der in Franks Buch nicht erwähnt ist. Ob damit allerdings das oben genannte Zusammensein Einsteins mit den ehemaligen Mitgliedern des so genannten Ersten Wiener Kreises[5] und zukünftigen Mitgliedern des Schlick-Zirkels Frank, Hahn und Neurath auf dem Kahlenberg oberhalb Wiens gemeint ist, geht aus dem Bericht nicht hervor. Dies ist aber unwahrscheinlich, weil das Treffen, wie wir sehen werden, schon *vor* dem Vortrag stattgefunden

haben soll. Aber ganz offensichtlich *hat* es ein solches Treffen mit
Einstein gegeben, bei dem auch die Gründung einer neuen Volksbücherei im Sinne der französischen Aufklärung zur Sprache kam.
Denn aus dieser Zeit datiert ein entsprechender Briefwechsel Neuraths
mit Einstein. Aus diesem Briefwechsel hat Neurath gegenüber Morris
übrigens auch ganz korrekt zitiert.
Worum geht es nun in diesem Briefwechsel aus dem Jahre 1921 im
Einzelnen? Er beginnt mit einem Brief Neuraths vom 12. Januar 1921,
in dem dieser sich auf ein Treffen vom Vortag bezieht und Einstein
bittet,

> Ihre Zustimmung zu dieser Fassung (der Unterredung, Dahms)
> möglichst ausführlich mir zukommen zu lassen, damit ich gestützt
> darauf, die Verhandlung mit anderen Mitarbeitern und Verlegern in
> Angriff nehmen kann.[6]

Das inhaltliche Ergebnis der Besprechung selbst fasst Neurath so
zusammen:

> Sie haben sich bereit erklärt, als Herausgeber einer Sammlung
> wissenschaftlicher Volksbücher zu zeichnen, welche dazu bestimmt
> ist, weiteren Kreisen der Bevölkerung, vor allem der Arbeiterschaft,
> Wissen aller Art zu vermitteln. Es soll dabei das Ziel verfolgt
> werden, nach dem Bildungsgrad abgestufte Reihen von Bändchen
> mit einander zu verknüpfen und überhaupt die Sammlung syste-
> matisch zu gestalten ... Ein umfassendes Sachregister soll die
> vollständige Sammlung zum Ersatze eines Konversationslexikons
> machen.

Der ins Auge gefasste Adressatenkreis wird auch im letzten Satz des
Briefes noch einmal genannt, wo davon die Rede ist, man könne einen
Teil der Sammlung „für Zwecke des Betriebsräteunterrichts und des
Arbeiterunterrichts überhaupt" ausgestalten, um so „eine bedeutsame
Anregung für die Zukunft" zu erhalten.
Für die Redaktion der physikalischen Abteilung der Volksbücherei
werden schon die Namen Frank (Prag) und Löwy (Wien) genannt, die
in der vorangegangenen Diskussion Einsteins placet erhalten hätten.
Im letzten Absatz des Schreibens spricht Neurath die Hoffnung aus,
dass nicht nur Physiker, sondern auch Männer anderer Wissensgebiete
als Mitarbeiter leichter zu gewinnen sein würden, wenn Einstein als
Herausgeber einer solchen Sammlung zeichnen würde.

Es scheint nun aber, dass gerade dieser – sicher für Werbungs-
zwecke höchst wichtige Punkt – während der Besprechung so noch
nicht erwähnt worden war, denn schon auf Neuraths Brief findet sich
der – vermutlich von einer Sekretariatskraft Einsteins angebrachte –
handschriftliche Vermerk „Anfrage wer ausser Prof. E. als Herausgeber
figurieren soll", welche Verpflichtungen gegenüber einem Verlag Einstein
daraus erwachsen könnten, und wie lange ihn eine solche Zusage
binden würde.

In seinem Antwortbrief an Neurath vom 3. März 1921[7] nennt
Einstein den von Neurath ins Auge gefassten Plan zunächst „sehr
wertvoll". Er sei bereit, ihn nach besten Kräften als *Mitarbeiter* zu
unterstützen. Seine wissenschaftlichen und anderen Tätigkeiten mach-
ten es ihm aber unmöglich, sich auch als *Herausgeber* zur Verfügung
zu stellen: „dies wäre eine Vorspiegelung falscher Tatsachen und muss
unterbleiben."

Immerhin nennt er weitere potentielle Mitarbeiter und fügt auch
einen Werbebrief für potentielle Verleger bei. Als Mitarbeiter führt er
den Gestaltpsychologen Max Wertheimer, den (fälschlich mit dem Initial
„W." statt „H.") abgekürzten Hans Reichenbach von der Universität
Stuttgart als Experten für Physik, Technik und Erkenntnistheorie und
den später auch als pazifistischen und demokratischen Kämpfer an der
Universität Heidelberg hervorgetretenen (und deshalb von ihr ver-
wiesenen) Ludwig Gumbel als Experten für Physik und Mathematik an.
Sollten ihm noch andere potentielle Autoren einfallen, werde er Neurath
ihre Adressen mitteilen.

Nun aber der „für Werbe-Zwecke" beigelegte Brief: es handelt sich
(bis auf orthografische Varianten) um genau dasselbe Schreiben, mit
dem Neurath 15 Jahre später Charles Morris zu beeindrucken suchte
(ohne freilich den Entstehungskontext dieses Schreibens dabei zu
nennen).

Wir können also festhalten, dass der – nach seiner Verurteilung
wegen „Hochverrat" in München zu einer Gefängnisstrafe verurteilte
und im Anschluss als unerwünschter Ausländer abgeschobene und
zum Zeitpunkt des Briefwechsels mit Einstein vermutlich noch
arbeitslose – Neurath schon 1921 den Plan einer Volksbücherei zum
Zwecke der Aufklärung weiterer Bevölkerungskreise erwogen hat und
in diesem Zusammenhang von Einstein auf das Vorbild der französischen Aufklärungsenzyklopädie hingewiesen wurde.[8] Der Enzy-
klopädieplan, wie er in den 30er Jahren von Neurath und anderen
verfolgt wurde, geht insofern zwar auf Pläne Neuraths zurück, die Idee
aber, ihn in die Traditionslinie der Aufklärung einzuordnen, stammt

nicht von Neurath, sondern von Einstein. Der Plan kam übrigens auf, *Jahre bevor* Neurath überhaupt in Kontakt mit dem 1921 ja überhaupt noch nicht existierenden Wiener Kreis und dessen logischen Empirismus kam.

Warum aus diesem ersten Plan nichts geworden ist, kann man nur vermuten: die „Zugnummer" Einstein war als Herausgeber und damit als Reklameschild des ganzen Unternehmens weggefallen, und schon bei der Auswahl von Mitarbeitern für den Bereich der Physik zeichneten sich divergierende Personalvorstellungen ab. Nicht zuletzt dürfte die sich verschärfende Wirtschaftskrise der frühen Nachkriegszeit in Österreich und Deutschland dem Plan den Garaus gemacht haben.

Von den frühen Plänen Neuraths einer Zusammenarbeit mit Einstein blieb außer dem im „Werbebrief" hervorgehobenen Anknüpfung an die französische Aufklärung auch später nichts über. Denn Einstein, zusammen mit Russell und Wittgenstein einer der Säulenheiligen des Wiener Kreises,[9] wurde zwar 1935, als es mit der *empiristischen* Enzyklopädie ernst wurde, zum ersten Kongress für Einheit der Wissenschaften in Paris eingeladen. Er gab Neurath aber mit Hinweis auf Terminschwierigkeiten in einem ganz unpersönlichen Brief eine Absage und hielt sich auch aus allen anderen Beteiligungen an der IEUS heraus. An seiner Stelle wurde als reklameträchtiger „big name" von dem in Dingen der Werbung erfahrenen Neurath dann Niels Bohr gewonnen.[10]

1.2 Der Plan eines Leselexikons (1928)

Ungefähr in die Mitte dieser beiden Ereignisse, also dem Auftauchen erster Pläne für eine moderne Enzyklopädie 1921 im Sinne der Aufklärung einerseits und dem ersten Kongress für Einheit der Wissenschaft 1935 in Paris, auf dem das Projekt der IEUS beschlossen wurde, andererseits, nämlich ins Jahr 1928, fällt ein erneuter Anlauf Neuraths für eine Art von Enzyklopädieprojekt. Es stand nun nicht mehr unter dem Arbeitstitel „Volksbücherei", sondern wurde von Neurath „Leselexikon" genannt. Man fragt sich vielleicht, was man denn mit einem Lexikon noch anderes als Lesen veranstalten kann (vielleicht ein defektes Möbelstück abstützen). Aber das Wort war damals von Neurath offenbar so gemeint, dass keine alphabetische, sondern eine systematische Ordnung der einzelnen Teile des Lexikons vorgesehen war, so dass eine kontinuierliche zusammenhängende Lektüre ermöglicht würde.

Die Pläne dafür sind wesentlich detaillierter überliefert als die Ideen für die vorhergehende „Volksbücherei". Als *Aufgabe* des Leselexikons gab Neurath an:

einerseits in zusammenhängenden Darstellungen, die auf eine lange Reihe von Bändchen zu verteilen wären, einen Überblick über den heutigen Stand des Wissens zu geben, gleichzeitig aber auch durch einen General-Register und mehrere Spezialregister diese Sammlung einzelner Bändchen zu einem Konversationslexikon im alten Sinne zu machen.[11]

Für dieses Unternehmen hoffte Neurath mit 100 Bändchen im Roman-Format zu je etwa 7 Bogen „das Auslangen finden" zu können.

Als *Adressaten* war wie bei der nicht zu Stande gekommenen Volksbücherei zunächst einmal wieder an Arbeiter und Angestellte, dann aber auch an „jene bürgerlichen Kreise" gedacht, „welche mit der Vergangenheit zu brechen bereit sind". Es ist charakteristisch für die Gedankenrichtung Neuraths auch nach dem gescheiterten Projekt von 1921, dass er für die Begründung der Aktualität des Leselexikons die von Einstein aufgebrachte Parallele zur französischen Aufklärung und ihre Enzyklopädie suchte. Sein neues Projekt sei jetzt zeitgemäß, so führte er aus, denn:

Das Zeitalter der französischen Revolution hat in der grande encyclopedie eine Zusammenfassung der neuen Denkrichtung gefunden. Wir haben nur Herders Lexikon, das auf katholischer Grundlage beruht, Brockhaus, Meyer, welche durchaus nationalistischen und reaktionären Tendenzen huldigen.

Wenngleich sein Leselexikon „frei von aller Politik" sein solle, müsse es doch „im Sinne der kommenden Weltanschauung empiristisch, unmetaphysisch gerichtet sein".[12]

Der *Inhalt und Aufbau* der geplanten Bändchen entspricht dem Adressatenkreis und der Zielsetzung:

I. Sterne und Steine (Astronomie, Geologie, Mineralogie) 5 Bändchen
II. Pflanzen 3 Bändchen
III. Tier ohne Mensch 10 Bändchen
IV. Der Mensch (dazu gehört Gesellschaft und Wirtschaft, Technik, Kunst, Religion, Wissenschaft, Betrieb usw. 60 Bändchen)

V. Logik und Mathematik 2 Bändchen
VI Geometrie, Physik, Chemie 10 Bändchen
VII. Allgemeine Biologie und Physiologie 10 Bändchen.

Man erkennt hier leicht, wie sich das Verhältnis zwischen den Schwerpunkten im Übergang von diesem Leselexikon zur späteren IEUS verändert, um nicht zu sagen: fast umgekehrt hat (Man denke: 60 Bände „Der Mensch" gegenüber 2 für Logik und Mathematik!). Auch war noch an Ergänzungsbändchen etwa über Kino, Theater, Wohnungseinrichtung, bis hin zu Kleingarten und Kleintierzucht gedacht. Wie dann auch später für die IEUS sollte „Bildstatistik – wo irgend möglich zur Anwendung zu bringen" sein.

Der *Zeitplan* sah so aus, dass mit den redaktionellen Arbeiten im Oktober 1928 begonnen, frühestens im Herbst 1930 mit der Publikation (und zwar möglichst mit den ersten 15 Bändchen auf einmal) angefangen und bis 1938 jährlich etwa 5–6 Bändchen erscheinen sollten, also genau zu jenem Zeitpunkt, als dann die ersten Monographien der IEUS tatsächlich erschienen. Dann wären aber nach Neuraths Plänen auch schon Neuausgaben von Heften fällig gewesen, wobei ein Innovationszyklus für die Hefte über Physik alle 6–7 Jahre, über Technik alle 3–5 Jahre, über Gesellschaft und Wirtschaft alle 1–2 Jahre vorgesehen wurde. Hier begegnen wir einem deutlichen Bewusstsein davon, dass eine Enzyklopädie kein „Mausoleum" nur bisheriger wissenschaftlicher Ergebnisse sein dürfe, sondern jenes „living thing", von dem Neurath später hinsichtlich der IEUS so oft gesprochen hat, allerdings, ohne dort aber noch an Innovationszyklen zu denken, geschweige denn, sie explizit für verschiedene Wissenschaftsbereiche festzulegen.

Wie er sich die Rekrutierung von Mitarbeitern und dann vor allem die Organisation der ständigen Überarbeitung ihrer Beiträge vorgestellt hat, weiß ich nicht. Das ganze Projekt hat sich jedenfalls nicht realisieren lassen, vermutlich nicht zuletzt auch deshalb nicht, weil zwischen dem Arbeitsbeginn der Redaktion und dem geplanten Publikationsstart der Ausbruch der Weltwirtschaftskrise im Oktober 1929 lag, die ja auch so viel anderen hoffnungsvoll begonnenen Kooperationen auf wissenschaftlichem und kulturellem Gebiet den Garaus gemacht hat.

2. Die Enzyklopädie der Aufklärung als Vorbild für die IEUS

Irgendwelche Indizien dafür, dass sich Neurath vor jenem Pariser Kongress für Einheit der Wissenschaft 1935, als das Projekt der IEUS beschlossen wurde, genauer mit der französischen Enzyklopädie auseinandergesetzt hätte, habe ich nicht gefunden. Aber im Briefwechsel mit Morris, mit dem er über die historische Einbettung der IEUS offenbar lieber korrespondierte als mit dem anderen Mitherausgeber Carnap, schrieb er im März 1936:

> Es ist nicht leicht in diesem Moment der Krise auch nur so ein „Gerüst" der Gesamtwissenschaft aufzubauen. Ich las jetzt einiges über die Entstehung und die Einzelschwierigkeiten der großen Enzyklopädie. Da gab es noch ernstere Widerstände – inklusive der Todesstrafe – aber auch eine lebendigere Anhängerschaft. Aber das Werk war viel umfangreicher und kostspieliger herzustellen, als unser Plan.[13]

Später, als die ersten Spannungen unter den ins Auge gefassten Mitarbeitern der neuen Enzyklopädie sich abzeichneten, schrieb er wie zum Trost an Morris:

> Oh, welcher Jammer wars, als die GRANDE ENCYCL. im 18. Jahrhundert erschien. Trostlos. Der Drucker hat nach der letzten Korrektur noch alle Aufsätze geändert und die Manuskripte vernichtet, so dass wir nicht mal wissen, was die Autoren geschrieben haben. Wie herrlich werdet Ihr in Chicago (gemeint sind Morris und Carnap, Verf.) alles begutachten; aber vielleicht sind wir auch nicht so umstürzend, wie die damals waren.

Was Neurath da im einzelnen gelesen hat, ist mir nicht bekannt. Die einzigen Bücher, die ich in seinem Nachlass zu diesem Thema erwähnt gefunden habe, sind Morley, John: *Diderot and the Encyclopaedists* und Rosenkranz, Karl: *Diderot´s Leben & Werke*. Darin finden sich auch die von Neurath genannten Episoden. Dafür, dass sich irgend einer der *anderen* Beiträger der IEUS jemals für die Enzyklopädie der Aufklärung interessiert hat, geschweige denn ihre Geschichte studiert hat, habe ich keinen Beleg finden können.

Neurath hat dann in seinem Beitrag zum ersten Heft der IEUS an mehreren Stellen die Verpflichtung auf die Tradition der französischen Aufklärungsenzyklopädie betont. So heißt es dort:

The International Encyclopedia of Unified Science aims to show how various scientific activities such as observation, experimentation, and reasoning can be synthesized, and how all these together help to evolve unified science. These efforts to synthezise and systematize whereever possible are not directed at creating *the* system of science; this Encyclopedia continues the work of the famous French Encyclopédie in this and other respects.[14]

Die Ablehnung eines abschließenden Systems wird auch sonst verschiedentlich als hauptsächliche *Gemeinsamkeit* zwischen der IEUS und der Enzyklopädie der Aufklärung *im Negativen* genannt. Andererseits scheint es aber, dass die Aufklärungsenzyklopädie Neurath in Richtung von Synthese und Systematisierung *nicht weit genug* gegangen ist. Denn er schreibt über sie u.a.:

This encyclopedia had no comprehensive unity despite the expression of a certain empirical attitude; it was organized by means of a classification of sciences, reference and other devices[15]

oder, dass die Enzyklopädisten „made no attempt to organize a logical synthesis of science". Das war aber nun ein Ziel, auf das Neurath mit seiner IEUS besonders hinauswollte, wenn er schrieb: „This Encyclopedia (d.h.: die IEUS, Dahms) will show modern attempts to reform generalization, classification, testing, other scientific activities, and to develop them by means of modern logic."[16]

Als eine weitere Gemeinsamkeit wird ohne Einschränkung eine relativ offene Attitüde der alten Enzyklopädisten gelobt. An d'Alembert wird etwa jene Toleranz und Kooperationsbereitschaft hervorgehoben, die ihn dazu gebracht habe, etwa Rousseau als vehementen Kritiker der Wissenschaft desungeachtet größere Teile der Enzyklopädie schreiben zu lassen.[17] Diese Haltung sollte auch in der IEUS nachgeahmt werden.

Indes gibt es auch deutliche *Abgrenzungen* gegenüber der alten Enzyklopädie. Dies sind außer der schon erwähnten zu geringen Integration ihrer einzelnen Bestandteile:
– eine zu lasche Einstellung gegenüber Religion und Metaphysik[18],
– der alphabetische Aufbau.
Neuraths Einstellung gegenüber der alten Enzyklopädie ist also nicht gänzlich positiv. Dass er von allen Vorgänger-Enzyklopädien am meisten an sie anknüpft, hängt wohl auch damit zusammen, dass er von den Enzyklopädien bzw. den entsprechenden Projekten von Comenius,

Leibniz, Hegel, Comte und Spencer, die er auch in seinem Einleitungs-
beitrag zur IEUS kursorisch diskutiert,[19] noch weitaus weniger hält.
Alles in allem reichen ihm die Vorbildfunktionen der alten Enzyklopädie
aber aus, um von sich und seinen Mitstreitern als „Neuen Enzyklopädisten" (im Sinne der Aufklärung) zu reden.

Neuraths Betonung der Aufklärung als Ziel der neuen Enzyklopädie
konnte sein Mitherausgeber Morris nun ebenso wenig abgewinnen wie
Neuraths Charakterisierung der Mitarbeiter des neuen Projekts als
„neuen Enzyklopädisten". So schrieb er Neurath am 13. Juli 1937:

It seems to me that the phrase "Neue Enzyklopädisten" should be
your own private one, rather than an official title, because such a
title has connotations which many persons otherwise interested in
the movement are not inclined to accept. Thus many persons'
interest is going to be purely scientific. Furthermore I think that
while there are some real relations to the french encyclopedists, I
think that our movement is wider and with a somewhat different
orientation – at least for many members. Thus our Enc. is really
addressed to a different reading public than the French Enc. was.

Am Unterschied bei den Adressaten der alten und der neuen
Enzyklopädie ist ja durchaus etwas daran. Und dieser Unterschied wird
noch plastischer, wenn man zum Vergleich noch jene Arbeiter und
Angestellte sowie die fortschrittlichen bürgerlichen Kreise mit heran-
zieht, die Neurath zuvor für seine Volksbibliothek sowie sein Leselexikon und dessen aufklärerische Ziele hatte begeistern wollen. Die
Gewichte hatten sich auf dem Wege zur IEUS ganz in Richtung eines
wissenschaftlichen Publikums verschoben. Aber es ist die Frage, ob
Morris sich bei seiner Ablehnung des Terminus „Neue Enzyklopädisten"
sich nicht implizit auch gegen die bei der alten Enzyklopädie
mitschwingende Idee der Aufklärung hat wenden wollen, wenn er von
den „connotations" schrieb, die einige an reiner Wissenschaft inter-
essierte Anhänger der empiristischen Bewegung vielleicht nicht akzep-
tieren könnten.

Und die Frage ist ja tatsächlich die: steht eine sich auf die
Wissenschaft beschränkende und nur an Wissenschaftler sich wenden-
de Enzyklopädie nicht schon per se einem aufklärerischen Anspruch im
Wege?

3. Schlussbetrachtungen

Statt mich nun mit dieser Frage auseinanderzusetzen, möchte ich mich in zwei abschließenden thesenartig formulierten Gedankengängen auf Themen konzentrieren, die durch die obige Schilderungen besonders nahe gelegt werden, nämlich

– das Verhältnis der logischen Empiristen zu Geschichte und Tradition einschließlich historischer Vorbilder für das eigene wissenschaftliche und philosophische Schaffen und

– das Verhältnis der synthetischen Tendenzen, wie sie durch den Plan und die partielle Durchführung einer Enzyklopädie ja ipso facto gegeben sind, zur sonst immer als Charakteristik für den neuen logischen Empirismus herausgestellten analytischen Haltung.

3.1 Das Verhältnis des logischen Empirismus zur Geschichte und zu historischen Vorbildern

Sowohl in den Eigendarstellungen als auch bei den Kritikern des logischen Empirismus findet sich durchweg eine antihistorische Haltung. Man denke nur etwa an jene plakative Formulierung in der Programmschrift des Wiener Kreises, der zufolge sie sich „mit Vertrauen an die Arbeit" machen wollten, den „metaphysischen und theologischen Schutt der Jahrtausende aus dem Wege zu räumen".[20]

Da die Tendenz zumindest in den Anfangsjahren des logischen Empirismus sehr stark war, den Begriff der Metaphysik und damit auch den Bereich des aus dem Weg zu räumenden Schutts sehr weit zu fassen, muss man sich nicht darüber wundern, wenn Kritiker wie Max Horkheimer den „Positivisten" eine barbarische Haltung zu Geschichte und Tradition attestierten und gelegentlich in ihrer Polemik so weit gingen, ihre Einstellung mit jener gleichzusetzen, wie sie sich „bei nationalen Freudenfeuern" (gemeint sind damit die nationalsozialistischen Bücherverbrennungen) zeige.

Dazu möchte ich nun zwei Bemerkungen machen: Erstens ist die antihistorische Haltung der logischen Empiristen eine, die auch sonst in jenen kulturellen Kreisen, in denen sie sich bewegten und als deren Teil sie sich im Rahmen ihrer wissenschaftlichen Weltauffassung fühlten, sehr weit verbreitet gewesen ist. Ich meine insbesondere die moderne Malerei und Architektur der 20er Jahre.[21] In den Publikationsorganen der damaligen Architektenszene wie der „Form" oder dem „Neuen Frankfurt" findet man immer wieder plakative Gegenüberstellungen von modernen Bauten und Einrichtungsgegenständen mit traditionellen, bei denen die letzteren nicht im Detail kritisiert, sondern mit dicken roten Balkenkreuzen schlichtweg durchgestrichen werden. Von ähnlicher Art scheinen mir nun auch viele Auseinandersetzungen des Wiener Kreises mit der „Metaphysik" zu sein.

Einer ausgesprochen antihistorischen Haltung scheint die Berufung auf die Tradition der französischen Aufklärung und ihre Enzyklopädie nun zu widersprechen. Denn damit legte die IEUS sich ja auf eine bestimmte fortschrittliche historische Traditionslinie fest. Ich glaube aber, dass dieser Widerspruch nur ein scheinbarer ist. Denn wie wir gesehen haben, stieß Neuraths Versuch, die Mitarbeiter der IEUS als „Neue Enzyklopädisten" zu bezeichnen, schon bei seinem Mitherausgeber Morris auf keine Gegenliebe. Und in den erschienenen Monographien der IEUS habe ich vergeblich nach Berufungen auf die Tradition der Aufklärung und ihre Enzyklopädie gesucht. Man muss aus diesen negativen Befunden wohl schließen, dass Neuraths Versuch, der Bewegung des logischen Empirismus ein gewisses historisches Bewusstsein und Traditionsverständnis einzuhauchen, im Wesentlichen gescheitert ist.

3.2 Synthese als Ziel des logischen Empirismus

Das Zerrbild vom logischen Empirismus als „Positivismus", wie er von vielen Kritikern kultiviert worden ist, sieht in ihm nun nicht nur eine antihistorische Bewegung, sondern auch eine, die sich das Sammeln einzelner Fakten zum einzigen Ziel gesetzt habe und sich jede Vorstellung von jenem Ganzen, als dessen Teile diese Einzelheiten nur einen Sinn machen, ersparen wolle.

Auch diese Vorstellung bedarf nach der Kenntnisnahme von der IEUS und ihren Zielen einer kritischen Diskussion.

> Comprehensiveness arises ... as a scientific need and is no longer a desire for vision only. The evolving of all such logical connections and the integration of science is a new aim of science.[22]

Diese und ähnliche Äußerungen Neuraths zu den Zielen der IEUS zeigen, dass er die Charakterisierung des logischen Empirismus durch die *analytische* Methode, wie sie schon in der erwähnten Programmschrift des Wiener Kreises prominent auftritt, durch eine *synthetische* Tendenz ergänzen wollte. Hatte es dort noch geheißen, dass es die „Methode der logischen Analyse" sei, „die den neuen Empirismus und Positivismus wesentlich von dem früheren unterscheidet, der mehr biologisch-psychologisch orientiert war",[23] so rückt durch die Arbeit an der IEUS die Tätigkeit des Zu-einander-in-Beziehung-Setzens, des Brückenbauens, des Integrierens verschiedener Wissenschaftszweige, Teildisziplinen und Theorien in den Vordergrund. Diese Synthese erstrebte eine Art von Gesamtwissenschaft. Und da Synthesen in der zeitgenössischen Philosophie sehr häufig angestrebt wurden, ist der logische Empirismus mit dem Aufbau der IEUS traditionellen Vorstellungen von Philosophie, die sie als umfassende Weltanschauung ansahen, nun scheinbar viel näher als früher.

Die entscheidende Differenz zwischen Weltanschauung und wissenschaftlicher Weltauffassung, wie sie sich in der IEUS manifestieren sollte, fällt natürlich bei der Ausgestaltung des Programms der Gesamtwissenschaft. Was ist das eigentlich: Gesamtwissenschaft? Es könnte ein merkwürdiges Zwitterding zwischen Wissenschaft und Philosophie sein. Das schließt Neurath aber explizit aus:

> The historical tendency of the unity of science movement is toward a unified science departmentalized into special sciences, and not toward a speculative juxtaposition of an autonomous philosophy and a group of scientific disciplines.[24]

Insbesondere schließt er ein comeback der Philosophie als eine Art von Superwissenschaft, etwa in Form einer „science of science" aus.

Das bedeutet aber dann einen ungeheuren Transformationsaufwand besonders für die bisherige Philosophie, aber auch für weite Bereiche einzelwissenschaftlicher Disziplinen. Im Fall der *Philosophie* müssten diesem Umformungskonzept zufolge alle ihre ehemaligen Teilbereiche entweder integral übernommen (wie die moderne Logik), aufgegeben (wie z.B. Metaphysik oder Religionsphilosophie) oder, soweit sie noch immerhin aufhebenswerte Bestandteile enthalten, in spezielle Wissenschaften überführt werden (wie etwa Ethik oder Ästhetik, die als neue Bestandteile in eine empirische Psychologie zu integrieren wären).

Aber die Gesamtwissenschaft könnte auch die bestehenden *Wissenschaften* nicht einfach in sich aufnehmen und zueinander in Beziehung setzen, weil einzelne davon entweder noch nicht restlos metaphysikfrei seien (wie etwa die Soziologie oder die Psychologie), oder noch nicht den bestmöglichen Systematisierungsgrad erreicht hätten. Insofern setzt das Geschäft der Synthese zur gesamtwissenschaftlichen Enzyklopädie eine gänzliche Umformung fast aller jener Bestandteile voraus, die dann erst synthetisiert werden könnten.

Das Programm dieser Synthese enthält insofern nicht ein zuwenig an Gesamtschau und „Totalität", wie die Kritiker des „Positivismus" gemeint haben, sondern im Gegenteil den Vorsatz einer geradezu utopischen Umwälzung alles bisherigen Wissens. Die IEUS ist bekanntlich Torso geblieben.[25] Die Frage ist: war das Zufall oder sozusagen Notwendigkeit, also bedingt durch Mängel ihrer Konstruktion? Gewiss, die IEUS hatten unter den denkbar ungünstigsten Zeitumständen zu leiden. Sie reichen von mehr persönlichen und kontingenten Ursachen wie etwa der Säumigkeit von Beiträgern, die zum Teil durch Vertreibung, Emigration, Arbeitslosigkeit verschärft wurden, bis zum Einbruch zeitgeschichtlicher Großereignisse wie dem Beginn des Zweiten Weltkriegs mit seinen Folgen für die IEUS. Neurath als Hauptherausgeber fand sich nach seiner Flucht aus den Niederlanden plötzlich in einem britischen Internierungslager wieder, einige seiner Beiträger waren zum Kriegsdienst bzw. anderweitigen kriegsbedingten Beschäftigungen eingezogen. Schließlich gehört zu diesen Widrigkeiten auch der Tod des Hauptherausgebers Neurath im Dezember 1945 (mit einigen Nachfolgewirren um die Regelung der juristischen Nachfolge).

Meine These ist nun aber, dass die IEUS nicht nur an historischen Umständen gescheitert ist, sondern auch an einer eingebauten Fehlkonstruktion, nämlich an ihrer viel zu rigiden Programmatik, eben dem Programm der „Gesamtwissenschaft". Wenn man das Gesamt der Wissenschaft nicht nur zusammenstellen und die dazu gehörenden Disziplinen miteinander verknüpfen will, muss man sich genauso vor utopischen Vorgriffen auf ein vielleicht einmal dereinst erreichbares Stadium von deren Transformation – etwa im Sinne des Physikalismus – hüten wie vor dem Gespenst des endgültigen Systems, das der Aufklärungs-Enzyklopädie als negatives Beispiel vor Augen stand. Sonst bleibt man im Programmatischen stecken (exemplifiziert etwa durch Neuraths eigenen Beitrag zur IEUS) oder stößt solche potentiellen Mitarbeiter ab, die geeignet wären, sich der Umsetzung einer solchen Programmatik zu nähern. Und das ist Neurath im Verlaufe der Arbeit an der IEUS mehr als einmal passiert.

Unveröffentlichte Quellen

Nachlass Otto Neurath (Harlem, NL)
    Briefwechsel Neurath/Charles Morris
    Entwurf zu einem Leselexikon (Sign:193 K 15)
Nachlass Albert Einstein (Pasadena, USA)
    Briefwechsel Einstein/ Neurath

Literatur*

Bohr, Niels (1938/1969), "Analysis and Synthesis in Science," in: Neurath u.a. (1938/69) 28.

Dahms, Hans-Joachim (1999), „Otto Neuraths ,International Encyclopedia of Unified Science' als Torso. Bemerkungen über die geplanten, aber nicht erschienenen, Monographien der Enzyklopädie", in: Elisabeth Nemeth / Richard Heinrich (Hrsg.) *Otto Neurath: Rationalität, Planung, Vielfalt*, Wien–Berlin, 184-227.

ders. (2001), „Neue Sachlichkeit in der Architektur und Philosophie der 20er Jahre", in: *arch+*. Zeitschrift für Architektur und Städtebau, Mai 2001, engl. Version: "Neue Sachlichkeit in the Architecture and Philosophy of the 1920s," in: Steve Awodey / Carsten Klein (eds.) *Carnap Brought Home. The View from Jena*, Chicago / La Salle (Illinois), 357-375.

Frank, Philipp (1949), *Einstein. Sein Leben und seine Zeit*, München– Leipzig–Freiburg i. Br.

Neurath, Otto (1938/69), "Unified Science as Encyclopedic Integration," in: ders./Bohr u.a. (1938/69), 1-27.

ders. / Carnap, Rudolf / Hahn, Hans (1929), Wissenschaftliche Weltauffassung. Der Wiener Kreis, Wien, abg. in: Neurath, Otto (1981), *Gesammelte philosophische und methodologische Schriften* (2 Bände), Hrsg. Rudolf Haller / Heiner Rutte, Wien.

ders. / Niels Bohr / John Dewey / Bertrand Russell / Rudolf Carnap / Charles W. Morris (1938/69), *Encyclopedia and Unified Science*, Chicago

Uebel, Thomas (2000), *Vernunftkritik und Wissenschaft: Otto Neurath und der erste Wiener Kreis*, Wien–New York.

Anmerkungen

1. siehe Dahms (1999).
2. Einstein hat übrigens an der seit 1938 erschienenen IEUS nicht mitgearbeitet, weder als Beiträger noch als Vermittler zu „tüchtigen und wohlgesinnten Fachgenossen", obwohl er eigens (wie auch Niels Bohr, der anders als Einstein dann mitmachte) um einen kurzen Beitrag zum ersten Heft gebeten worden war. Warum es dazu nicht gekommen ist, weiß ich nicht. Wahrscheinlich ist die Erklärung schon früher zu suchen, da Einstein schon erfolglos zur Teilnahme am Pariser Kongress für Einheit der Wissenschaft von 1935 eingeladen worden war (Neurath an Morris, 11.3.1935).

3. Für diese Information und weitere freundliche Hilfen danke ich Dr. Tilmann Sauer, Einstein-Edition-Project, Pasadena/Cal. (USA).
4. Frank (1949), 287ff.
5. siehe zu dieser Gruppierung, aus der später der bekannte Wiener Kreis hervorging, Uebel (2000).
6. Neurath an Einstein, 12.1.1921 (alle Briefe aus der Korrespondenz Einstein/Neurath befinden sich im Einstein Edition Project (Pasadena/USA), nicht dagegen im Neurath-Nachlass (Haarlem/NL).
7. Von diesem Brief existiert im Einstein-Nachlass nur ein handschriftlicher Entwurf (nebst Transkription) und keine Kopie.
8. Aus einem Brief Neuraths an Niels Bohr aus dem Jahre 1937 geht übrigens ebenfalls hervor, dass es tatsächlich Einstein und nicht Neurath war, der zuerst diese Parallele gesehen hat.
9. Man denke etwa an die Programmschrift des Wiener Kreises: Neurath (1929/1981) 332ff.
10. Dessen Beitrag zum ersten Heft der IEUS bleib allerdings schon vom Umfang her eher symbolisch: Bohr (1938).
11. Neurath-Nachlass 193 K 15: Entwurf zu einem Leselexikon.
12. Als Beispiel für eine solche unmetaphysische Ausrichtung wird genannt, dass der Mensch als Lebewesen unter anderen Lebewesen behandelt werden würde, ein späteres Standardbeispiel Neuraths für disziplinübergreifende Querverbindungen (etwa von Biologie und Soziologie) in der neuen Enzyklopädie.
13. Neurath an Morris, 31.3.1936.
14. Neurath (1938/1970), 2.
15. ebenda, 8.
16. ebenda, 10
17. Das ist vielleicht ein Wink Neuraths an die Adresse der Frankfurter Schule gewesen, sich vielleicht trotz aller Wissenschaftskritik an dem Unternehmen der IEUS zu beteiligen. Bekanntlich hatte er sie für eine Mitarbeit an der IEUS gewinnen wollen.
18. Sie wird zumindest angedeutet, wenn von „not a few metaphysical and theological explanations in the work" die Rede ist.
19. Neurath (1938/1970), 5f., 15f.
20. Neurath (1929/1981), 314.
21. Dahms (2001).
22. Neurath (1938/1969).
23. Neurath (1929/1981), 305.
24. Neurath (1938/1969) 20.
25. siehe für einen Vergleich der publizierten mit den geplanten Teilen sowie für einen Überblick über diejenigen nicht-publizierten Monographien, von denen wenigstens Archivalien vorliegen: Dahms (1999).
* Die Seitenzahlen der Beiträge zur IEUS werden nach der zweibändigen Ausgabe von 1969 angegeben.

ANTONIA SOULEZ

DER NEURATH-STIL, ODER: DER WIENER KREIS, REZEPTION
UND REZEPTIONSPROBLEME AUF DEN KONGRESSEN VON 1935
UND 1937 IN PARIS*

Bereits vor der Emigration der Mitglieder des Wiener Kreises in die
USA waren dessen Thesen dort von philosophischer Seite vereinzelt
zur Kenntnis genommen und diskutiert worden: Moritz Schlicks Kontakte in die USA in den zwanziger Jahren sowie die Freundschaft zwischen Ernst Mach und William James zeugen von gewissen Affinitäten
zwischen dem amerikanischen Pragmatismus und den philosophischen
Strömungen, die sich seit Ende des 19. Jahrhunderts in Zentraleuropa
entwickelt hatten.[1] Seinen Weg nach England fand der logische Positivismus – dank Alfred Ayer und Gilbert Ryle – in den frühen dreißiger
Jahren.[2] Es erstaunt nicht, dass eine Bewegung, die sich ebenso auf
Hume wie auf die neue Logik Russells und Whiteheads bezog, dort
Fuß fassen konnte.

Über die Situation in Frankreich können wir offensichtlich nichts
dergleichen sagen. Es sieht vielmehr so aus, als hätte sich hier nichts
oder fast nichts getan. Dabei hat sich die Bewegung des Wiener Kreises zwei Mal an der Sorbonne vorgestellt, und zwar in den Jahren 1935
und 1937. Der erste Pariser Kongress von 1935 war ein Jahr zuvor in
Prag – anlässlich einer Tagung unter dem Vorsitz des tschechischen
Präsidenten Tomas Masaryk – sorgfältig vorbereitet worden. Jean Cavaillès hatte diese Tagung mit großer Aufmerksamkeit verfolgt. Seine
unter dem Titel „L'école de Vienne au congrès à Prague" (Cavaillès
1935) in der Revue de Métaphysique et de Morale erschienenen Beobachtungen zeugen von großer Hellsichtigkeit und einem für diese
Epoche ungewöhnlich weit gehenden Bemühen um Verständnis – einem Bemühen, das freilich ohne Wirkung blieb. Die Bewegung der
„wissenschaftlichen Weltauffassung" zog in den dreißiger Jahren über
Frankreich hinweg, ohne irgendwelche – oder jedenfalls sehr wenige –
Spuren zu hinterlassen.

Dabei scheint es für diese Philosophie, als deren Quelle schon
damals Wittgenstein galt, durchaus ein gewisses Interesse gegeben zu
haben. Eine kurze Bemerkung in der Revue de Métaphysique et de
Morale von 1937 bespricht den Kongress desselben Jahres in England
mehr als nur zustimmend, vor allem das Exposé von Schlick, der, so
heißt es hier, zwar nicht von der „Zukunft der Philosophie" spricht, dafür

aber die „Philosophie der Zukunft" entwirft. Vorbehaltlos wird hier von einer „Übergangsepoche" gesprochen, die von einem „Missverhältnis zwischen der Metaphysik von gestern und der Reflexion von heute" gekennzeichnet sei. Es stellt sich freilich heraus, dass die Philosophen in Frankreich im allgemeinen an den „alten Prinzipien" hängen. Sie bleiben auf Distanz zur aktuellen Forschung in der Physik, weil sie mit der Beobachtung der Sachverhalte in der Natur nichts anzufangen wissen; sie schreiben noch Bücher über die Philosophie anstatt – wie Wittgenstein empfohlen hatte – auf philosophische Weise zu schreiben. Man hätte gut daran getan, Lalande zu folgen, der schon vor diesen Tagungen die Bedeutung der formalen Gesetze des Denkens erkannt hatte und dessen Name gemeinsam mit Enriquès, Joergensen oder Schlick genannt werden muss.

Dennoch: vieles, was im Jahr 1930 außerhalb Frankreichs geschehen ist, ist hier nicht unbemerkt geblieben. In einer weiteren, bereits 1914 erschienenen Nummer der *Revue de Métaphysique et de Morale* wird – in der Rubrik „Informations" – von der Entwicklung einer noch nie da gewesenen Bewegung in Deutschland gekündet, deren Existenz hinlänglich beweise, dass selbst in Deutschland die Philosophie nicht (wie in Frankreich üblich) vorschnell mit dem „traditionellen Idealismus" identifiziert werden dürfe. Ein Beweis für diese „intensive" Bewegung war die 1911 erfolgte Formierung einer „positivistischen Gesellschaft" in Berlin, die sich zunächst um Ernst Mach (der damals schon in Wien war) gebildet hatte. Sie zählte mehr als 50 Mitglieder und gab drei Mal jährlich die „Zeitschrift für positivistische Philosophie" heraus. Die Gruppe, ist hier zu lesen, sei vom Geist des Empiriokritizismus Avenarius' geprägt. Unter den Unterzeichnern des Manifests finden sich Joseph Petzoldt, David Hilbert, Georg Helm, Sigmund Freud und Albert Einstein.

Eine solche „Bewegung" hat als solche noch nichts Erstaunliches an sich.[3] Insbesondere die Beziehungen zwischen Mach und Einstein sowie ihr Briefwechsel gehören zum Abenteuer der Relativitätstheorie, die Mach vorbereitet, später aber bekanntlich heftig angegriffen hat.[4] Den Charakter eines „Manifests" jedoch – und als solches wird es hier angesprochen – hat das Programm eigentlich nicht.[5] Das Dokument des ersten öffentlichen Auftretens der positivistischen Gruppierung in Berlin enthält eine Liste von Mitgliedern, kündigt ihre Vorträge an und nennt die großen Fragen dieser europäischen Bewegung, die Wissenschaftler aus allen Bereichen der Naturwissenschaft zusammenführt im gemeinsamen Wunsch, den „wissenschaftlichen Geist in der Philosophie zu fördern". Ob in der Mathematik, der Geometrie, der Mengentheorie, Physik oder Optik, ausnahmslos alle teilen sie Fragestellungen wie: Was ist Denken? Was sind Begriffe? Ist die Erkenntnis relativ oder absolut? Welche Verbindungen bestehen zwischen der Biologie, der Physik und der Psychologie? Zwar sucht der Leser hier tatsächlich vergeblich nach einem geschlossenen programmatischen Text wie im Manifest des Wiener Kreises „Wissenschaftliche Weltauffassung – der Wiener Kreis" von 1929; das einheitliche Anliegen jedoch, das all diese Wissenschaftler unterschiedlicher Herkunft zusammenführt und das 18 Jahre später in Wien proklamiert werden sollte, ist bereits da, sogar dringlich. Aber kehren wir zurück ins Frankreich der 1930er Jahre.

Der Wiener Kreis auf dem Kongress von 1935 in Paris

Als sich 1935 der 1. Kongress für wissenschaftliche Philosophie trifft – es handelt sich dabei um eine große Premiere – hat der Wiener Kreis seine Bewegung ein Jahr zuvor im zentraleuropäischen Raum bekannt gemacht. Nach Paris kommt man in vollständiger Besetzung, wenn auch – einmal mehr – Wittgenstein der große Abwesende ist. Der französischen Öffentlichkeit soll eine nie da gewesene philosophische Strömung vorgestellt werden, die freilich im Ausland bereits Anerkennung gefunden hatte. Dennoch hatte sich der Wiener Kreis bislang noch nirgends so geschlossen präsentiert wie hier in Paris: fast vollzählig, wie eine Familie und in gemeinsamer Front. Den Organisatoren war sehr wohl bewusst, dass ihnen die philosophische Öffentlichkeit, der sie sich zu stellen hatten, weitgehend fremd gegenüberstand. Und wenn man die Kongressakten liest, spürt man sehr deutlich die Bürde, die sie mit der Einführung dieser Bewegung in ein wenig freundliches Milieu auf sich genommen hatten.

Das Programm wird von seinen Vertretern in einem Stil vorgetragen, wie er von Philosophen nicht erwartet wird: es beansprucht, Resultate erzielt zu haben und in die Zukunft zu schauen. Man distanziert sich entschieden vom Konzept eines Kongresses der Spezialisten, die jeweils nur für ihren Bereich sprechen. Und es gibt ein lebhaftes Gefühl dafür, dass eine derartige Strömung erstmals im Lande Descartes' eingeführt wird. Das Bewusstsein um die Schwierigkeit dessen, was auf dem Spiel steht, ist in den Eröffnungsansprachen spürbar. Einzig Russell ist ganz würdige Ruhe und Zurückhaltung; als Meister der neuen Logik ist er unumstritten und hat (in Rougiers Worten[6]) die „moralische Präsidentschaft" des Kongresses inne. Für ihn löst dieser Kongress von 1935 das Versprechen des Kongresses von 1900 ein, als

sich ihm das Werk Peanos offenbart hatte. Frege und Peano, aber
auch Leibniz, dessen Logik zu lange durch die Kant'sche Philosophie in
den Hintergrund gedrängt war, kommen hier nun endlich zu Ehren.
Philipp Frank, der größeren Wert darauf legt, die Verwandtschaft der
Mach'schen Erben mit Poincaré, Pierre Duhem und Abel Rey ins Ge-
dächtnis zu rufen, stößt diejenigen vor den Kopf, die sich allzu gern auf
Bergson, Meyerson und Boutroux berufen möchten: Lagerstimmung
macht sich breit. Woher kommt in Frankreich das neue Interesse am
Wiener Kreis? Philipp Frank liefert die Antwort:[7] von Louis Rougier,
Marcel Boll und General Vouillemin – die beiden letzteren waren die
wichtigsten Übersetzer bei Hermann; ferner vom Verlag Hermann (in
der Person seines Direktors Paul Freymann, einem Freund von Paul
Valéry), dem Centre de Synthèse und seiner *Revue* sowie von dessen
Leitern Abel Rey und Bouvier. Der Autor des *Vocabulaire technique de
la philosophie* (1968), André Lalande, nimmt ebenfalls Stellung, insbesondere zu allem, was „logische Analyse der Sprache bzw. der Linguistik" betrifft.

Den Wiener Kreis, wie er sich hier in Frankreich vorstellt, wird es
allerdings bald nicht mehr geben. Zu diesem Zeitpunkt, da die Vertreibung durch den Nazismus für einige schon begonnen hat, sind seine
Mitglieder bereits auf der Durchreise. Unter diesen prekären Bedingungen politischer Instabilität ist es schwierig, im Land des cartesianischen
Rationalismus Anerkennung zu gewinnen: das Unternehmen an der
Sorbonne stellt eine gewisse Herausforderung dar. Bei der „logischen
Rekonstruktion des Gebäudes der Wissenschaften, ausgehend von
erlebten Erfahrungen" – so Rougier in seiner Eröffnungsansprache –
ginge es darum, an die von Poincaré eingeleitete Tradition anzuknüp-
fen.

Obwohl der Kongress von Rougier und Neurath sorgfältig vorbere-
tet worden war, fand die Philosophie aus Wien nicht das erhoffte Echo.
Eine gewisse Unruhe hinsichtlich der zu erwartenden Rezeption der
Bewegung ist vielleicht schon in Rougiers Eröffnungsansprache spürbar. Dieser Kongress, sagt er, sei kein Kongress wie andere auch. Es
sei nötig, sich abzugrenzen von „internationalen Philosophie-
kongressen, die einer Auffassung von Philosophie entsprechen, die wir
für überholt halten" und gemäß der die „Philosophie eine Disziplin" sei.
Im Wissenschaftlichwerden der Philosophie setze der Wiener Kreis
seine Hoffnung auf eine Syntax und Semantik der Wissenschaft, wodurch den Philosophen die undankbare Rolle von „Grammatikern der
Wissenschaft" zukäme. Rougiers Stellungnahme für den „logischen
Empirismus, die Zersetzung des Apriorismus" (siehe Reichenbachs

Vortrag) ist letztlich nicht dazu angetan, allen zu gefallen. Allerdings ist
es, wie Robert Blanché[8] betont, gerade der zurückweisende Gestus
dieser Stellungnahme, durch den Rougier dem Wiener logischen Empirismus nahe rückt.

Der Wiener Kreis auf dem Kongress Descartes 1937 in Paris

1937 steht etwas völlig anderes auf dem Spiel. Es handelt sich um den
9. Philosophiekongress, der anlässlich des 300. Jahrestages von Descartes' *Discours de la Méthode* organisiert worden war[9]. Und hier gewinnt der Stil „internationaler Kongress für Philosophie", dem der Kongress von 1935 ja keinesfalls ähnlich sein wollte, die Oberhand über die
wissenschaftliche Philosophie. Auch die Rahmenbedingungen des
Kreises selbst haben sich inzwischen völlig verändert. Die meisten
seiner Mitglieder sind bereits im Exil. Neurath ist in Holland, Carnap ist
1936 von Prag nach Chicago gegangen, Reichenbach lehrt in Istanbul,
Herbert Feigl ist in den USA. Moritz Schlick ist ein Jahr zuvor ermordet
worden. 1937 ist der Wiener Kreis nur mehr durch eine Hand voll Philosophen vertreten und tritt nicht mehr so einig auf wie im Jahr 1935. Der
militante Ton ist verschwunden. Statt dessen zeigen sich Risse, in denen alte Brüche sichtbar werden. Unter dem Einfluss Neuraths hatte es
im Kreis einige Krisen gegeben, welche die „Einheit der Wissenschaft"
auf die Probe gestellt hatten. Im Jahr 1937 kann man sich fragen, welche Philosophie der bereits in Auflösung begriffene Wiener Kreis auf
einem Kongress zu Ehren Descartes' eigentlich vertreten kann.

Der militante Ton von 1935 hatte verdeckt, dass die Kritik, die Neurath seit einigen Jahren (etwa 1931) an Carnap geübt hatte, zu einer Art
„zweitem Physikalismus" geführt hatte, wie es Maurice Clavelin (1973)
genannt hat.[10] Außerdem waren Schlick und Waismann im Lauf der
30er Jahre Wittgenstein gefolgt und hatten sich von den metho-
dologischen Arbeiten des Kreises distanziert. Auch das wirkte sich wohl
indirekt auf die Doktrinen des Kreises aus – denken wir nur daran, wie
sehr sich Waismann darum bemühte, die Philosophie Wittgensteins als
Herzstück der Wiener Lehren zu erhalten.[11]

Folgende Fragen zu Sprache und Methodologie standen zur Debatte: die Basis des Systems der Einheit der Wissenschaft, die Sprache, in
der sie ausgedrückt werden kann, welcher Natur ihre „Grundlagen"
sind, die Reinheit oder Nicht-Reinheit der als fundamental begriffenen
Aussagen, deren Unterscheidbarkeit von anderen Aussagen, der Empi-

rizitätsgrad der Basis-Sprache, die Natur der Verifikationsmethode und
der Aussagen, auf die sie sich stützt etc.

Entgegen dem ersten Anschein hat sich Carnap von Neuraths Argumenten, die eher soziologisch als physikalistisch waren, nie ganz
überzeugen lassen. Schon 1937 wendet er sich gegen den sozialen
Behaviorismus Neuraths und hält ihm wenigstens zwei Punkte entgegen: den empirischen Charakter einer Basissprache, die sich in erster Linie in beobachtbaren Prädikaten ausspricht, und die Elementarität
der Aussagen, die sie enthalten. Unter dem Titel „Die Methode der
logischen Analyse" zeichnet sich schon der Carnap von „Testability and
Meaning" (1936–37) ab. Die Existenz eines bezeichneten Begriffs
hängt von der empirischen Verifizierbarkeit ab, die freilich durch die
Hypothesen und die Beobachtungen, die der Physiker aus seinen Erfahrungen bezieht, selbst stark geformt ist. Die Logik ist eine Mathematik oder Syntax der Sprache, die als Regelsystem verstanden wird.
Zwar plädierten sowohl Carnap als auch Neurath für ein erweitertes
Bedeutungskriterium, aber sie verstehen darunter nicht dasselbe. Neurath weist die beiden Schritte, die Carnap über das ursprüngliche Programm hinaus macht, zurück, weil die Einheitssprache der Wissenschaft, wie er sie konzipiert, sogar auf die Idee der Begründung der
Wissenschaft verzichten muss – also auch auf die Protokollsätze und
daher letztlich sogar auf die Idee der Zurückführung der Sprache auf
das Gegebene, die für Neurath einen metaphysikverdächtigen Dualis-
mus enthält. Die „Zurückweisung der Metaphysik", die zunächst einfach
als eine Folge des logischen Empirismus als Methode gelten konnte,
mutiert zur zentralen „Behauptung" des Programms, das so eine eher
soziale Wendung nimmt. Sie ruft aber auch die Reaktion Adjukiewiczs[12]
hervor, der Neurath fragt, ob seine „Einheitswissenschaft" nun „Behauptung" oder „Programm" sei, und ob es sich insgesamt um eine
Sprache oder eine Methode handle[13]. Diese Zuspitzung der Fragen, die
auf eine interne Klärung der Begriffe abzuzielen scheint, trennt jedoch
die Mitglieder des Kreises stärker voneinander als bisher und isoliert
sie außerdem von der wissenschaftlichen Gemeinschaft des Des-
cartes-Kongresses.

In seinem Vortrag „La philosophie scientifique, une esquisse de ses
traits principaux" geht auch Reichenbach auf Distanz, insbesondere zu
Carnap. Er ist eben dabei, eine Wahrscheinlichkeitslogik der Quanten-
mechanik auszuarbeiten und veröffentlicht 1937 die Grundlagen der
Wahrscheinlichkeitsrechnung. Für ihn enthält Carnaps Begründungs-
projekt „einen Rest von cartesianischem Rationalismus". Noch strenger
verfährt er mit Neurath, dessen Enzyklopädismus ihm vom Wiener logi-

schen Empirimus – wenn nicht vom Empirismus überhaupt – weit entfernt zu sein scheint.

Neurath wiederum stellt die Sache der Wiener auf dem Kongress von 1937 in der für ihn charakteristischen Weise dar. Sein Artikel „Prognosen und Terminologie in Physik, Biologie, Soziologie" ist, wie er nicht ohne ein gewisses Sendungsbewusstsein mitteilt, Teil einer breiten Bewegung, die das schon 1935 vorgeschlagene Enzyklopädieprojekt vorantreiben solle. Die folgende Passage aus den Kongressakten rekapituliert die Gesamtheit der Beiträge in diesem Sinn.

Der Kongress von 37 führte die Arbeiten zu der im Aufbau befindlichen Enzyklopädie zusammen, ebenso wie diejenigen Arbeiten, die vom Komitee für symbolische Logik, das auf dem Kongress von 35 eingerichtet worden war, durchgeführt wurden. Neurath sprach über die Enzyklopädie im allgemeinen, [Egon] Brunswik lenkte die Diskussion auf die Eingliederung der Psychologie in die exakten Wissenschaften und unterstützte den Vorschlag, in Zukunft den Ausdruck „Behavioristik" zu verwenden. Enriquès formulierte das Problem, welche Stellung der Geschichte der Wissenschaften in der Enzyklopädie zukäme. Unter den Teilnehmern interessierten sich vor allem Ayer und Woodger für die Formalisierung der Biologie, Clark Hull ... für die der Soziologie. Arne Naess, Hempel, Oppenheim, Helmer, Dürr, Gonseth, Kraft, Scholz aus der Münsteraner Schule, Behmann, Bernays diskutierten intensiv über Logik. Carnap und Neurath diskutierten über den semantischen Wahrheitsbegriff, Carnap und Reichenbach führten eine Debatte über Semantik und Wahrscheinlichkeit, an der vor allem Tarski und Kokoszynska aus der polnischen Logikschule teilnahmen, ebenso wie Rougier, der die Konferenz eröffnete, Richard von Mises, Philipp Frank, der die Schlussworte sprach ...[14]

Neurath sieht in den verschiedenen Beiträgen nichts anderes als Hinweise auf eine enzyklopädische Bewegung. In Wirklichkeit sieht man, dass der sehr reduzierte Kreis mit vielen anderen Gruppen von Philosophen aus aller Welt vermischt ist, wobei die Descartes-Spezialisten, die großen Philosophie-Historiker und Mathematiker in der Überzahl sind. Im Vergleich zu 1935 belegt der Kreis unter dem Titel „Einheit der Wissenschaft" tatsächlich nur noch eine kleine Sektion, die bloß ein Drittel des vierten und letzten Teils des gesamten Kongresses ausmacht.[15] Philipp Frank scheint unabhängig davon in der Sektion „Kausalität und Determinismus" auf, einer Unterabteilung der „modernen

Physik". Noch charakteristischer ist die Abteilung, die der Geschichte der Philosophie gewidmet ist. Unter dem Titel „Etudes Cartésiennes" scheinen die Namen von Milhaud, de Broglie, Koyré, Canguilhem, Abel Rey und Destouches auf. Diese Abteilung nimmt die Hälfte des zweiten Teils des Kongresses in Anspruch – als hätte sie mit der wissenschaftlichen Philosophie nichts gemein.

Das Thema „Einheit der Wissenschaft" muss also vollkommen anders verstanden werden als im Sinn von Descartes. Diesen Bruch, der sich auch in der Trennung der Teile der Kongressakten spiegelt, prangert Reichenbach auf seine Weise an. Descartes, so sagt er, verfolge ein einziges Ziel:

> eine wissenschaftliche Philosophie zu schaffen, aber mit dem Unterschied, dass Descartes die Mathematik zum Vorbild nahm, während heute, trotz der engen Beziehungen zwischen Logik und Mathematik, eine andere Wissenschaft das Modell und den Gegenstand der Erkenntnistheorie unserer Gruppe darstellt, nämlich die Physik. Es ist freilich die mathematische Physik, die theoretische Physik, mit der sich die erkenntnistheoretischen Arbeiten unserer Gruppe beschäftigen, aber man darf nicht aus dem Blick verlieren, dass es sich bei dem, was den philosophischen Forderungen unserer Gruppe zugrunde liegt, um eine empirische, eine auf Erfahrung begründete Wissenschaft handelt.[16]

Damit spielt Reichenbach in eleganter Weise darauf an, dass die „Einheit der Wissenschaft", auch wenn sie ein cartesianisches Motiv in Erinnerung ruft, zu diesem Zeitpunkt einen ganz anderen, in gewisser Weise anti-cartesianischen Sinn erhält: in Wirklichkeit sind die „wissenschaftlichen Aussagen nicht sicher" (ibid.), und insofern ist die Theorie der Erkenntnis eine Theorie der Voraussage. Sicher ist nur die Mathematik, deren Wahrheiten freilich rein analytisch sind. Diese stellt die Regeln zur Verfügung, nach denen die Formeln der Naturgesetze auf die physikalische Welt bezogen werden, und zwar in der Form von Beziehungen, die sich uneingeschränkt erweitern lassen. Wenn also das Empirische das Reich des Ungewissen ist, kommt das Analytisch-Gewisse ausschließlich der Sprache zu.

Es wäre richtiger gewesen den Tatsachen ins Auge zu sehen und zuzugeben, dass sich die „Bewegung der zweiten Revolution in der Philosophie" im Jahr 1937 bereits in einer schlechten Lage befindet. Die Hoffnung des Kongresses von 1935, den Geist der internationalen Philosophiekongresse zurückdrängen zu können, entbehrt 1937 längst jeder Grundlage. Was 1935 überholt zu sein schien, ist 1937 übermächtig geworden. Was kann der Geist der Neurath'schen Enzyklopädie gegen die Institution des internationalen Kongresses ausrichten? Es ist, als würde ein virtueller Hegelianismus sich gegen einen Hegelianismus der Tatsachen richten. Ein Widerspruch in der angeblichen Überwindung des Vaters des Idealismus mitten im Descartes-Kongress?

Woher die Probleme der französischen Rezeption ?

Kommen wir nun zur Untersuchung jener Ursachen, die Quellen für gewisse Fehlschläge, aber auch für Versprechen auf spätere Annäherungen waren. Wir können hier drei davon festhalten. Die erste ist die französische Allergie gegen die mathematische Verfahrensweise, der die negative Beurteilung der logischen Algebra seit Kant entspricht. Die Österreicher hatten ihr anti-kantisches Zwischenspiel viel früher als die Franzosen.[17] Eine zweite Art von Ursachen besteht darin, dass man damals in Frankreich unter „Logik der Sprache" eher eine linguistische als eine logische Substruktur verstand. Eine dritte Art von Ursachen ist, was ich hier „Stil" nennen will: der Physikalismus Neuraths, der Enzyklopädismus, der nicht frei war von einem gewissen planerischen, visionaristischen Millenarismus. Ich lasse beiseite, dass die Tatsache, dass Louis Rougier als Vermittler gewählt wurde, eine weitere Ursache gewesen sein könnte.

Die erste Ursache: die Allergie gegenüber dem Symbolismus

1934, in Prag, macht der Kreis seine Auffassungen bekannt. Jean Cavaillès ist anwesend und beschreibt seine Eindrücke bald darauf in einem der ersten französischen Artikel, die über den Wiener Kreis geschrieben worden sind. In einer intellektuellen Landschaft, die der Einführung einer Denkrichtung wie der des Wiener Kreises nicht gerade positiv gegenüber stand, blieb er eine Ausnahmeerscheinung, wie Jean-Toussaint Desanti in *Souvenir de Jean Cavaillès* erklärt[18]:

> Die mathematische Logik hat in unserem Land zwischen den beiden Kriegen kein Glück gehabt. Louis Couturat starb 1914 ohne Nachfolger zu hinterlassen. J. Herbrand ist ganz jung bei einem Unfall ums Leben gekommen, kurz nach der Veröffentlichung seiner heute als klassisch geltenden Dissertation *Recherches sur la théorie de la démonstration* (1930). Die französischen Mathematiker

haben sich diesen Untersuchungen nicht spontan zugewendet. Sie
tendierten damals dazu, sie als Randerscheinungen zu betrachten,
auch wenn viele von ihnen durchaus neugierig waren ...

Auf Seiten der Philosophen, so Desanti weiter, ist die Situation kaum
besser. Léon Brunschvicg kannte die „ganze von Russell ausgehende
Bewegung" nicht und erwähnte den Namen Frege nicht ein einziges
Mal (ibid.). Der Philosophiehistoriker Brunschvicg ist eine für das philosophische Milieu im Frankreich der Zwischenkriegszeit typische Figur.
Bekannt als jemand, der den Entwicklungen in Mathematik und Physik
eine gewisse Aufmerksamkeit schenkt, sieht er sich als Vorreiter der
Versöhnung von Philosophie und Wissenschaft. Man sollte von einem
solchen Geist mehr Offenheit gegenüber der „neuen Logik" erwarten –
wie also sind seine Vorbehalte ihr gegenüber zu erklären? Einen Grund
könnte der so genannte „Brunschvicg'sche Idealismus" liefern: er war
beseelt von den großen Systemen Platons und Kants, und von einer
gewissen Wesensart, die typisch ist für den französischen Rationalismus, mit dem man seit drei Jahrhunderten den Namen Descartes', des
„Vaters des französischen Idealismus" verbindet. Die Offenheit für die
Wissenschaften bringt also in Frankreich keineswegs auch eine Offenheit für die neue Logik des Wiener Empirismus mit sich.

Zweite Ursache: die „neue Logik" (Carnap 1931)

Es ist kein Phänomen der Geschichte der Logik, für das die Franzosen
damals empfänglich sein hätten sollen, sondern eine Herausforderung,
die sich der Philosophie von außerhalb stellte. Denn die moderne Logik
ist – entgegen Bochenski (1956) – nicht Teil einer als Kontinuum ge-
dachten Geschichte der Vielfalt von Formalismen, von Aristoteles über
Kant bis hin zu Frege. Sie ist, in den Worten von Scholz, nicht eine
Version des Formalismus unter anderen, sondern „eine experimentie-
rende Logik" (Scholz, 1931, S.66). Wir rufen diesen Punkt in Erinnerung, um zu unterstreichen, dass die französische Allergie nicht nur von
einer Modernisierung der Leibniz'schen These des „penser c'est calcu-
ler" ausgelöst wurde, sondern von der Vorstellung, dass die Logik zu
einer wissenschaftlichen Methode des Philosophierens werden sollte,
im Sinn einer Analyse der Aussagen und Begriffe der empirischen Wissenschaft, kurz: eine „angewandte Logik" (Carnap).
  Bereits das Ansinnen, dass die Logik die Sprache der Arithmetik
auf einige logische Begriffe und Gesetze reduzieren sollte, konnte das
Missfallen von Mathematikern wie Poincaré hervorrufen. Der wirkliche
Ärger beginnt aber dort, wo die Debatte zwischen Logikern und Ma-

thematikern sich in den Bereich der Philosophie verlagert und eine Methode der „rationalen Rekonstruktion" vorschlägt, die beansprucht, „unsere Erkenntnis der äußeren Welt" auf logischer Basis begründen zu können (Russell 1914). Denn bei diesem erweiterten Projekt handelt es sich nun nicht mehr nur um logische Ableitung auf dem Gebiet der Mathematik, sondern darum, dieses Verfahren der Ableitung zur Untersuchung sämtlicher Aussagen und Begriffe der Wissenschaften anzuwenden, um so mittels eines einheitlichen Formalismus zur Vereinheitlichung zu gelangen. Eben dadurch ist die Metaphysik bedroht, und zwar in ihrer Existenz: Sie muss einer neuen, von allen Zweideutigkeiten befreiten Sprache weichen, einer Art „Pasigraphie", wie Peano es ausdrückte.[19]

Es sieht in der Tat ganz so aus, als sei diese „von neueren Logikern" wie Leibniz und Wolf angewandte Manier, Buchstaben an die Stelle von Dingen zu setzen, die von Kant als „sinnverkehrender, unrechter Gebrauch des Wortes *symbolisch*"[20] bezeichnet worden war, von Russell und Carnap wiederbelebt, wenn nicht gar in Mode gebracht worden. Mit der Einführung der neuen Logik verändert sich die Bedeutung von „Erkenntnis" von Grund auf. Sie besteht nicht mehr darin, die Inhalte der Erfahrung durch einen geistigen Akt zu erfassen, sondern darin, die Strukturen jener Beziehungen zu bestimmen, die bei der Symbolisierung der Erfahrung im Spiel sind. So beschließt Couturat bereits um 1905 seinen Appendix zu den *Principes des mathématiques* (1904) wie folgt: „Kurz: die Fortschritte der Logik und Mathematik im 19. Jahrhundert haben die Kant'sche Theorie außer Kraft gesetzt und Leibniz Recht gegeben." – An Leibniz knüpfen zwei verschiedene Zugangsweisen zu Logik und Sprache an. Couturat fasst die Logik der Mathematik als eine „Logik der Relationen" auf, die, wie er sagt, „von Leibniz vorhergesehen, von Peirce und Schröder begründet und von Peano und Russell anscheinend auf ihrer endgültigen Basis aufgebaut wurde" (Couturat 1914). Die Logik der Relationen ist genau jene, die Carnap 1931 die „neue" nennt und der die traditionelle aristotelische Prädikatenlogik den Platz räumen muss. Wenn sie als Theorie der Erkenntnis ausbuchstabiert wird, hat die Logik, so Couturat, wesentlich bessere Aussichten auf Erfolg. Tatsächlich ist es nicht übertrieben, hier sogar das Aufkeimen der Neurath'schen Version der Einheitswissenschaft auszumachen. In *La philosophie des mathématiques de Kant* schreibt Couturat, dass die Logik, wenn sie sich aus ihrer zu engen Bindung an die Mathematik löst, ihre universelle Berufung wiederfinden wird, die darin besteht, „Wahrheiten auf formale und notwendige Weise miteinander zu verketten", in einer Art, die der Mathematik koextensiv ist. Dank ihrer also nimmt jede Wissenschaft in dem Maß mathematische Form an, in dem sie exakt, rational und deduktiv wird (Couturat pp. 306-307). Verblüffender Weise spricht Couturat in dieser Passage – die der Mathematik in ihrer universellen Anwendbarkeit zuschreibt, die „wahrhafte Logik der Naturwissenschaften" zu sein – bereits die Sprache der „Einheit der Wissenschaft" der Positivisten der letzten Generation, das heißt derjenigen, die seit 1920 der Generation Russells, Machs, Poincarés und Duhems nachfolgt. Hinter dem vorläufigen Ausdruck „Logik der Naturwissenschaften" verbirgt sich jedoch eine – für die französische Leibniz-Rezeption charakteristische – eher linguistische als logische Sicht. Dies bestätigt sich auch in der Bedeutung, die Couturat selbst der „Logik der Sprache" in diesen Jahren zuschreibt. Nach einem Pendant zu Russell wird man also in Frankreich vergeblich suchen.

Zwar hat Carnap in *Der Logische Aufbau der Welt* von 1928 (§§ 73 und 77) Couturats *Principes philosophiques des mathématiques* zwei Mal sehr lobend erwähnt. Dennoch sind es letztlich die *Principia mathematica* von Russell und Whitehead (1910–1913), in denen die Landschaft der „neuen Logik" für eine wissenschaftliche Philosophie entworfen wird.

Die Russell'sche Logik ist also weit davon entfernt, die Anhängerschaft der französischen Logiker zu gewinnen. Als Paul Valéry in einem unveröffentlichten Brief von 1932 seine Zeitgenossen zu deren Entdeckung auffordert, ruft er auf der einen Seite die wohlbekannten Vorbehalte Poincarés gegen den Logizismus auf den Plan, und beunruhigt auf der anderen Seite Cavaillès. Die Befürchtung der beiden ansonsten so unterschiedlichen Mathematiker besteht darin, dass die Logik eine Waffe gegen die Philosophie selbst werden könnte. Sehen wir uns das genauer an.

In seinem Vortrag „Le prédicat dans la logique d'inhérence et dans la logique de la relation" schätzt Charles Serrus (Serrus 1837) den Beitrag der neuen Logik ganz richtig ein. Diese bringe die substanzialistische Illusion zu Fall, indem sie das „logische Scheitern des Subjekts" aufzeige. Doch die Logik stellt letztlich die Möglichkeit dar, die „prädikativen Relationen und die Ordnung der Begriffe im Urteil" als Formeln aufzuschreiben. Serrus stellt die klassische Logik lediglich in Frage, um eine Logik voranzutreiben, die im Stande ist, neue, in der Grammatik nicht wahrnehmbare Beziehungen zwischen dem Gedanken und seinem Gegenstand zu entdecken. Und er fügt hinzu, dass „dies bedeutende Konsequenzen für die Philosophie selbst haben" wird (S. 52-57).

Interessant ist in Frankreich das Zusammenfließen von Entdeckungen in Linguistik und Logik, die dazu führen, dass die Universalität der Aristotelischen Prädikatenlogik in Zweifel gezogen wird. In beiden Bereichen entdeckt man, dass die vermeintliche Transparenz der Beziehungen zwischen grammatikalischer und logischer Struktur der Sprache nicht existiert und dass folglich eine künstliche Sprache vonnöten ist, um die „logische Struktur der Sprache" zu Tage treten zu lassen, da diese sich in der äußeren Form der Sprache (langage) eben nicht zeigt.

Den Ausdruck „Struktur der Sprache" finden wir in Frankreich also bei Autoren, die sich wie Couturat seit dem Beginn des Jahrhunderts für die Sprache interessieren, jedoch in einem anderen Sinn als dies bei den Wienern der Fall ist. In seinem Artikel „Sur la structure logique du langage" (1912) weist Couturat – gefolgt von Serrus 1933 – zunächst ebenso wie die englischen und österreichischen Logiker die Auffassung zurück, dass die Formen der Sprache die Formen des Denkens in direkter Weise spiegeln. Manche in Frankreich machen freilich noch eine den Einzelsprachen immanente Logik geltend; so etwa greift Antoine Meillet auf allgemeine morphologische Kategorien zurück, Poincaré auf eine interne Fähigkeit des Geistes, aber keiner unter diesen französischen Linguisten-Logikern oder Mathematikern – nicht einmal Couturat, für den Leibniz der große Meister bleibt – greift auf die Leibniz'sche Erklärung des Ausdrucks der Sprache durch den Gedanken zurück. Sie stimmen mit den Logikern überein, dass in der neuen Logik ebenso wie in einer künstlichen Sprache nützliche Hilfsmittel zur Erkennung der Struktur zu sehen sind, die in den natürlichen Sprachen nicht direkt zum Ausdruck kommt. Man endet schließlich bei symmetrischen Positionen, indem man fordert, dass die künstlichen Sprachen demselben logischen Ideal (Couturat) zu entsprechen hätten, das die Logiker mittels des – gleichsam als „Interlingua" verwendeten – logischen Symbolismus verwirklichen wollten. (Carnap verwendet hier einen Ausdruck des Linguisten Otto Jespersen). Auf beiden Seiten jedenfalls erwartet man von der Mathematik, dass sie uns „das Bild des befreiten Denkens zur Verfügung stellt" (Serrus, ibd.). Die Mittel sind verschieden, aber das Ziel ist dasselbe. Es erstaunt daher nicht, dass Couturat in Richtung der neuen Logik blickt, während wiederum Carnap in seiner intellektuellen Autobiographie den Beitrag Couturats erwähnt, des französischen Spezialisten für die Logik von Leibniz, dem er sich besonders nahe fühlte.

3. Ursache: „Wissenschaftliche Philologie" statt Theorie der Einheit der Wissenschaft (Cavaillès)

Einen französischen Philosophen gibt es dennoch, der, nachdem er 1934 in Prag den Wiener Kreis entdeckt hat, der Logik der Sprache eine Würdigung aus Sicht des Logikers zuteil werden lässt, im Sinne einer invarianten Struktur logischer Art: Jean Cavaillès.

Die Bedeutung von Cavaillès' bereits zu Beginn erwähntem Beitrag in der *Revue de Métaphysique et de Morale* besteht darin, dass er den Formalismus in Frage stellt, und zwar im Rahmen von Überlegungen zur Wissenschaftstheorie als Theorie der Einheit der Wissenschaft. („Eine Theorie der Wissenschaft kann nur eine Theorie der Einheit der Wissenschaft sein", heißt es in *Sur la logique et la théorie de la science*, 1960, S.22).

Der Formalismus war vor allem der Beitrag Wittgensteins. Doch ist es Carnap, der mit seiner formalen Syntax eine Theorie der Einheit der Wissenschaft als Einheit eines vollständigen formalistischen Systems vorschlägt. Dieses hat zwei Seiten: Eine syntaktische, die auf die Verknüpfungsregeln der Operationen achtet und eine semantische Seite, die die Verwendungsregeln der Symbole für die innerhalb bereits formalisierter Operationen thematisierten Objekte enthält. Drei kritische Fragen stellt Cavaillès dem Verfechter des formalistischen Ansatzes der Einheit: Wie steht es darin mit der Erfahrung? Den Objekten in der Beweisführung? Der gedanklichen Handlung, die sich in der Operation des formalisierenden Logikers vollzieht?

Da Cavaillès die empiristische Lösung kritisiert, kann er den formalen Ansatz der invarianten Struktur, die zu jedem Bild-Modell-Paar gehört und wie sie bereits der *Tractatus* bietet, tatsächlich nur begrüßen. In der Kritik der Bewusstseinsphilosophien stimmt er ebenfalls dem Wiener Kreis zu, dem es gelingt, sich vom Begriff der kantischen synthetischen Handlung zu lösen und der kantischen Trennung – zwischen dem formalen Abstrakten und dem Erfassen des Gegebenen in einer synthetischen Handlung – ein Ende zu setzen. Bezüglich der Objekte handelt es sich nun nicht mehr um jene „noetischen Inhalte", denen sich – nach Husserl – das Bewusstsein als „Erfahrung, etwas im Bewusstsein zu haben" zuneige und die zu einer transzendentalen Logik zurückführen würden.

Durch das Umgehen all dieser empiristischen, kantischen und Husserl'schen Klippen würde der Wiener Kreis zur herrschenden Philosophie seiner Zeit, gäbe es da nicht in jedem einzelnen dieser Punkte eine Schwierigkeit. In der Gesamtheit der Schriften Cavaillès' findet man dies wie folgt dargelegt:

1. Der Wiener Kreis lässt die Erfahrung außerhalb des Systems der wissenschaftslogischen Theorie. Die These der Elementarsätze, die auf das Gegebene hinweisen, birgt somit die Gefahr eines „naiven Realismus" (mit dem Cavaillès merkwürdigerweise die Position Wittgensteins in Verbindung bringt) in sich. Im Bemühen, diesen Rückfall zu vermeiden, degeneriere der Wiener Kreis unvermeidlich zum „Pragmatismus" (was, wie Cavaillès meint, die Position Schlicks sei). 2. Indem er jedweder subjektivistischen Philosophie den Rücken kehrt, weicht der Wiener Formalismus dem Aspekt der Handlung, welche die Operationen des Logikers kennzeichnet, aus, wodurch sich das Augenmerk ausschließlich auf die Symbole richtet. Diese aber, so führt Cavaillès mit französischer Heftigkeit aus, seien nicht viel mehr als die flüchtigen Spuren der indifferenten Substitutionsoperationen des logischen Kalküls, ohne Rücksicht auf die Bedeutung. 3. Hinsichtlich der Darstellungsweise von Tatsachen durch Symbole prangert Cavaillès schließlich die deskriptive Illusion als Makel des logischen Empirismus an.

Daraus ergeben sich drei grundlegende Einwände gegen die formalistische Konzeption des Symbolismus: 1. Wie kann ein Zeichensystem sich in sich selbst einheitlich schließen, wenn es nicht in der Lage ist, seine Objekte zu umschließen? Diese, da sie auf interne Weise durch die Mittel des Symbolismus selbst thematisiert werden, sind von keiner Referenzhandlung betroffen. Für Cavaillès ist ein Symbolismus ohne Referenzialität inakzeptabel. 2. In dem Maß, als daraus ein leerer Formalismus ohne Bezug zur Wirklichkeit entsteht, muss man sich fragen, wie eine rein formale Untersuchung den Ansprüchen einer Wahrheitslogik gerecht werden kann. 3. Schlussendlich bleibt der Carnap'sche Formalismus außerstande, von der Anwendung der Mathematik auf die Physik Rechenschaft zu geben. Er kann lediglich „kodifizieren, was in den Schriften der Physiker tatsächlich realisiert worden ist". Womit also in Wirklichkeit kein Schritt in Richtung einer neuen Theorie der Physik getan worden wäre (Cavaillès, 1981, S. 169).

Für Cavaillès ist es also viel mehr ein Programm „wissenschaftlicher Philologie" als eine Bewegung zu einer „logischen Fundierung", womit man es hier zu tun hat (ibid.) – was logisch gesprochen bedeutet, dass der logische Formalismus sein Ziel verfehlt. Das Wort „Philologie" ist hier bezeichnend für eine enttäuschte Erwartungshaltung an die Philosophie: Die formale Syntax sei eine „Art leeres Auffangbecken für alle Sprachen". Cavaillès merkt an, dass die „Einheitssprache" sich letztlich immer als „Hierarchie von Sprachen mit unterschiedlicher Syntax" präsentiere und verweist diesbezüglich auf Neuraths

„Physikalismus".[21] Tatsächlich stellt für Neurath die physikalische Sprache die wahre „Universalsprache" dar: Die Idee besteht darin, den Wittgenstein'schen Gedanken, wonach es nur eine Sprache gibt, und die ihm entgegen gesetzte Carnap'sche Auffassung, es gäbe ebenso viele Sprachen wie „Systeme festgelegter Regeln", in einem einzigen Programm zu verschmelzen. Cavaillès hält dem entgegen, dass, wenn die Mathematik als ein formales System unter anderen betrachtet wird, die Einheitswissenschaft aus der Gesamtheit der Syntaxen all dieser Systeme bestünde und die Physik darin bloß noch „ein gewisses logicolinguistisches System" sei, „das dank eines Prinzips ausgewählt wird, welches durch die Erfahrung konstituiert wird" (Cavaillès, 1960, p. 33). Hierin zeigt sich Cavaillès' doppelter Vorwurf an den Wiener Formalismus: leerer Formalismus ohne objektive Referenz, optionale Auswahl der logischen Regeln, denen sich die konventionelle Auswahl einer physikalischen Theorie aus schierer sprachlicher Bequemlichkeit unterordne: In einer „wissenschaftlichen Philologie" würde zwischen jener Physik, deren Sprache vereinheitlichend sein solle, und der Physik als in eine Enzyklopädie der Wissenschaften integriertes System nicht mehr unterschieden.

Vierte Ursache: Der Geist der sozialen Aufklärung oder:
Der synoptische Stil Neuraths

Von französischer Seite wurde der Wiener Kreis nicht so sehr durch das Comte'sche Erbe des Positivismus geprägt, sondern vielmehr durch Duhem und Poincaré – zusammen mit Helmholtz, Riemann, Enriquès, Boltzmann, Einstein und selbstverständlich Mach. Angesichts der Konstellation jener Ideenherde, die sich seit Ende des 19. Jahrhunderts in Europa gebildet hatten, sollte nicht von französischen „Einflüssen" im engeren Sinn gesprochen werden – denn die Einflüsse verliefen in sämtliche Richtungen –, sondern vielmehr von einem französischen Beitrag. In Berlin, Prag, Wien, Paris und Oxford wehte derselbe „Geist" – ein Wort, das im Manifest mehrmals auftaucht und die *Konvergenz* der Einflüsse erklärt. Was also tragen die Franzosen konkret zu diesem „Geist" bei?

Unter dem Titel „Aufklärung", der explizit auf das französische 18. Jahrhundert Bezug nimmt – hier erkennt man die Handschrift Neuraths –, muss der soziale Aspekt der Bedeutung, die der Sprache wissenschaftlicher Theorien beigemessen wird, verstanden werden, sowie des linguistischen Charakters der empirischen Erkenntnis, der Verwendung der neuen Russell'schen Logik und des Fortschritts der Menschheit durch eine Volksbildung, deren Versprechen in der Verbreitung der

Naturwissenschaften liegt. Das soll heißen: der soziale Aspekt all dessen, aber nichts davon im speziellen. Neurath selbst hat dies in mehreren seiner Schriften „soziale Aufklärung"[22] genannt.

Als der Wiener Kreis sich 1935 in Paris trifft, ist etwas von diesem Geist noch vorhanden. Auf österreichischer Seite geht die Initiative auf Otto Neurath zurück, der sich, obschon kein Pazifist wie Carnap es in seiner Jugend war, dem enormen Projekt einer „internationalen Enzyklopädie der Einheitswissenschaft" verschrieben hatte.

John Sommerville, beeindruckt von diesem außerordentlich „sozialen" Zug des logischen Empirismus, wie er sich in Frankreich präsentiert hat, streicht in einem 1936 im *Journal of Philosophy* erschienen Beitrag die Bedeutung von Neuraths Bezugnahmen auf die französische Aufklärung des 18. Jahrhunderts heraus. Mit diesen Bezugnahmen, die zu jener Zeit nur er macht – darunter auf die Tafeln der Enzyklopädie von Diderot und d'Alembert –, reicht Neurath im selben Ausmaß den Franzosen die Hand, wie er sich zugleich von seinen Wiener Kollegen distanziert. Neurath treibt unter dem Titel „Einheitswissenschaft" sein Enzyklopädieprogramm voran: die Verwirklichung des Leibnizschen Ideals mittels Russellscher Logik. So zumindest fasst Russell seine Eindrücke nach dem Kongress zusammen: "Wäre Leibniz noch am Leben, so hätte er die gesamte von Neurath geforderte Enzyklopädie geschrieben." [23]

Paradoxerweise ist es gerade seine Nähe zum Geist der französischen Aufklärung, die Neurath der französischen Philosophie der dreißiger Jahre am meisten entfremdet – obschon er in Lalande mit seinem *Vocabulaire* einen Verbündeten findet, mit dessen Werk sich das Enzyklopädieprojekt zusammenschließen könnte. Das physikalistische Projekt einer „Mathematik der Formen der Sprache" (Neurath) wurde der französischen Öffentlichkeit 1935 mittels des Modells (oder auch „Stils") einer Enzyklopädie der Einheitswissenschaft vorgestellt, wobei die Anfänge des Projekts bis in die 1920er Jahre zurückreichen.[24] Ziel dieses monumentalen Ganzen sei es, so Neurath, den Massen in derselben Weise als „Wörterbuch" zu dienen wie die „französische Enzyklopädie dazu bestimmt war, den intellektuellen Gruppierungen Frankreichs im 18. Jahrhundert zu dienen." Die Neurath'sche „Enzyklopädie" ist die sozialistische österreichische Version des alten Projekts der „kulturellen Gemeinschaft der Gelehrten" des 18. Jahrhunderts – mit einem einzigen, aufsehenerregenden Unterschied: An die Stelle der „universellen Sprache" ist der Ausdruck „internationale Enzyklopädie" getreten.[25]

Entgegen der anti-aufklärerischen Idee einer „Kultur- und Schick-salsgemeinschaft" (Otto Bauer) scheint die Wissenschaft eben gerade allen zu gehören und niemandes Privileg zu sein – ein Grundgedanke, der sich in den Schriften des Wiener Kreises immer wieder findet. Zwar wollte sich Neurath zunächst auf die vereinheitlichende Macht der Bil-der (im Gegensatz zu „Worten, die trennen", wie er gern sagte) stützen, um „den Österreichern Österreich zu zeigen". So charakterisiert er die Bestimmung des 1925 in Wien gegründeten „Gesellschafts- und Wirt-schaftsmuseums". Aber dies war doch ein erster Schritt zu einer Form der Internationalisierung der wissenschaftlichen Kultur, wie sie durch seine Enzyklopädie realisierbar werden sollte.

Es ist klar, dass der Kongress vom September 1935 Neurath in Wirklichkeit als Sprungbrett für dieses ihm so sehr am Herzen liegende Enzyklopädieprojekt dienen sollte. Die Dinge entwickelten sich jedoch nicht wie vorgesehen, und es scheint, als sei das Projekt von Kongress zu Kongress irgendwie zurückgedrängt worden. Der Elan von Neurath selbst ist 1937 allerdings keineswegs gebrochen, ganz im Gegenteil; eine Korrespondenz zwischen Neurath und Morris legt Zeugnis davon ab, dass Neurath gegenüber dem Scheitern der Rezeption in Frank-reich blind und von einem Optimismus war, den Morris selbst – der an der Durchführbarkeit eines so riesigen Projekts seine Zweifel hatte – für übertrieben hielt. Neuraths Vortrag von 1937 lässt eine Art Programm der „Enzyklopädisierung" all dessen erahnen, was in das System der Einheit der Wissenschaften Eingang fände, in sämtlichen Disziplinen, Ländern und Sprachen, da sich die Gesamtheit all dessen ja in einem „logischen Gerüst" ausdrücken ließe.

Neurath war also weit davon entfernt auf seine große Enzyklopädie zu verzichten, der er jetzt auch einen visuellen Thesaurus der Art bei-fügen wollte, wie Diderot und d'Alembert ihn in ihren Bildtafeln realisiert hatten. Neurath hörte nicht auf die Sache weiterzutreiben, fasziniert von der Idee einer „Übersicht in Bildern", die er „Isotype Thesaurus" nennt.[26]

Diese „Übersicht in Bildern" war als ein riesiges Album von allen mit der Erkenntnis in Verbindung stehenden Merkmalen konzipiert, deren sämtliche Sektoren untereinander verbunden wären, vergleichbar einer „Physiognomik", wie der Cousin Charles Darwins, Francis Galton sie erstellen wollte.[27] Hinsichtlich ihrer Darstellungsmethode verdankt die Enzyklopädie der Idee eines symbolischen visuellen Überblicks der sprachlichen Formen sicherlich ebenso viel wie den Tafeln der fran-zösischen Enzyklopädie. Zweck der visuellen Darstellung bleibt stets die Präsentation von symbolisch zum Ausdruck gebrachten Korrelationen, und nicht etwa von Erklärungen aus dem Ursprung, durch welche positive oder negative Entwicklungsgesetze in den Vordergrund treten würden. In seinem berühmten Aufsatz „Anti-Spengler" (1921) ist Neuraths Ablehnung der Genealogie kultureller Phänomene aus ursprünglichen Symbolen nicht zuletzt durch die Überzeugung motiviert – und das ist für das Verständnis zentral –, dass eine solche Methode einem kulturalistischen Historizismus Vorschub leistet. Er teilt hierin die Vorbehalte Robert Musils: Ungeachtet der Tatsache, dass beide Aufsätze im selben Jahr entstehen, ist die Nähe zu Musils „Geist und Erfahrung" dennoch frappierend. Dasselbe Misstrauen gegenüber dem Spengler'schen Analogiekult, der zu einem „falschen Skeptizismus" (Musil) führe und damit jede ernsthafte Epistemologie ruiniere. Von einer „Morphologie der Weltgeschichte"[28] à la Spengler kann bei Neurath also keine Rede sein: Ganz im Gegenteil, so Neurath, müsse eine „Physiognomik" uns vielmehr aus dieser regressiven Sichtweise einer Menschheitskindheit herausführen. In dieser Hinsicht will die Enzyklopädie eine modernisierte Physiognomik sein, wobei das einzige was von Spengler bleibt, die „Orchestralität" der Darstellung ist. Der große Unterschied besteht darin dass eine Beurteilung des Inhalts der Begriffe fehlt, sowie darin, dass die Aufmerksamkeit ausschließlich auf die Zeichen gerichtet wird, die von den Eigenschaften der Dinge wohl unterschieden ist.

Es ist zweifelsohne diese eigentümliche Auffassung von einer Enzyklopädie, die als immenses, zu erzieherischen Zwecken bestimmtes terminologisches Ganzes begriffen wird, sowie deren programmatischer Charakter, was in Frankreich am wenigsten leicht Eingang fand. Denn so sehr diese auch von der französischen Aufklärung durchdrungen war, mischte sich doch ein utopisch-sozialplanerischer Zug hinein, der eher typisch österreichischen Ursprungs ist. Tatsächlich hat Neurath hier einen Vorgänger, auf den er sich gern beruft: den österreichischen Ingenieur, Gelehrten und Ökonomen Josef Popper-Lynkeus.

Der amerikanische Historiker William Johnston (Johnston, 1972, S. 233) weist auf die Bedeutung dieses Erbes eines „Geistes der praktischen Utopie" hin: Auf die repräsentativen Gestalten, deren „österreichische Begabung für totalisierende Gedanken" sie in der Zwischenkriegszeit von einen ökonomisch wie jurtisch rationalen System „träumen und wachen" ließ. In dieser Tradition ist auch Popper-Lynkeus zu sehen, Autor der „Phantasien eines Realisten" (1899), der Freud zu dessen Theorie der Traumentstellung inspiriert hatte.

Schlussfolgerung: Neurath und Couturat

Aus den bereits angeführten Gründen würde ich meinen, dass Couturat
viel mehr als Lalande oder Rougier als das französische Pendant zu
Neurath zu sehen ist. Beiden ist ein eher linguistischer als logischer
Esperantismus gemeinsam; in ihrem Logico-Linguistizismus ist es die
jeweilige Dosis an Linguistik und Logik, die sie unterscheidet. Couturat
legte Wert darauf, die „logische Vernunft" mit der „linguistischen Vernunft" in Einklang zu bringen, was ihm übrigens von Antoine Meillet in
der Sitzung vom 25. Januar 1912 zum Vorwurf gemacht wurde.[29] Er
dachte sogar, dass "linguistische Überlegungen es erlauben würden die
wirklich logischen Kategorien der Sprache zu enträtseln", und von diesem Standpunkt aus betrachtet existiert für ihn nur eine einzige Logik,
als Tendenz zur Regelmäßigkeit (Eindeutigkeit der Bezeichnung), aus
der heraus die Verwirklichung des Ideals in einer künstlichen Sprache
möglich ist. Jene Linguisten, die darauf Bezug nehmen, sind aus seiner
Sicht die interessantesten.

Gewiss, doch sind im Frankreich von 1912 – wie Michel Vendryes
in derselben Diskussion einwarf – „philosophische Linguisten sehr rar".
Vendryes gab damit einer gewissen Skepsis Ausdruck, zumal es, wie
er meint, „sehr schwierig ist, das Wort „Sprache" (langue) genau zu
definieren."

Zwischen Neurath und Couturat bleibt letztlich ein wesentlicher
Unterschied bestehen. Um zu einem Wiener logischen Positivisten zu
werden, reicht es – so Lalande – tatsächlich nicht aus, ein linguisti-
sches Ideal und logisches Ziel zu verfolgen, indem man „Russells und
Whiteheads Aussagefunktionen sowie die formalen Eigenschaften der
Relationsaussagen" studiert (ibid.) Zweifelsohne hatte der kantianische
Pazifist Couturat, der Kants Schrift zum ewigen Frieden sorgfältig gele-
sen hatte, dieser Humanist, der von der Versöhnung der Geister mittels
einer Universalsprache träumte, nicht daran gedacht, den logischen
Symbolismus in den Dienst der logischen Analyse der Sprache (langa-
ge) zu stellen, also in den Dienst einer Bedeutungskritik, die auf eine
Zensur der philosophischen Terminologie hinauslaufen würde.

Denn dieser Art ist das Neurath'sche Projekt eines *Index verborum
prohibitorum* letztlich wohl: gemäß dem Prinzip eines solchen Index
würde man sich auf eine Übereinkunft verpflichten, bestimmte Termini
und Formulierungen in der Enzyklopädie zu vermeiden. Neuraths anti-
metaphysische Devise stellt bedeutungslose und metaphysische Aussagen einander gleich, eine Synonymie, die er gerechtfertigt sieht
durch die Tatsache, dass „die Verwendung unkontrollierbarer Behaup-

tungen" mit Verbrechen gegen die Menschheit in Verbindung stehen könne, wie ein von ihm gern zitierter Satz Voltaires nahe legt: „Wer euch dazu bringt, Absurditäten zu glauben, kann euch dazu bringen, Grausamkeiten zu begehen."[30]

Bezüglich der Bedeutung des Wortes „langue" – um auf das von Vendryes aufgeworfene Problem zurück zu kommen – so bewegt man sich, folgt man der Entwicklung der natürlichen Sprachen, viel mehr in Richtung von Logiken als in Richtung einer Logik (des Geistes, wie Couturat sagt, im Gegensatz zum Herzen). Das logische Ökonomieprinzip scheint überdies – und zum Glück – von den sich entwickelnden Einzelsprachen kaum beachtet zu werden. Wie also könnte eine von diesen ausgehend konstruierte internationale Sprache das angestrebte logische Ideal verwirklichen?

Das Problem der „langue" findet seinen Niederschlag in der Übersetzung. Der Wiener Kreis von Paris 1935 und 1937 war auch ein Übersetzungsproblem. In Wien herrschte, verglichen mit dem der französischen „Philosophen der logischen Struktur der Sprache", tatsächlich ein ganz anderes Verständnis von der Beziehung zwischen künstlicher und natürlicher Sprache. In Frankreich verstand man unter „langue naturelle" die grammatikalisch verschiedenen Einzelsprachen, und das ist genau nicht das, was ein Engländer oder Österreicher unter „natürlicher Sprache" oder „Umgangssprache" verstand, die als das Gegenstück zu einer konstrurierten Sprache oder einer technischen Expertensprache aufgefasst wurde. Dieser Unterschied, der sich uns Franzosen als Unterschied zwischen nationalen Kulturen darstellt, von den Engländern und Österreichern dagegen als ein Unterschied zwischen zwei Formen des Sprachgebrauchs angesehen wird, bewirkt, dass die linguistische Variante eines logischen Ideals in keiner Weise mit der symbolischen Variante desselben Ideals zusammenfällt.

Der Grund, warum Couturat der beste Ansprechpartner für den Wiener Kreis von 1935 und 1937 gewesen wäre, ist vielleicht seine von französischen Linguisten wenig beachtete Art, sich hinsichtlich der „logischen Struktur der Sprache" (langage) auf Russell zu berufen. Die Ironie der Geschichte ist, dass dieser (französische) Unterschied zwischen „langue" und „langage" – eine Unterscheidung, die weder das englische Wort „language" noch das deutsche „Sprache" leisten können – zweifelsohne ein wichtiger Grund dafür ist, dass der „Geist" des Wiener Kreises in Frankreich nicht so wehte wie in Wien. Durch die französische Nuancierung von „langage" als Ausdrucksmittel im Allgemeinen und „langue particulière" – Einzelsprache – ist uns der englisch-deutsche Gegensatz zwischen „natürlicher Sprache"[31] bzw. Umgangssprache und künstlicher Sprache verborgen geblieben. Das „logische Ideal" kann, je nachdem, ob man es auf die Einzelsprachen oder auf die als mangelhaft bewertete Umgangssprache anwendet, nicht dieselbe Bedeutung haben.

Anmerkungen

* Dem Text liegt eine gekürzte Fassung des folgenden Artikels zugrunde: Antonia Soulez: „Le Cercle de Vienne à Paris aux Congrès de 1935 et 1937 et le rôle d'Otto Neurath: quelques réflexions sur les problèmes de sa réception", erscheint in: *Epistémologie française 1850–1950*, hg. von J. Gayon et M. Bitbol, Paris: Presses Universitaires de France (voraussichtlich 2005). Der ursprüngliche Text wurde von Nicolas Roudet und Aurélie Jardin gekürzt und redigiert, und von Heidi König und Elisabeth Nemeth ins Deutsche übersetzt.

1. Siehe Christiane Chauviré in: Manifeste du Cercle de Vienne (Paris: PUF, 1985).
2. Ayer hatte Moritz Schlick dank Gilbert Ryle 1932 in Wien getroffen. Ryle spricht darüber in: „Wittgenstein", in: *Analysis*, XII, 1951, s.1-9
3. Siehe Sebestik und Soulez 1999.
4. Siehe Holton 1988, Kapitel 7: "Mach, Einstein, and the search for reality" (orig. 1968), S. 269, Fn. 31. Holton verweist darin auch auf die Arbeiten Frederick Hernecks.
5. Ich verdanke Francoise Balibar eine Kopie dieses 42-Seiten-Dokuments (M.H. Baege ... 1913) aus dem Berliner Einstein-Archiv. Siehe auch „Notes and News" der Zeitschrift „Psychology and Scientific Methods", Bd. IX, Nr. 16 , 1912, S. 419, wo der Text dieser Deklaration in englischer Übersetzung zu finden ist.
6. Seit der Zeit als Carnap in Prag eine Wiener Kreis Gruppe ins Leben rief, hatte Rougier, Professor an der Universität von Besançon und an der Universität von Kairo, Kontakte mit der Gruppe. Aus diesen Kontakten entstand die Initiative, die zu den Kongressen von 1934 und 1935 führten. Vgl. dazu Viktor Kraft 1953, S.6.
7. In seinem Vortrag „Théorie de la connaissance et physique moderne", Kongressakten 1935.
8. Blanché (1961). Vgl. auch: Robert Blanché: „Louis Rougier" (übers. ins Englische: Albert E. Blumberg), in: Paul Edwards, *Encyclopaedia of Philosophy*, pp. 17-18.
9. Auf Brunschvicgs Veranlassung 1934 in Prag entschieden, war die Organisation der Société française de philosophie unter der Ehrenpräsidentschaft von Henri Bergsons übertragen worden.
10. Siehe dazu Soulez / Sebestik 1985.
11. Soulez, Dictées 1997-1998, insbesondere die Einleitung von G. Baker, Bd. 1.
12. Adjukiewicz gehörte wie Twardowski der Schule von Lemberg an. Beide waren 1934 bei dem Kongress in Prag anwesend, in dem Otto Neurath (der zu dieser Zeit schon in Den Haag war) den Wiener Kreis als das Projekt der „Einheitswissenschaft" vorgestellt hat. Halten wir fest, dass in Lemberg, am Rand der dortigen philosophischen Gemeinde, eine Kritiker des Positivismus lebte: Ludwik Fleck, dessen Arbeiten später, vor allem dank Thomas Kuhn, bekannt geworden sind.
13. Siehe seinen Kongressvortrag „Über die Anwendbarkeit der reinen Logik auf philosophische Probleme".
14. Dieses Zitat stammt aus den Kongressakten von 1937, siehe: Actes du IXième ..., pp. 265-277 (Übersetzung ins Deutsche EN).

15. Wozu anzumerken ist, dass die Beiträge der Vertreter des Wiener Kreises – den es, nebenbei bemerkt, in Österreich 1937 offiziell nicht mehr gibt – nur ein Fünfzigstel von Teil II des 4. Heftes der Kongressakten von 1937 ausfüllen.

16. „La philosophie scientifique ...", op. cit., p. 86 (Übers. : E. Nemeth).

17. Hierzu sei auf die Arbeiten von Jacques Laz (1993) und Jan Sebestik (1992) zu Bolzano verwiesen, der eine sehr heftige und in Frankreich kaum bekannte Kant-Kritik in die Wege leitete.

18. Dieser Text steht am Anfang von Cavaillès: „Methode axiomatique et formalisme (1981).

19. Vgl. hierzu einen Artikel von Louis Couturat zur logischen Mathematik Peanos. (Couturat 1899, 616-46).

20. Kritik der Urteilskraft § 59. Von der Schönheit als Symbol der Sittlichkeit.

21. Cavaillès, 1935, S 142. Cavaillès spielt hier ausdrücklich auf das berühmte « Toleranzprinzip » an, das die Wahl einer Sprache auf die Brauchbarkeit der syntaktischen Regeln gründet (Carnap 1934).

22. Siehe z.B. Neurath: „Soziale Aufklärung nach Wiener Methode" (1933), in Neurath, 1983, S. 231-239.

23. Dass die wiederholte Bezugnahme auf die französische Aufklärung den « Leibnizschen Mythos einer Universalsprache » bemüht, ist nicht weiter erstaunlich. Haben doch die Enzyklopädisten selbst gern eine Vielzahl von Ausdrücken und Gedanken von Leibniz übernommen, manchmal auch ohne dass sie zu den ursprünglichen Werken Zugang gehabt haben, wie etwa im Fall der *Nouveaux Essais*, die erst 1765 erschienen sind. Darauf hat Sylvain Auroux aufmerksam gemacht (Auroux, 1973. Siehe vor allem S. 171 und seine Fußnote 72 zum Leibniz'schen Mythos einer Universalsprache und dessen Weiterschreibung durch die Enzyklopädisten.) Der Artikel « Sprache » (« Langue »), gezeichnet B.E.R.M. und von Beauzée (vielleicht auch von Douchet) verfasst, der auch der Autor einer « Grammatik » in der Enzyklopädie von Diderot und D'Alembert war (T.9, 1765, pp. 245-266) macht diese Linie sichtbar, die auf eine Universalsprache abzielt, die als « Idiom der Gelehrten Europas » dienen soll. Wenn das Französische nach dem Muster des Lateinischen dafür am besten geeignet erscheint, dann aus einem Grund, der, wie es am Ende des Artikels heißt, mit dem « Einfluss unserer Regierung auf die allgemeine Politik Europas » zu tun hat. Trotzdem ist die Bezugnahme auf Leibiz widersprüchlich. Die Enzyklopädisten vertraten eher die Auffassung, dass die Sprache willkürlich ist, während Leibniz im Gegenteil dachte, dass zwischen den Beziehungen zwischen den Worten und den Beziehungen zwischen den Dingen eine natürliche Korrespondenz besteht, was er "connexio inter res et verba " nannte. Die erstere Auffassung, die z.B. auch von Condillac verteten wurde, stützt sich eher auf die Sprachtheorie von Hobbes.

24. Siehe dazu den Beitrag von Dahms in diesem Band.

25. Zum Leibniz'schen Mythos einer der universellen Sprache siehe Fußnote 22.

26. Nach Marie Neurath, in einem Gespräch, das ich kurz vor ihrem Tod in London mit ihr führen durfte.

27. Dabei ging es darum, bestimmte Züge und ihre Beziehungen zueinander ans Licht zu bringen und anthropometrisch zu erklären, wie Unterschiede zwischen den Charakteren und ihre Varianten zustandekommen. Das ursprüngliche Ziel bestand darin, die Vererbung intellektueller Fähigkeiten zu erfassen, die dem Auftreten von Genies zugrundeliegen.

28. Der die Spengler'sche Vorstellung einer „Physiognomik" entsprach, Anm. d. Ü.

29. Sitzung der französischen Gesellschaft für Philosophie am 25 Januar 1912 (Couturat 1912).

30. In *Lebensgestaltung und Klassenkampf*, worauf Uebel 1992, S. 260, verweist.

31. Obwohl hier noch einmal zwischen „ordinary language" und „Umgangssprache"
unterschieden werden müsste.

Bibliographie

Actes du congrès international de philosophie scientifique. Tome 2,
*L'Unité de la science [organisé par Otto Neurath et Louis Rougier,
Paris, Sorbonne, 1935].* Paris: Hermann, 1936 (Actualités scienti-
fiques et industrielles ; 389).

*L'Unité de la science, la méthode et les méthodes ; à l'occasion du
tricentenaire du Discours de la méthode de Descartes* [Actes du
IXe Congrès International de Philosophie de 1937] ; éd. Raymond
Bayer. Paris: Hermann, 1937. (Actualités scientifiques et industrielles ; 533).

Les congrès de 1935 et 1937 ont été annoncés ou synthétisés. Celui
de 1935 par exemple dans la *Revue de Métaphysique et de Morale,* n°1, 1936 (par Albert Lautman).

Auroux, Sylvain (1973): *L'Encyclopédie, grammaire et langue au XVIIIe
siècle.* Tours: Mame.

Baege, M. H. (1913), hrsg., *Zeitschrift für Positivistische Philosophie,*
Bd. 1. Berlin: A. Tetzlaff.

Bauer, Otto (1987), *La question des nationalités et la social-
démocratie,* 2 vol. ; tr. fr. révisée avec une introduction de Claudie
Weill. Paris: Arcantère ; Montréal: Guérin.

Blanché, Robert (1961), Compte-rendu de l'œuvre de Louis Rougier,
Revue Libérale, n°33.

Bochenski, Jan (1956), *Formale Logik.* Freiburg ; München: K. Alber.

Carnap, Rudolf (1928), *Der Logische Aufbau der Welt.* Berlin: Berna-
ry (Engl. Übers. von Rolf George. Berkeley: Univ. of California
Press, 1967).

Carnap (1936–37), « Testability and Meaning », *Philosophy of Science* III, 420-468 [repr. in: Feigl et Brodbeck (eds), *Readings in Philosophy of Science,* 1953].

Carnap, Rudolf (1934), *Die logische Syntax der Sprache.* Wien (Schriften zur wissenschaftlichen Weltauffassung ; 8).

Cavaillès, Jean (1935), L'Ecole de Vienne au Cercle de Prague, Revue
de Métaphysique et de Morale, 137-149.

Cavaillès (1960), *Sur la logique et la théorie de la science.* Paris:
Presses universitaires de France. (Bibliothèque de philosophie contemporaine).

Cavaillès (1981), *Méthode axiomatique et formalisme;* intr. de Jean-Toussaint Desanti. Paris: Hermann. [thèse que Jean Cavaillès soutint en 1937].

Cavaillès (1994): *Œuvres complètes de philosophie des sciences.* Paris: Hermann.

Celeyrette-Pietri, Nicole & et Soulez, Antonia (1988), *Valéry et la logique du langage. Actes d'une Journée tenue à l'Université de Paris-XII-Val-de-Marne, Créteil* (publié dans la revue Sud).

Chauviré, Christiane (1985), « Note sur Peirce et l'Aufhebung de la métaphysique », in: *Manifeste du Cercle de Vienne,* pp. 287-293 [cf. Soulez, 1985].

Clavelin, Maurice (1973), « La première doctrine de la signification du Cercle de Vienne », *Etudes Philosophiques,* 4.

Clavelin, Maurice (1980), « Les deux positivismes du Cercle de Vienne », Archives de philosophie, 43, 1980, 33-35.

Couturat, Louis (1899), « La logique mathématique de Peano », *Revue de Métaphysique et de Morale* 7 (1899), 616-646.

Couturat (1901), *Logique de Leibniz d'après des documents inédits.* Paris: F. Alcan.

Couturat (1905), *Les Principes des mathématiques.* Paris: F. Alcan [avec un "Appendice sur la philosophie des mathématiques de Kant" (1904)].

Couturat (1912), « Sur la structure logique du langage », *Revue de Métaphysique et de Morale.*

Couturat (1914), *Algèbre de la logique,* 2e éd. Paris: Gauthier-Villars. [1e éd. 1905].

Desanti, Jean-Toussaint (1981), « Souvenir de Jean Cavaillès », préface à: Jean Cavaillès, *Méthode axiomatique et formalisme.* Paris: Hermann.

Duhem, Pierre (1906), *La théorie physique. Son objet, sa structure.* Paris: J. Vrin, 1981. (L'histoire des sciences. Textes et études).

Edwards, Paul (éd.), *Encyclopedia of Philosophy.* New York: MacMillan.

Feigl, Herbert (1968), « Wiener Kreis in America », in: *The Intellectual Migration, Europe and America, 1930–1960.* Harvard Univ. Press.

Frege, Gottlob (1971), *Ecrits logiques et philosophiques;* prés. par Claude Imbert. Paris: Seuil. (L'ordre philosophique).

Freud, Sigmund (1985), *Résultats, idées, problèmes (1921–1938)*, tome 2. Paris: Presses universitaires de France, 1985. (Bibliothèque de psychanalyse).

Holton, Gerald (1988), *Thematic Origins of Scientific Thought*. Harvard University Press. [ch. 7: "Mach, Einstein, and the search for reality" (publ. orig. 1968)].

Imbert, Claude (1999), *Pour une histoire de la logique*. Paris: Presses universitaires de France.

Jacob, Pierre (1980), *De Vienne à Cambridge. L"héritage du positivisme logique de 1950 à nos jours*. Paris: Gallimard. (Bibliothèque des sciences humaines).

Johnston, William (1972), *L'esprit viennois*. Paris: Presses universitaires de France.

Kraft, Viktor (1953), *The Vienna Circle*. New York: Greenwood Press.

Lalande, André (1914), A propos de Couturat, *Revue de Métaphysique et de morale*.

Lalande (1902–1923), *Vocabulaire technique et critique de la philosophie;* 10e éd. revue et augmentée, avec un supplément. Paris: Presses universitaires de France, 1968.

Laz, Jacques (1993), *Bolzano critique de Kant;* préf. Jacques Bouveresse. Paris: J. Vrin.

Marty, Anton (1908), *Zur Grundlegung der allgemeinen Grammatik,* in: *Gesammelte Schriften.*

Morris, Charles (1960), « On the History of the International Encyclopedia of Unified Science », *Synthèse* 12, n° 4. Dordrecht: Reidel, December 1960.

Nemeth, Elisabeth & Neurath, Paul (1994), *Otto Neurath*. Wien: Böhlau.

Neurath, Otto (1921), *Anti-Spengler*. München: Callway. cf. 1973.

Neurath (1937), « Unified Science and its Encyclopedia », in: *Philosophy of Science* 4, 1937 [cf. 1983].

Neurath (1937), « The New Encyclopedia of Scientific Empiricism », en tr. angl. cf. 1983.

Neurath (1937), « On the history of the International Encyclopaedia of Unified Science », in *Synthèse* 12, n°4 , Reidel publ., Dordrecht, cf. Neurath [1973].

Neurath (1973), *Empiricism and Sociology*, ed. Robert S. Cohen et Marie Neurath. Dordrecht ; Boston: Reidel.

Neurath (1981), *Gesammelte philosophische und methodologische Schriften*; hrsg. Rudolf Haller & Heiner Rutte, 2 Bde. Wien: Hölder-Pichler-Tempsky.

Neurath, Otto (1983), *Gesammelte bildpädagogische Schriften*, hrsg. von Rudolf Haller und Robin Kinross, Wien: Hölder – Pichler – Tempsky.

Neurath (1983), *Philosophical Papers, 1913–1946*, ed. Robert S. Cohen & Marie Neurath. Dordrecht-Boston: Reidel.

Proust, Joëlle (1986), *Questions de forme. Logique et proposition analytique de Kant à Carnap.* Paris: Fayard.

Reichenbach, Hans (1937), « Fondements logiques du calcul des probabilités », *Annales de l'Institut Poincaré* vol. 7, partie 5, pp. 267-348.

Rorty, Richard (1967), ed., *The Linguistic Turn.* Chicago: Univ. of Chicago Press.

Russell, Bertrand (1900), *Exposé critique de la philosophie de Leibniz,* tr. fr. Paris: Alcan, 1908.

Russell (1910-1913) & Whitehead, *Principia mathematica.* Cambridge Univ. Press. [2d ed, 1925].

Russell (1914), *Our Knowledge of the External World.* Chicago ; London: Open court.

Russell (2001), *Correspondance sur la philosophie, la logique et la politique avec Louis Couturat (1897–1913)*; éd. et commentaire par Anne-Françoise Schmid. Paris: Kimé.

Schilpp, Arthur (1963), *Philosophy of Rudolf Carnap.* La Salle: Open Court. (The library of living philosophers ; 11).

Schlick, Moritz (1930), « The Future of Philosophy », hrsg. in: Philosophy of the College of the Pacific (1932). Neudr. in: *Gesammelte Aufsätze, 1926–1936* (Wien: Gerold, 1938) und in: Rorty (Richard), *The Linguistic Turn* (Chicago 1967).

Schlick (1938), *Gesammelte Aufsätze, 1926–1936.* Wien: Gerold.

Scholz, Heinrich (1931), *Geschichte der Logik,* Berlin.

Sebestik, Jan & Soulez, Antonia (1986), *Le Cercle de Vienne, doctrines et controverses.* Paris: Klincksieck. [rééd. Paris: L'Harmattan, 2002].

Sebestik (1992), *Logique et mathématique chez Bernard Bolzano.* Paris: J. Vrin.

Sebestik & Soulez (1999), *Science et philosophie, au tournant du siècle, en France et en Autriche.* Paris: Kimé. (Philosophia scientiae).

Serrus, Charles (1933), *Le parallélisme logico-grammatical.* Paris: F. Alcan.

Serrus (1937), « Le prédicat dans la logique d'inhérence et dans la logique de la relation », in: *Actes du IXème Congrès International de Philosophie.* Paris: Hermann.

Somerville, John (1936), « The social ideas of the Wiener Kreis's », International Congress, Paris, sept. 1935, *Journal of Philosophy*, 11, 21 mai.

Soulez, Antonia (1985), dir., *Manifeste du Cercle de Vienne et autres écrits.* Paris: Presses universitaires de France. (Philosophies d'aujourd'hui).

Soulez (1993), « The Vienna Circle in France (1935-1937) », in: *Scientific philosophy, origins and developments*; hrsg. Friedrich Stadler. Dordrecht: Kluwer, 1993. (Vienna Circle Institute Yearbook ; 1), pp. 95-112.

Soulez (1994), « Die Enzyklopädie und der Geist des Wiener Kreises, Frankreich–Österreich hin und zurück », in: *Frankreich–Österreich. Wechselseitige Wahrnehmung und wechselseitiger Einfluss seit 1918*; hrsg. Friedrich Koja & Otto Pfersmann (Wien: Böhlau), 138-158.

Soulez (1996), « Otto Neurath or the Will to Plan », in: *Encyclopedia and Utopia. The life and work of Otto Neurath (1882–1945)*; hrsg. Elisabeth Nemeth & Friedrich Stadler. Dordrecht: Kluwer. (Vienna Circle Institute Yearbook ; 4).

Soulez (1997–1998), dir., *Dictées de Wittgenstein à Friedrich Waismann et pour Moritz Schlick.* Paris: Presses universitaires de France ; 2 vol. (Philosophie d'aujourd'hui).

Soulez (1999): « Does understanding mean forgiveness ? » (Otto Neurath and Plato's Republic in 1944-45) », in: *Otto Neurath, Rationalität, Planung, Vielfalt*; hrsg. Elisabeth Nemeth und Richard Heinrich, mit Antonia Soulez. Wien: R. Oldenbourg. (Wiener Reihe ; 9). [Version anglaise d'une conférence publiée dans *Otto Neurath, un philosophe entre science et guerre. Actes réunis en hommage à Philippe Soulez*; éd. François Schmitz, Jan Sebestik, Antonia Soulez, avec la collab. d'Elisabeth Nemeth. Paris: l'Harmattan, 1997. (Cahiers de philosophie du langage ; 2).

Soulez (2001): « L'Encyclopédie et 'l'esprit du cercle de Vienne' », in: *Sciences et philosophie en France et en Italie entre les deux guerres*; éd. Jean Petitot et Luca Scarantino. Napoli: Vivarium.

Spengler, Oswald (1919), *Der Untergang des Abendlandes. Umrisse einer Morphologie der Weltgeschichte*. Wien–Leipzig: W. Braumüller.

Uebel, Thomas (1992), *Overcoming Logical Positivism from Within. The emergence of Neurath's naturalism in the Vienna Circle's protocol sentence debate*. Amsterdam ; Atlanta: Rodopi. (Studien zur oesterreichischen Philosophie ; 17).

Wittgenstein, Ludwig (1922), *Tractatus Logico-philosophicus*, intr. B. Russell, tr. Brian McGuinness & D. Pears. London: Routledge & Kegan Paul. [tr. fr. Gilles-Gaston Granger. Paris: Gallimard, 1993].

MATHIEU MARION

LOUIS ROUGIER, THE VIENNA CIRCLE
AND THE UNITY OF SCIENCE

Louis Auguste Paul Rougier (1889–1982) was the only French associate of the Vienna Circle. Today, he has almost disappeared from history books.[1] Reasons for this are complex; they have to do, to a large
extent, with his political involvement, on the extreme-right of the French
political spectrum. That he deserved or not his reputation is a question
that cannot be debated here.[2] Since facts about Rougier are largely
unknown, I shall first give as detailed as possible a picture of Rougier's
links within the Vienna Circle. I shall then give a brief presentation of
Rougier's own version of logical empiricism, in order to conclude with a
discussion of his views on physicalism and the Unity of Science.

1. A Forgotten Associate

As far as I can tell, Rougier earliest mention in print of Reichenbach's
and Schlick's work dates from 1931, in a short article on the development of scientific philosophy since 1900 for the Larousse mensuel illustré (Rougier 1931). He was already more than 40 years old. He had
obtained a doctorat from the Sorbonne in 1920 and he had already
published five books on epistemological matters (Rougier 1920a,
1920b, 1920c, 1921b, 1921c) along with a number of papers. As I shall
argue in the next section, Rougier's philosophical outlook was already
fully developed by the time he discovered the writings of the members
of the Gesellschaft für empirische Philosophie and the Verein Ernst
Mach. But his outlook was very close to that of the early Vienna Circle
and, in his first letter to Schlick, in November 1931,[3] Rougier expressed
his enthusiasm and his wish to become a member of the Verein. Re-
turning from a trip to the Soviet Union in 1932, Rougier stopped in Berlin to meet Reichenbach and to give a paper for the Gesellschaft.[4] According to him, the idea of an international congress of scientific philosophy occurred for the first time in conversations with Reichenbach
on that occasion (Rougier 1936b, 3). He was only to meet Schlick for
the first time in 1934, on the occasion of a trip to central Europe. On
that occasion, he spoke in front of Schlick's Circle on Poincaré's phi-

losophy of science.[5] During his stay in Vienna, he witnessed the violent repression of the Socialists by the Dollfuss regime.

Later in the same year, Rougier presented a paper at the *Prager Vorkonferenz* on "La scolastique et la logique" (Rougier 1935a), which presents in a condensed form some of the conclusions of his lengthy study, *La Scolastique et le thomisme* (Rougier 1925). This book was not written as a piece of historical scholarship but in order to show that the scholastic attempt to reconcile the revealed truths of Christian religion with Greek rationalism was a complete failure. His peculiar approach was to 'axiomatize' scholastic philosophy and to show that the conclusions derived by scholastic philosophers did not follow from their premises, unless one committed one of a number of '*paralogismes*', i.e., fallacies that are committed in good faith and not with the intention to mislead. (Rougier's book was very controversial, he was accused of plagiarism and Étienne Gilson and Jacques Maritain became bitter enemies.) At the *Eight International Congress of Philosophy*, immediately following the *Vorkonferenz*, Rougier gave a paper on "De l'opinion dans les démocraties et dans les gouvernements autoritaires", which contains a clear statement of his liberal standpoint (Rougier 1936a).[6]

During the *Vorkonferenz* Rougier was nominated to the organisational committee of the *First International Congress of Scientific Philosophy*, which was to take place in 1935 at the Sorbonne. There is evidence that Rougier had lobbied for Paris at an early stage, even as a possible venue for the *Vorkonferenz*. It looks as if Rougier and Neurath organized alone the *First International Congress of Scientific Philosophy*. Their correspondence contains more than 500 pages and it is almost exclusively concerned with organizational matters.[7] One finds, reading it, that the congress was almost postponed as Rougier almost gave up, devastated as he was by the sudden death, in Cairo, of his second wife.

Rougier played a leading role within the *First International Congress*, giving the opening (Rougier 1936c) and closing lectures (Rougier 1936d), and by further contributing with a paper on the "Pseudo-problèmes résolus et soulevées par la Logique d'Aristote" (Rougier 1936e). He edited afterwards the proceedings in eight volumes at Hermann in Paris, under the title *Actes du Congrès international de philosophie scientifique, Sorbonne, Paris, 1935*. Rougier was hoping to use the congress to promote logical empiricism in France. For this purpose, he published in the *Revue de Paris*, which reached an audience not confined to academia, a paper entitled "Une philosophie nouvelle: l'empirisme logique, à propos d'un Congrès récent". This paper contains an amazing *tour de force*, a summary of logical empiricism in one sentence:

These are the key ideas of the Viennese School: the syntactic character of the laws of logic and mathematics and, hence, the disappearance of the problem of their applicability to nature; the tautological character of pure thought and, hence, the denial of any material *a priori* and of the possibility of a radical form of empiricism; the reduction of philosophy to the study of the formal structure of science, to the syntax of its scientific language, such that philosophy becomes an integral part and cannot be distinguished from science; the reduction of metaphysical problems to meaningless statements, condemned by the logical syntax but explainable by the grammatical syntax of ordinary languages, and, hence the mutual dependence of metaphysics and linguistics; the reduction of most problems concerning the material content of scientific statements to syntactical questions relative to the choice of language and, hence, the elimination of a large number of pseudo-problems; the attempt to unify the language of science by a physicalisation of its statements, and, hence, the creation of an unified science covering all meaningful statements. (Rougier 1936f, 192-193)

During the congress, Rougier was elected member of the organisational committee for the *International Encyclopaedia of United Science*,[8] along with Carnap, Frank, Jørgensen, Morris and Neurath (Carnap *et alii* 1936). Rougier's reputation within the Circle was largely due to his book on *Les paralogismes du rationalisme* (1920b), and it is probably for this reason that he was asked to write a monograph on the history of rationalism for the *Encyclopaedia*. For reasons that are unknown to me, it was never published. In the late 1930s, Rougier got involved in political matters and his writings and activities in 1938 and 1939 were, with a few exceptions, entirely devoted to political philosophy and political economy.[9] I surmise that he simply had no time during those years to sit down and write his monograph on rationalism. On the other hand, Rougier managed to contribute to *Erkenntnis*, in the late 1930s, with papers on "Le langage de la physique est-il universel et autonome?" (Rougier 1937/38) and "La relativité de la logique" (Rougier 1939/40), which will be discussed below. At any rate, there are no traces in the correspondence between Rougier and Neurath, at least until early 1940,[10] of any dispute, such as the notorious one surrounding Reichenbach's contribution the *Encyclopaedia*. On the contrary, the exchange of letters shows that Rougier was quite conciliatory and that he adjusted the plan of his monograph in order to make room for a further a pair of monographs by Santillana and Zilsel, which were eventually published (Santillana & Zilsel 1941).[11]

After Schlick's murder, Rougier also organized, again with help from Neurath, a further Parisian meeting, the *Third International Congress for the Unity of Science* of 1937.[12] This was another *Vorkonferenz*, which took place immediately before the *Ninth International Congress of Philosophy*, also known as the *Congrès Descartes*, within which there was also a special section on the 'Unity of Science', which was, once again, organized by Rougier and Neurath. Rougier participated in further Congresses for the Unity of Science in Cambridge (1938) and Harvard (1939). The meeting in Oslo (1940) was cancelled and Rougier withdrew at a late date from the last meeting, in Chicago in 1941, although he was in the United States at the time.[13] So, Rougier's collaboration with the Circle faded away with the Circle itself.

The congresses of 1935 and 1937 provided a wonderful showcase for the logical empiricism in France 'our philosophy', as Rougier called it. In an effort to promote logical empiricism, Marcel Boll and Ernest Vouillemin had a number of short monographs by Carnap, Hahn, Frank, Neurath, Reichenbach, and Schlick published in French; Rougier appears to have been closely involved in that project.[14] In his correspondence with Schlick, Rougier had mentioned the idea of a *Société Henri Poincaré* that would emulate the *Verein Ernst Mach*.[15] Rougier tried indeed to muster around him a number of philosophically minded scientists (e.g., Jean-Louis Destouches, Maurice Fréchet, Paul Langevin, or Charles Rist). For *First International Congress* of 1935, he was able to rally the support of institutions such as the *Institut d'histoire des techniques et des sciences* (the ancestor of the current *Institut d'histoire et de philosophie de sciences et des techniques*) and Abel Rey's *Centre de synthèse*, whose journal, la *Revue de synthèse*, also published papers by members of the Vienna Circle in 1935. As is well known, these efforts failed to create an institutional breakthrough (as opposed to, e.g., English-speaking and Scandinavian countries). The reasons for this are well worth an investigation, but this is outside the scope of this paper. I should at least point out that Rougier's isolation within French academia was not caused merely by *mépris* from more traditional quarters (e.g., the neo-Thomists or the *philosophie réflexive*) but also from lack of solidarity, if not plain hostility, from other French-speaking philosophers of science. One early example of this is the *Colloque des philosophes scientifiques de langue française*, which took place in Brittany, on September 10-17, 1938: Rougier tried without success to convince his colleagues (e.g., G. Bachelard, J.-L. Destouches, F. Gonseth, R. Wavre) to publish their papers in *Erkenntnis*; his correspondence at the time with Neurath shows that Gonseth doctrinal opposition to logical empiricism carried the day.[16]

Rougier was not merely an active associate of the Circle but also a close friend of some of its members. He was especially close to Moritz Schlick. Rougier's most important post-war publication – arguably his most important book –, the *Traité de la connaissance* (Rougier 1955), published in 1955, is dedicated to his memory. Rougier was also close to Hans Reichenbach. As with Schlick, their correspondence is of a more personal nature; at times they would, for example, share opinions about their situation, Rougier's appointment in Cairo (1931–1936) overlapping with Reichenbach's in Istanbul (1933–1938). Rougier helped one of Reichenbach's sons to secure a visa prior to the war. As a matter of fact, Rougier was active in a *Comité de défense des israélites* prior to the war and he was able through his connections within the French government,[17] to obtain visas and facilitate the transit of numerous intellectuals from central Europe. For example, the Fonds Rougier at the Chateau de Lourmarin contain a letter of thanks by Friedrich Waismann which implies that Rougier helped him (among others) to find his way to England; information recently resurfaced that shows that Rougier also helped Ludwig von Mises (along with other Jews who had been arrested as they were travelling in a bus from Switzerland to Spain) to obtain a visa to the United States in July 1940.[18]

On a more personal note, Rougier went on vacation on the shores of an Austrian lake with Schlick in 1935. Schlick had left his wife behind in Vienna and was joined by his assistant, Lucy Friedmann (*née* Herzka). She was married at the time to a Viennese lawyer and had obtained a Ph.D. from the University of Vienna, something unusually *avant-garde* for a Viennese woman in the 1930s. After the *Anschluss*, the Friedmanns eventually moved to New York and Rougier obtained a fellowship from the Rockefeller Foundation, along with a position at the *New School of Social Reseach*, that allowed him to join her in January 1941. Lucy eventually obtained a divorce and they married in December 1942, in New York. They went back to France in 1947 and lived together until Rougier's death in 1982 at the age of 94.

2. From Conventionalism to Logical Empiricism

Because of his enthusiastic support of the Circle's *Weltauffassung*, Rougier was perceived by his French colleagues as a "disciple of strict obedience" (Rougier 1960, 55).[19] But it would be wrong to derive from this the idea that he was an unoriginal philosopher, a mere *passeur* wishing to import foreign ideas into France. By the early 1930s, Rougier had published almost all of his work in scientific philosophy and he had developed all the main theses that were to characterize his philosophy: his understanding of the modern axiomatic method and interpretation of Poincaré's conventionalism, and his criticism of the *paralogismes*, *pseudo-problèmes* and *mystiques* of 'school philosophy'. So, although Rougier may be correctly pictured as rather orthodox associate of the Circle, he came to the Circle and contributed to it from an independent standpoint. Members of the Circle were perfectly aware of this. Philipp Frank noticed that

> Rougier started his philosophic work on a basis similar to that of Schlick. He took his start from Poincaré, tried to integrate Einstein into the "new positivism", and wrote the best all-round criticism of the school philosophy that I know of, "The Paralogisms of Rationalism". (Frank 1949, p. 48)

Reviewing the *Traité de la connaissance* in the 1950s, Victor Lenzen wrote:

> By dedicating his book to the memory of Moritz Schlick, M. Rougier acknowledges the contributions to his theory by the Vienna Circle. He recognizes as a decisive influence in the new developments, Wittgenstein's doctrine that the rules of logic are tautologies which are true by virtue of form alone. M. Rougier, however, has been an independent contributor to logical empiricism in his own right. An early work by him was devoted to the geometric philosophy of Henri Poincaré, whose discovery of the role of conventions in science contributed a basic element in philosophy of science. An early work of M. Rougier on the structure of deductive theories provided the outline for the present extended treatment. In *Paralogismes du rationalisme* he anticipated Carnap's *Scheinprobleme* with an unequalled wealth of examples. A work on *Scholasticism* and *Thomism* further prepared him to place the new theory of knowledge in its historical setting. (Lenzen 1956, 125)

It seems right to describe Rougier as "an independent contributor to logical empiricism in his own right". I shall give some evidence for this, while introducing some background elements for my discussion of his views on physicalism and the unity of science.

First, one should note that Rougier had already published as early as the 1910s an enormous amount in the philosophy of physics. His first paper on the use of non-Euclidean geometry in relativity theory was published in *L'enseignement mathématique* in 1914, when he was only 25 (Rougier 1914). Rougier's most important paper in the philosophy of physics was on "La matérialisation de l'énergie"; it appeared under three different formats (Rougier 1917/18, 1919a, 1921b) and it was also translated into English in 1921 (Rougier 1921c).[20] In that text, Rougier showed how recent developments in physics had undermined the traditional conceptual opposition between energy, which was said to have no inertia and heaviness, and matter, which was supposed to possess mass. Metaphysical problems originating in this dualism, e.g., that of their interaction, were described by Rougier as *"pseudo-problèmes":*

It is a general truth that the majority of philosophical problems are insoluble because the problems do not properly exist. The subjectivism of our senses, the anthropomorphism of our reasoning by analogy, the substantialistic tendency to realize our ideas and to take purely logical distinctions as objects lead us to conceive fictitious problems, or pseudo-problems, that have no more meaning than the insolubilia on which the eristics of the ancient sophists [...] were exercised. To solve them is always to show that they were problems which have been badly stated. (Rougier 1921a, 1)

It was Rougier's belief that problems linked with the metaphysical distinction between matter and energy would 'vanish' as the result of advances in modern physics:

[...] it is shown to be true that the two terms, taken to be diametrically opposite, enjoy such properties in common as explain their interaction; energy appears to be endowed with inertia, weight, and structure, like matter. [...] the metaphysical problem [...] vanishes of itself. (Rougier 1921c, 3)

There is nothing new here, this anti-metaphysical approach has it roots in Comte's positivism and it has antecedents in the German-language philosophy of science (L. Boltzmann, H. Hertz, C. Menger).

But it is quite striking that Rougier wrote about *pseudo-problèmes* more than ten years before Carnap wrote about *Scheinprobleme*.

Secondly, Rougier's doctoral theses, published in 1920 as *La philosophie géométrique de Poincaré* (Rougier 1920a) and *Les paralogismes du rationalisme* (Rougier 1920b), already contained the fundamental tenets of his philosophy. The study on *La philosophie géométrique de Poincaré* (Rougier 1920a) ought to be read in conjunction with *La structure des théories déductives*, published a year later (Rougier 1921a). Rougier believed that the influence of Émile Boutroux on Poincaré had been deleterious (Rougier 1947, 15); he believed that Poincaré wrapped his ideas a neo-Kantian garb that do not fit them. These two books contain a study of the notion of an axiomatic theory, following the then recent results of Hilbert, Peano, Padoa, Russell etc., which form the background for a new and fruitful interpretation of Poincaré's conventionalism, disentangled from its neo-Kantian garb. Rougier was able to provide a sharp characterization of the conventional part of a scientific theory and thus to provide an interpretation of Poincaré's conventionalism.[21] In a nutshell, since the axioms of a formal system are assumed but not proven, they can be taken to be conventional; they are the result of "tacit agreement", or as he would put it, of "decree resulting from a free decision" (Rougier 1920a, 121) or *"décisions volontaires"* (Rougier 1960, 51). According Rougier, a particular type of convention is relevant here: "optional conventions" (*conventions facultatives*), i.e., conventions that "can always be replaced by a contrary convention, without causing more than a simple modification of the scientific language" (Rougier 1920a, 122 & 200). Poincaré's 'geometric' philosophy could thus be seen as a special case of this general form of conventionalism, where alternative geometries are construed, through term by term translation, as isomorphic models of a more general axiomatic system. This view was to be popularized afterwards by Jean Nicod (Nicod 1930), Ernst Nagel (Nagel 1961, chap. 9) and Max Black (Black 1942), who explicitly discusses Rougier. However, it is recognized today as partly inaccurate.[22]

Rougier believed this conventionalism to be the solution to the deadlock that traditionally opposed rationalism and empiricism. The conclusion to *La philosophie géométrique de Poincaré* begins with these words:

It will turn out that the discovery of non-Euclidean geometry has been the origin of a considerable revolution in the theory of knowledge and, hence, in our metaphysical conceptions about man and the universe. One can say, briefly, that this discovery has succeeded in breaking up the dilemma within which epistemology has been locked by the claims of traditional logic: the principles of science are either *apodictic truths* (analytic or synthetic *a priori* judgements) or *assertoric truths* (empirical or intuitive judgements). Poincaré, taking his inspiration from the work of Lobatchevski and Riemann, pointed out in the particularly significant case of geometry that there is another solution: the principles may be simple optional conventions. (Rougier 1920a, 199)

To this Rougier adds, a little bit further:

A series of statements hitherto conceived of by rationalists as absolutely necessary truths, independent of our mind and of nature, by criticists, as *a priori* laws of our sensibility or of our understanding, by empiricists, as truths of experience, are seen, after Poincaré's critique, as mere conventions. These conventions are not true but practical, they are not necessary but optional, they are not imposed by experience but merely suggested by it. Far from being independent from our mind and nature, they exist only by tacit agreement of all minds and depend strictly upon external conditions in the environment in which we happen to live. (Rougier 1920a, 200-201)

Principles "exist only by tacit agreement" and they "depend strictly upon external conditions in the environment in which we happen to live". This was Rougier's "third solution", which is the key to his entire philosophical work. One should notice that it is at one with both Comte's notion of *l'esprit positif* and the *wissenschaftliche Weltauffassung* of the Vienna Circle. Later, Rougier extended this "third solution" by arguing, on the basis of the tautological character of logical truth and of the existence of non-classical logics, that even logical necessity is the result of conventions (Rougier 1939/40, 1940, 1941). In the *Traité de la connaissance*, he expressed the view in these terms:

The origin of logical necessity resides, therefore, in the definitions which result from our linguistic conventions. The tautological character of the laws of logic is simply a special case of the general principle that *what is true by definition cannot at the same time be held to be false*. In a word, it rests on the necessity of giving univocal meanings to our conventions in order to be able to communicate with others and with ourselves. Conventions are not cognitive acts, they are decrees of our will. We are not bound in our conventions except by the necessity of being consistent. (Rougier 1955, 125)

There are many difficulties with Rougier's conventionalist stance, some of them raised by Arthur Pap in his critical study of the *Traité de la connaissance* (Pap 1956). I shall briefly mention Pap's criticisms in the next section but a full discussion falls outside the scope of this paper.

The book on *Les paralogismes du rationalisme* (Rougier 1920b), can be seen as the development of this viewpoint into a detailed critique of traditional forms of *a priori* rationalism. The target of Rougier's critique is a pair of claims that are said to characterize rationalist doctrines, over and above some key disagreements:

Rationalism admits the existence of truths that are objective, *a priori*, unconditionally necessary, independent from our mind and from nature, that are at the same time laws of our thought and laws of being, such that our mind has no choice but to submit to them and nature to conform to them. To these truths, one give the names of rational or eternal truths. The faculty that grasps them, which is distinct from perception and empirical understanding, is reason. This faculty is *sui generis* and it is one and indivisible. It is in equal amount in all men and pertains to them in virtue of their essence. (Rougier 1920b, 437)

Rougier's main line of attack consisted of pointing out that statements that were held by rationalists to be 'eternal truths' either turned out to be mere empirical truths or optional conventions (Rougier 1920b, 439). Rougier also tried to show that attempts at giving rational grounds for the above pair of theses were based on paralogisms.[23] One should note that Rougier's critique of the belief in the existence of eternal truths was an open attack on scientific and mathematical realism, and his anti-realism was not limited to a critique of traditional forms of rationalism, such as Thomism or the various post-Cartesian systems of the eighteenth century: among the variants of realism also criticized are Cantor's Platonism as well as Russell's "analytic realism" (Rougier 1920b, chap. x).[24]

Rougier further concluded from his rejection of the concept of universal, eternal, *a priori* truths that the traditional concept of an universal reason, *"naturellement égale en tous les hommes"*, as Descartes had written in *Le discours de la méthode*, had to be thrown away and replaced by a conception of the "plasticity" of mind. This idea of "plasticity" was not new to French philosophy; it had been championed by major figures of the previous generation, such as Édouard Le Roy and Léon Brunschvicg, to whom Rougier owes this basic orientation of his philosophy. Rougier wanted to replace the Cartesian concept of reason by that of *mentalité* (mentality), taken from French anthropologist and sociologist, Lucien Lévy-Bruhl (Lévy-Bruhl 1922a, 1922b). The uniqueness of 'reason' was thus to be replaced by the variety of mentalities, and Rougier called repeatedly for a science of "mental structures", which he never really developed (Rougier 1921d; 1924, 209-213; 1960, 30-34). Incidentally, it is very curious that, although he recognized that a precise definition of the concepts of 'mentality' or 'mental structure' is not an easy matter (Rougier 1921d, 209), Rougier never fully realized that *"mentalité"* is a rather likely candidate for Neurath's *index verborum prohibitorum*. At any rate, Rougier's rejection of the belief in a faculty of reason "one and indivisible" should be kept in mind when trying to understand his anti-physicalist stance. But before doing so, I should like to make two brief comments.

First, this critique of the universalist conception of reason led many, mainly within literary circles across Europe, to believe that Rougier defended a form of relativism. This is why *Les paralogismes du rationalisme* was praised by Aldous Huxley (Huxley 1927, xviii) but criticized by Julien Benda (Benda 1950). Adriano Tilgher even compared him with Spengler (Tilgher 1922). It is true that reasons for which Rougier should not be seen as a full-blooded relativist were not made explicit until later, e.g., when Rougier defended in the *Traité de la connaissance* a position analogous to Friedrich von Hayek's idea that there could be a form of natural selection for cultural groups analogous to natural selection for species (Rougier 1955, 426).[25]

Secondly, Rougier's criticism of the belief in a faculty of reason 'one and indivisible' is linked in the introduction to *Les paralogismes du rationalisme* with a lengthy and virulent critique of political egalitarianism, which is said to have its origin in rationalist principles (Rougier 1920b, 13-21). This remarks should be read in conjunction with Rougier first book in political philosophy, *La mystique démocratique, ses origines, ses illusions* (Rougier 1929). In that book, Rougier developed what could arguably be seen as a political philosophy for the early Vienna Circle. According to Rougier, the legitimacy of *any* form of power, including democracy, is based on belief in what he called *"mystiques"*. These *"mystiques"* are nothing but the nonsensical propositions of rationalist metaphysics; potentially dangerous ones, according to

Rougier, because they are adhered to with a quasi-religious, fanatical fervour. So, no form of power can be justified on *a priori* grounds; democratic *conventions*, however, are suggested from experience and thus to be adopted on *pragmatic* grounds, because properly democratic institutions allow for the freedom necessary for market economy, which is in turn claimed to be the only system empirically proven to bring about an improvement in the living standards. The egalitarian *mystique* is portrayed as leading to state intervention and to the ultimate disappearance of democracy and civil rights, with no improvements in standards of living in exchange. So, Rougier is unique in having derived from an epistemology very close to that of the early Circle, a political philosophy which far more closer to that of von Mises' circle than to the political schemes elaborated by Neurath. But there is no hint that these diverging political views were the cause of animosity between Rougier and any member of the Circle; they nearly always display mutual respect in their correspondence

It should be clear by now that Philipp Frank was right to point out that Rougier came to logical empiricism from an independent standpoint. The latter is, of course, that of the French positivist tradition inaugurated by Auguste Comte. It is clear, for example, that Rougier's conventionalist alternative between empiricism and *a priori* rationalism is but a variant of *l'esprit positif* as defined by Comte. Indeed, Comte defined the latter in the *Discours sur l'esprit positif*, as an alternative to empiricism and 'mysticism'. Rougier's reliance on ideas taken from great figures of the positivist tradition, from Comte, Taine and Renan to Abel Rey and Lucien Lévy-Bruhl, is everywhere apparent. What is fascinating in the case of Rougier is precisely how close his positions were to logical empiricism when he first contacted Schlick in 1931. He had almost all elements in his possession in the early 1920s. As Rougier himself recognized later on, in his 'Itinéraire philosophique' (Rougier 1960), which is still the best available introduction to his philosophy, the most important lesson he learned from the Vienna Circle was their use of Wittgenstein's notion of tautology as the linchpin in their renovation of empiricism.[26]

3. Controversies: Physicalism and the Unity of Science

Now, not only Rougier was an intellectually independent associate, his role within the Circle was not limited to that of an organizer: he also participated in their internal debates. When compared to central figures such as Carnap or Neurath, Rougier was of course a minor figure, an outsider without much real, historical influence on the Circle. But his contributions are not for that reason lacking in intrinsic interest.

On some of the controversies, Rougier took sides without bringing new elements to the debate. For example, on the notorious dispute between Neurath and Schlick on truth, he was one of those, such as Waismann and von Juhos (Juhos 1935), who sided with Schlick:

> One cannot describe the anatomy of science without reintroducing the classical notion of truth as one-to-one correspondence between a system of symbols and a given. [...] But, as soon as your re-establish the *notion of correspondence with a given* [...] a series of acts of thought become possible without committing the mortal sin of metaphysics. We can quietly compare the menu with what the waiter brings us on his tray or the sentences of our Baedecker with the monuments which it describes. (Rougier 1936d, 88-89)[27]

As a matter of fact, Rougier is more often than not siding with Schlick. For example, Rougier remained committed to a form of verificationism and he adopted Schlick's *Konstatierungen* and his thesis of the communicability of the structure of sensations (e.g., in (Rougier 1955, 188)) as well as the Wittgenstein-Schlick notion of *Hypothesen*. These last two elements are still present as late as the 'Itinéraire philosophique' of 1960.[28] Clearly, Rougier belonged to the 'right wing' of the Circle, in more than one sense of the expression.

Rougier's more substantial contributions to the debates within the Circle, as witnessed by his articles in *Erkenntnis*, were about physicalism (Rougier 1937/38) and the relativity of logic (Rougier 1939/40, 1940, 1941). On this later topic, I should briefly mention Pap's criticisms. When the *Traité de la connaissance* appeared in 1955, Arthur Pap wrote a lengthy critical study, the only serious critical discussion of Rougier's logical empiricism in the secondary literature. Pap's judgement was very negative. According to him,

> ... it is clear that [Rougier] is not sufficiently conversant with the more refined techniques of logical analysis that have developed in English and American analytic philosophy [...] His treatise, published in 1955, is not up to date as regards analytical sophistication. [...] Accordingly, the treatise under review contains more information about the work done by logical empiricists before world war II

> than new insights [...] Some serious inaccuracies are simply per-
> petuated ... (Pap 1956, 149)

Indeed, elements taken by Rougier from Schlick such as the thesis of
the communicability of the structure of sensations or the notion of *Konstatierungen* and the strict criteria of verifiability had all been aban-
doned by logical empiricists (Pap 1956, 159-162). Pap further accused
Rougier of committing technical mistakes, such as confusing quantifiers
with propositional functions (Pap 1956, 160n.). But Pap's main argument is against Rougier's argument in favour of conventionalism from
the plurality of logics. As Pap argues, Rougier's argument is vitiated by
confusion between 'sentence' and 'proposition' (Pap 1956, 154). Some
of these accusations are a trifle unfair; for example, Rougier also
wanted to liberalize the criterion of verifiability.[29] The accusation of having confused 'sentence' and 'proposition' stands and falls with Quine's
rejection of 'propositions', so the matter is not that simple. As for the
alleged confusion of quantifiers with propositional functions, it refers to
Rougier's use of the Wittgenstein-Schlick interpretation of laws as *An-
weisungen zur Bildung von Aussagen* or 'hypotheses' (Schlick 1979,
188), (Rougier 1955, 219); this interpretation, originates in Hermann
Weyl's account of quantifiers and it was also taken up by Frank Ram-
sey;[30] it involves no logical howler and it is part of an elaborate anti-
realist conception of the laws of physics (Rougier 1955, 218 & 407).

The idea of the unity of science requires a 'unified language of science', in which every scientific assertion could be expressed. This language had to be both intersubjective and universal. Under the name
'physicalism', Carnap and Neurath proposed in a series of papers, in
the early 1930s, a 'physicalist' language as a candidate for the unified
language. This proposal became the source of a debate among members of the Circle. In "Le langage de la physique est-il universel et
autonome?", which is his contribution to the *Fourth International Congress of Scientific Philosophy* in Cambridge, Rougier rejected physicalism by providing a number of arguments to the effect that physicalist
language is neither universal nor autonomous. He does not seem to
have had qualms with the claim that it is intersubjective. One should
note at the outset that in a letter to Neurath dated November 14, 1938,
Rougier had already set out four points about which he disagreed with
"le Wiener Kreis première manière", as he called it in another letter
(March, 26, 1939).[31] These are the relativity of the analytic-synthetic
distinction, the possibility of languages with domains of intersubjectivity
narrower than that of the physicalist language,[32] the relativity of the

distinction between meaningful and meaningless terms,[33] and the necessity of ordinary language in psychology and sociology, i.e., the lack of universality of the physicalist language. This last point is argued for in "Le langage de la physique est-il universel et autonome?". Moreover, Rougier repeated arguments laid out in this paper in the *Traité de la connaissance* (Rougier 1955, 296-305) in 1955 and in his "Itinéraire philosophique" (Rougier 1960, 56-58) in 1960. They are therefore a basic feature of Rougier's philosophy, not some set of remarks quickly repudiated or simply forgotten. Rougier was anxious to point out that he was able to participate in the debates between members of the Circle and that he was his own man, and his discussion of physicalism was essential to that self-portrayal.

I should make two preliminary remarks. The first concerns Rougier's notion of empirical knowledge. According to him, the existence in the stream of sensations of invariants allows for the constitution of an intersubjective language and it is a fact that qualitative variations are correlated with quantitative variations; such coincidences open the door to a mathematical treatment. Thus one can move from the Aristotelian, qualitative physics to a metric or quantitative physics:

> To the qualitative description of the physical world one thus substitutes the quantitative description of the spatio-temporal order of coincidences which can always be made to correspond, *in accordance to invariable physical laws*, to quantitative changes first noticed by our senses. (Rougier 1937/38, 190-191).[34]

My second preliminary remark concerns the definition of 'physicalism'. As I see it, the term was ambiguously defined in the writings of Neurath and Carnap. Indeed, at times Neurath presented the universal language as the 'language of physics' *simpliciter* (Neurath 1983, 54-55). But a language that would contain only metrical concepts would not be suited for the job and Carnap weakened the physicalist thesis and developed in *The Unity of Science* (Carnap 1995) a 'thing-language' which would contain also qualitative concepts provided that they "refer to observable properties of things and observable relations between things" (Stegmüller 1969, 293).[35] Neurath also spoke at times of the unified language as a purified version of everyday language, which he identifies with the language of physics (Neurath 1983, 62 & 91).

Rougier's understanding of 'physicalism' is slightly different. According to him, it is the thesis that

... any psychological statement can be translated, in virtue of correspondence laws, into a statement of physics. (Rougier 1955, 298-299)

Therefore, Rougier was aiming at the stronger form of 'physicalism', not the weaker. In a nutshell, Rougier will argue that there are no such invariable correspondence laws, analogous to the invariable laws of physics just mentioned in my first remark.

The content of Rougier's paper "Le langage de la physique est-il universel et autonome?" can be reduced to arguments in support of three claims. The first claim is that the language of physics is not autonomous but needs to be supplemented by other languages, such as the language of introspection, in the case of psychology, or simply everyday language. Rougier provides in support an argument from analogy between physicalism and formalism:

> Physicalism would be, for sciences of reality, what *formalism* has been for logico-mathematical sciences. However, it seems that physicalism can no more be rigorously justified than formalism. The failure of Hilbertism, as seen in light of Gödel's research, establishes that we could not prove, with help of reasonings that can be formalized within a deductive theory, the non-contradiction of that theory. In order to prove it, we must interpret it within another and, from one reduction to another, we must appeal to intuition, which means that one cannot establish a consistent formal language without using ordinary language. Formalism is not autonomous. (Rougier 1937/38, 189)

This argument can be easily dismissed. First, the presentation of Gödel's theorems is wildly inaccurate. Secondly, these theorems do not demonstrate the need for intuition and/or ordinary language. The basis for the analogy thus disappears. Moreover, it is easy to find other reasons why it would be a false analogy.

Rougier's second claim is against the claim to universality. It is not possible translate the language of psychology into that of physics. His argument is more interesting. Rougier first gives a few examples from clinical psychology, which purportedly show that

> Simple nervous habits, simple social customs link, with no other necessity than habit and custom, a given behaviour instead of an-

other one to a given state of mind, individual or collective, describable in the language of introspection. (Rougier 1937/38, 192)

To this, Rougier gives the expected reply from the behaviourist, namely that it is not surprising that a given stimulus would provoke different responses in different persons, since one could always distinguish between normal and abnormal cases. To this, Rougier answers that the very possibility of distinguishing between normal and abnormal cases requires the language of introspection, because

> ... there exists no set of invariable psycho-physical laws which would relate one-to-one a given state of mind to a given group of individual or collective responses. (Rougier 1937/38, 192)

There is no invariable psycho-physical laws. This is the heart of Rougier's position. Alas, he appears merely to state his claim rather than argue for it. At least, one should note here that the impossibility of finding such invariable psycho-physical laws is closely connected with Rougier's defence of the 'plasticity' of mind, discussed in the previous section. With hindsight, it is clear that the latter served as a strong motive for Rougier's anti-physicalist stance.

Rougier's third claim is, to my mind, the most interesting one. It concerns the nature of explanations. Rougier argues once more from analogy. A mathematician can read a physics book, axiomatize it, verify the deductions, etc. And

> He [...] will understand the logical syntax of the language that is being used, but he will be incapable to give it any physical meaning until he will be given the rules of correspondence between a given symbol and the indications of a given instrument. Now one cannot describe an instrument and its functioning without using the descriptive language of qualities. A purely mathematical language is insufficient to build up physics. (Rougier 1937/38, 193)

We may leave aside, however, the analogy with physics and concentrate on the argument against behaviourism:

> Similarly, the behaviourist can describe the behaviour of Socrates in his prison. He will find out that, although the door is open and despite his friends advice, Socrates remains seated on his bed. But if he limits himself to the following minutes: "the bones are hanging in

their sockets, the relaxation and contraction of the sinew enable
Socrates to bend his limbs" and to remain seated on his bed, he
would not have explained Socrates' attitude [...] He will explain it
only if Socrates explains to him, in psychological language, his reasons for not taking flight. Physicalism is thus refuted in the well-
known page of the *Phaedo*. (Rougier 1937/38, 193)

To understand the point of the argument, it is worth citing the page from
the *Phaedo* alluded to:

This wonderful hope was dashed as I went on reading and saw that
the man made no use of Mind, nor gave it any responsibility for the
management of things, but mentioned as causes air and ether and
water and many other strange things. That seemed to me much like
saying that Socrates' actions are all due to his mind, and then in trying to tell the causes of everything I do, to say that the reason that I
am sitting here is because my body consists of bones and sinews,
because the bones are hard and are separated by joints, that the
sinews are such as to contact and relax, that they surround the
bones along with flesh and skin which hold them together, then as
the bones are hanging in their sockets, the relaxation and contraction of the sinew enable me to bend my limbs, and that is the cause
of my sitting here with my limbs bent.
    Again, he would mention other such causes for my talking to
you: sounds and air and hearing, and a thousand other such things,
but he would neglect to mention the true causes, that, after the
Athenians decided it was better to condemn me, for this reason it
seemed best to me to sit here and more right to remain and to endure whatever penalty they ordered. For, by the dog, I think these
sinews and bones could long ago have been in Megara or among
the Beotians, taken there by my belief as to the best course, if I had
not thought it more right and honourable to endure whatever penalty the city ordered rather than escape and run away. To call those
things causes is too absurd. If someone said that without bones
and sinews and all such things, I should not be able to do what I
decided, he would be right, but surely to say that they are the cause
of what I do, and not that I have chosen the best course, even
though I act with my mind, is to speak very lazily and carelessly.
(98b-99b)[36]

Reading this passage with Rougier's eyes, it looks as if Plato is clearly pointing out that there are two irreducible modes of explanation: *explaining by citing reasons* and *causal explanations*. And Rougier makes explicit that actions can only be satisfactorily explained by citing reasons. (This is of course a deviant use of Plato, whose dialogue was written in order to defend the thesis of the immortality of the soul.) This position effectively undermines the universality of physicalism and it is not *prima facie* implausible; it has its defenders today.[37] One alternative to Rougier's position, which was, of course, not envisaged by him, is Davidson's anomalous monism and the claim that "a reason is a rational cause" (Davidson 1980, 233). At any rate, it seems to me that all Rougier did was to provide, with Plato's vivid example, an illustration of that thesis. He does not show, for example, how an analysis of reasons in terms of causes is implausible.[38] Therefore, it would be correct to say that Rougier succeeded more in stating his position than in providing a cogent argument in support of it. At least he could have simply pointed out that, from his standpoint, the onus is on the physicalist to provide a reduction of reasons to causes. At any rate, one should notice that this stance coheres well with the remark in the preface to the *Traité de la connaissance*, on the methods of the social sciences; there, Rougier refers to Weber, Pareto and Rueff in support of the idea that the social sciences must take into account a 'teleological causality', that of the representation of ends and the choices of means as causes for actions. Even though his arguments cannot be seen as convincing, he at least succeeded in stating a *prima facie* viable anti-reductionist position.

    In closing, one may ask if there are elements in Rougier's background that may explain his radically anti-physicalist stance. Surely, Rougier must have known about Auguste Comte's classification of the sciences. Comte's anti-reductionism is based on a classification of phenomena, which are ranked from the simplest to the more complex; it is claimed that there are both new qualitative elements at each new stage that are not reducible to those of lower stages and that new methods for the study of phenomena appear at each new stage (Lévy-Bruhl 1913, 90-93). There are no traces of this in Rougier's writings in the 1930s but the *Traité de la connaissance* contains a description of the universe as a 'stratified reality' (Rougier 1955, 404), the study of which requires, when moving from one stratum to another requires a 'complete change of logic and method' (Rougier 1955, 406).

    This is, again, quite in line with Rougier's brief remarks in that book on the distinctive nature of the methods of the social sciences (Rougier 1955, 25, 305, 406n.). It is a pity that Rougier appears never to have developed his views on the methodology of social sciences. All signs indicate that they were akin to those of Hayek, although there are some obvious differences (e.g., Hayek was influenced by Popper on the scientific method and his critique of 'scientism' in the social sciences owes a lot to Popper, while there are no traces of falsificationism in Rougier, who remained a verificationist). A comparative study of Rougier's and Hayek's anti-physicalism (along with Popper's view on methodological dualism)[39] would shed further light on this question.[40]

Bibliography

Allais, M., 1990, *Louis Rougier prince de la pensée*, Lourmarin de Provence, les terrasses de Lourmarin, 1990.

Armstrong, D. M., 1968, *A Materialist Theory of the Mind*, London, Routledge & Kegan Paul.

Benda, J., 1950, *De quelques constantes de l'esprit humain. Critique du mobilisme contemporain (Bergson, Brunschvicg, Boutroux, Le Roy, Bachelard, Rougier)*, Paris, Gallimard.

Black, M., 1942, "Conventionalism in Geometry and the Interpretation of Necessary Statements", *Philosophy of Science*, vol. 9, 335-349.

Carnap, R., 1933, *L'ancienne et la nouvelle logique*, Paris, Hermann.

Carnap, R., 1934, *La science et la métaphysique devant l'analyse logique du langage*, Paris, Hermann.

Carnap, R., 1967, *The Logical Structure of the World*, Berkeley & Los Angeles, University of California Press.

Carnap, R., 1995, *The Unity of Science*, reprint, Bristol, Thoemmes.

Carnap, R., & P. Frank, J. Jørgensen, C. W. Morris, O. Neurath, H. Reichenbach, L. Rougier, L. Stebbing, 1936, "Introduction", *Actes du Congrès international de philosophie scientifique, Sorbonne, Paris, 1935*, Paris, Hermann, vol. I, 1-2.

Davidson, D., 1980, *Essays on Actions and Events*, Oxford, Clarendon Press.

Denord, F., 2001, "Aux origines du néo-libéralisme en France. Louis Rougier et le Colloque Walter Lippmann de 1938", *Le Mouvement social*, n. 195, 9-34.

Frank, P., 1934, *Théorie de la connaissance et physique moderne*, Paris, Hermann.

Frank, P., 1950, *Modern Science and its Philosophy*, New York, Arno Press.

Gillett, G., 1993, "Actions, Causes, and Mental Ascriptions", in H. Robinson (ed.), *Objections to Physicalism*, Oxford, Clarendon Press, 81-100.

Goblot, E., 1917, *Traité de logique*, Paris, Armand Colin.

Hahn, H., 1935, *Logique, mathématiques et connaissance de la réalité*, Paris, Hermann.

Huxley, A., 1927, *Proper Studies*, London, Chatto & Windus.

Jarvie, I. C., 1982, "Popper on the Difference Between the Natural and the Social Sciences", in P. Levison (ed.), *In Pursuit of Truth*, Atlantic Highlands N. J., Humanities Press, 83-107.

Juhos, B. v., 1935, "Empiricism and Physicalism", *Analysis*, vol. 2, 81-91.

Lecoq, T., 1989, "Louis Rougier et le néo-libéralisme de l'entre-deux-guerres", *Revue de synthèse*, vol. 110, 241-255.

Lenzen, V., 1956, "Review of *Traité de la connaissance*. Louis Rougier. Paris, Gauthier-Villars, 1955", *Philosophy and Phenomenological Research*, vol. 17, 125-127.

Lévy-Bruhl, L., 1913, *La philosophie d'Auguste Comte*, Paris, Félix Alcan.

Lévy-Bruhl, L., 1922a, *Les fonctions mentales dans les sociétés inférieures*, 5th ed., Paris, Félix Alcan.

Lévy-Bruhl, L., 1922b, *La mentalité primitive*, Paris, Félix Alcan.

Marion, M., 2002, "Carnap, lecteur de Wittgenstein; Wittgenstein, lecteur de Carnap", in F. Lepage, M. Paquette & F. Rivenc (eds.), *Carnap aujourd'hui*, Montréal/Paris, Bellarmin/Vrin, 87-111.

Nadeau, R., 2001, "Sur l'antiphysicalisme de Hayek. Essai d'élucidation", *Revue de philosophie économique*, vol. 3, 67-112.

Nagel, E., 1961, *The Structure of Science. Problems in the Logic of Scientific Explanation*, New York, Harcourt, Brace & Co.

Neurath, O., 1935, *Le développement du Cercle de Vienne et l'avenir de l'empirisme logique*, Paris, Hermann.

Neurath, O., 1983, *Philosophical Papers 1913–1946*, Dordrecht, D. Reidel.

Nicod, J., 1930, *Foundations of Geometry and Induction*, New York, Harcourt, Brace & Co.

Pap, A., 1956, "Logical Empiricism and Rationalism", *Dialectica*, vol. 10, 148-166.

Poincaré, H., 2002, *Scientific Opportunism / L'opportunisme scientifique. An Anthology*, L. Rollet (ed.), Boston–Zurich, Birkhäuser.

Pirou, G., 1938, "Jugements nouveaux sur le capitalisme", *Revue d'économie politique*, vol. 52, 1097-1120.

Reichenbach, H., 1939, *Introduction à la logistique*, Paris, Hermann.

Rougier, L., 1913, "Henri Poincaré et la mort des vérités nécessaires", *La phalange*, July 1913, 1-20.

Rougier, L., 1914, "L'utilisation de la géométrie non-euclidienne dans la physique de la relativité", *L'enseignement mathématique* vol. 16, 5-18.

Rougier, L., 1916, "La démonstration géométrique et le raisonnement déductif", *Revue de métaphysique et de morale*, vol. 23, 809-858.

Rougier, L., 1917a, "La symétrie des phénomènes physiques et le principe de raison suffisante", *Revue de métaphysique et de morale*, vol. 24, 165-198.

Rougier, L., 1917b, "De la nécessité d'une réforme dans l'enseignement de la logique", *Revue de métaphysique et de morale*, vol. 24, 569-594.

Rougier, L., 1917/18, "La matérialisation de l'énergie", *Revue philosophique*, vol. 84, 473-526 & vol. 85, 28-64.

Rougier, L., 1918a, "Encore la dégradation de l'énergie: l'entropie s'accroit-elle?", *Revue philosophique*, vol. 85, 189-197.

Rougier, L., 1918b, "Réflexions sur la thermodynamique, à propos d'un livre récent", *Revue philosophique*, vol. 85, 435-478.

Rougier, L., 1919a, *La matérialisation de l'énergie. Essai sur la théorie de la relativité et la théorie des quantas*, Paris, Gauthier-Villars.

Rougier, L., 1919b, "À propos de la démonstration géométrique: réponse à M. Goblot", *Revue de métaphysique et de morale*, vol. 26, 517-521.

Rougier, L., 1919c, "Les erreurs systématiques de l'intuition", *Revue de métaphysique et de morale*, vol. 26, 596-616.

Rougier, L., 1920a, *La philosophie géométrique d'Henri Poincaré*, Paris, Alcan.

Rougier, L., 1920b, *Les paralogismes du rationalisme. Essai sur la théorie de la connaissance*, Paris, Alcan.

Rougier, L., 1920c, *En marge de Curie, Carnot et d'Einstein. Étude de philosophie scientifique*, Paris, Chiron.

Rougier, L., 1921a, *La structure des théories déductives. Théorie nouvelle de la déduction*, Paris, Alcan.

Rougier, L., 1921b, *La matière et l'énergie, selon la théorie de la relativité et la théorie des quantas*, Paris, Gauthier-Villars.

Rougier, L., 1921c, *Philosophy and the New Physics*, Philadelphia, P. Blakiston's Son & Co.

Rougier, L., 1921d, "Le mythe de la raison pure et la science des structures mentales", *Logos*, July 1921, 217-229.

Rougier, L., 1924, "La mentalité scolastique", *Revue philosophique*, vol. 87, 208-232.

Rougier, L., 1925, *La scolastique et le thomisme*, Paris, Gauthier-Villars

Rougier, L., 1929, *La mystique démocratique, ses origines, ses illusions*, Paris, Flammarion.

Rougier, L., 1931, "La philosophie scientifique. Son développement depuis le début du XXe siècle", *Larousse mensuel illustré*, vol. 8, n. 293, 752-755.

Rougier, L., 1935a, *Les mystiques politiques et leurs incidences internationales*, Paris, Sirey,

Rougier, L., 1935b, "La scolastique et la logique", *Erkenntnis*, vol. 5, 100-111.

Rougier, L., 1936a, "De l'opinion dans les démocraties et dans les gouvernements autoritaires", *Actes du huitième congrès international de philosophie à Prague. 2-7 septembre 1934*, Liechtenstein, Kraus Reprint, 593-600.

Rougier, L., 1936b, "Avant-Propos", *Actes du Congrès international de philosophie scientifique, Sorbonne, Paris, 1935*, Paris, Hermann, vol. I, 3-6.

Rougier, L., 1936c, "Allocution d'ouverture du Congrès", *Actes du Congrès international de philosophie scientifique, Sorbonne, Paris, 1935*, Paris, Hermann, vol. I, 7-11.

Rougier, L., 1936d, "Allocution finale", *Actes du Congrès international de philosophie scientifique, Sorbonne, Paris, 1935*, Paris, Hermann, vol. VIII, 88-91.

Rougier, L., 1936e, "Pseudo-problèmes résolus et soulevés par la logique d'Aristote", *Actes du Congrès international de philosophie scientifique, Sorbonne, Paris, 1935*, Paris, Hermann, vol. III, 35-40.

Rougier, L., 1936f, "Une philosophie nouvelle: l'empirisme logique, à propos d'un Congrès récent", *Revue de Paris*, vol. 43, t. 1, 182-195.

Rougier, L., 1937/38, "Le langage de la physique est-il universel et autonome?", *Erkenntnis*, vol. 7, 189-194.

Rougier, L., 1938, *Les mystiques économiques. Comment l'on passe des démocraties libérales aux états totalitaires*, Paris, Éditions de Médicis.

Rougier, L. (ed.), 1939, *Le Colloque Walter Lippmann*, Paris, Éditions de Médicis

Rougier, L., 1939/40, "La relativité de la logique", *Erkenntnis*, vol. 8, 193-217.

Rougier, L., 1940, "La relativité de la logique", *Revue de métaphysique et de morale*, vol. 47, 305-330.

Rougier, L., 1941, "The Relativity of Logic", *Philosophy and Phenomenological Research*, vol. 2, 137-158.

Rougier, L., 1947, "La philosophie d'Henri Poincaré", in H. Poincaré, *La valeur de la science*, Geneva, Constant Bourquin, 13-55.

Rougier, L., 1949, "Énoncés indéterminés, indécidables, contradictoires et vides de sens", *Proceedings of the Tenth International Congress of Philosophy*, Amsterdam, North-Holland, vol. II, 610-617.

Rougier, L., 1955, *Traité de la connaissance*, Paris, Gauthier-Villars.

Rougier, L., 1960, "Itinéraire philosophique", *Revue libérale*, October 1960, 6-79.

Santillana, G. de & E. Zilsel, 1941, *The Development of Rationalism and Empiricism*, Chicago, University of Chicago Press.

Schlick, M., 1934, *Les énoncés scientifiques et la réalité du monde extérieur*, Paris, Hermann.

Schlick, M., 1935, *Sur les fondements de la connaissance*, Paris, Hermann.

Schlick, M., 1979, *Philosophical Papers. Volume II [1925–1936]*, Dordrecht, D. Reidel.

Stadler, F., 2001, *The Vienna Circle. Studies in the Origins, Development, and Influence of Logical Empiricism*, Vienna–New York, Springer.

Stegmüller, W., 1969, *Main Currents in German, British and American Philosophy*, Bloomington, Indiana University Press.

Stump, D., 1991, "Poincaré's Thesis of the Translatability of Euclidean and Non-Euclidean Geometries", *Noés*, vol. 25, 639-657.

Tilgher, A., 1922, *Relativisti contemporanei: Vaihinger, Einstein, Rougier, Spengler, l'idealismo attuale, relativismo e rivoluzione*, Rome, Libreria di Scienze e Lettere.

Vouillemin, E., 1935, *La logique de la science et l'École de Vienne*, Paris, Hermann.

Notes

1. For example, Rougier is the only major figure of the Circle's periphery to have received less than full attention in Friedrich Stadler's monumental study, *The Vienna Circle* (Stadler 2001).
2. For these delicate matters, see M. Marion, "Investigating Rougier", *Cahiers d'épistémologie*, n° 2004-02, Département de philosophie, Université du Québec à Montréal. An electronic version (PDF format) available at http://www.philo.uqam.ca/recherche/grec/grec.html. Some material from the present paper is taken from this preprint.
3. In what follows, I shall refer to unpublished material for which there are two sources. Rougier's papers were deposited at the Chateau de Lourmarin in Provence by his widow, in the 1980s. The Fonds Rougier is, however, not yet catalogued, except for the papers in political economy. Copies of parts of Rougier's correspondence with Carnap, Neurath, Reichenbach and Schlick are at the *philosophischen Archivs* of the Universität Konstanz. Rougier's earliest letter to Schlick is dated November 27, 1931. A copy is available at the philosophical archives at Konstanz. Photocopies (not the originals) of parts of the correspondence with Schlick that are not in Konstanz are in the archives at Lourmarin.
4. See the letter to Schlick dated November 6, 1932, available in Konstanz.
5. Evidence for these claims is found in (Rougier 1960, 53) and in a letter from Rougier to his mother reproduced in (Allais 1990, 60-61).
6. See footnote 9 below.
7. The correspondence between Neurath and Rougier is available in the philosophical archives at the University of Konstanz. In the earliest letter, dated November 14, 1933, Rougier asked, on the behalf of a number of French organizations, that the *Vorkonferenz* takes place in Paris instead of Prague.
8. Incidentally, a project which was very different in nature from that of the *Encyclopédie française*, which was set up in the 1930s. The French equivalent of the 'heart' of Neurath's *Encyclopaedia* was a introductory volume, to the elaboration of which Abel Rey was involved, on 'the mental equipment' (*l'outillage mental*), from primitive to modern societies. Some of Rougier's suggestions to Neurath on the proper plan for the *Encyclopaedia*, e.g., in the letter dated January 12, 1938 (in the archives at Konstanz), suggest that Rougier thought this introductory volume to the *Encyclopédie française* worth imitating.
9. Along with the French economists Jacques Rueff and Maurice Allais, the American journalist Walter Lippmann, and other European economists such as Sir Lionel Robbins, Wilhelm Röpke, Ludwig von Mises and Friedrich von Hayek, Louis Rougier was part of this first generation of 'neo-liberals' in the twentieth-century. He published extensively on political philosophy and political economy, including *La mystique démocratique, ses origines, ses illusions* (Rougier 1929), *Les mystiques politiques et leurs incidences internationales* (Rougier 1935a), and *Les mystiques économiques. Comment l'on passe des démocraties libérales aux états totalitaires* (Rougier 1938). Rougier also took part in the organization of the first international congress of neo-liberal thought in the twentieth century, the *Colloque Walter Lippmann*, which took place in Paris, in August 1938, and he edited the proceedings (Rougier 1939). In the same year, he took part with Louis Marlio and others in the foundation of the *Centre international d'études pour la rénovation du libéralisme*. Through such activities, Rougier was at the centre of a network, in Paris and Geneva, of industrialists, politicians, economists, and publishers whose task was to promote liberalism, and, through friends such as Marlio, he had links with members of the Daladier-Reynauld

government which succeeded to the *Front populaire* and adopted a liberal economic agenda. Rougier's role has been documented in (Denord 2001) and his views on political economy are critically assessed in (Lecoq 1989). For a different reaction, from a leading French economist in the 1930s, see (Pirou 1938). See also (Marion 2004), section 3, for more details on Rougier and political liberalism.

10. The last letter in the archives at Konstanz, from Neurath to Rougier, dates from April 24, 1940 and it indicates that Neurath is still waiting for Rougier's contribution. There is no reason to believe that Neurath and Rougier stopped corresponding in April 1940, but I am not aware of any other letters. The surviving letters from 1938 and 1939 indicate that Rougier kept postponing the submission date because he was involved in what looked to him as the more pressing matters at the time, namely his activities promoting neo-liberalism as the alternative to the ideologies of central planification (socialism *and* corporatism) and as the only solution for peace in Europe.

11. I refer here in particular to the letters, in the archives at Konstanz, dated May 30, 1938, which shows that Rougier and Santillana established the plans of their monographs together, and from June 19, 1938, where Rougier even suggested editorial revisions to Zilsel's monograph.

12. Rougier gave the opening lecture but it remained unpublished.

13. I have no explanation for Rougier's withdrawal.

14. See (Carnap 1933, 1934), (Frank, 1934), (Hahn 1935), (Neurath 1935), (Reichenbach 1939), (Schlick 1934, 1935). To these, one must add an introduction to logical empiricism by Ernest Vouillemin (Vouillemin 1935).

15. In the letter mentionned in footnote 32, above.

16. See especially the letters dated September 22, 1938 and November 14, 1938, in Konstanz. Rougier kept suggesting conciliatory gestures towards Gonseth, to no avail.

17. See footnote 9, above.

18. *Le Monde*, October 7, 2003.

19. For example, Rougier is mentioned as the main French representative of 'logical positivism' in André Lalande's *Vocabulaire technique et critique de la philosophie* (Lalande 1968, 1268). This was the standard dictionary in France until the late 1990s.

20. Other papers include (Rougier 1917a), (Rougier 1918a), (Rougier 1918b), (Rougier 1919c).

21. Rougier's interpretation of Poincaré was already set out in what appears to be his very first publication, "Henri Poincaré et la mort des vérités nécessaires" (Rougier 1913). In parallel with his interpretation of Poincaré, Rougier engaged in a controversy on the nature of logic with his teacher, Edmond Goblot, who believed erroneously that "reasoning is never independent from the objects about which one is reasoning" and that "formal logic is absolutely sterile" (Goblot 1917, xxii-xxiii). For the Rougier-Goblot exchange, see (Rougier 1916, 810-813), (Goblot 1917, xvii-xxiii), (Rougier 1919b). Rougier, who was not a logicist, was nevertheless one of the first in France to take up the cause of new formal logic, after Louis Couturat but before Jean Nicod. Rougier was indeed asking for a reform of the teaching of logic as early as 1917 (Rougier 1917b). Since Poincaré's opinion on logic was not very far from Goblot's, Rougier, who was better informed about recent progress, did not follow his word faithfully.

22. See (Stump 1991). In connection with Poincaré, one should note Rougier's failed editorial project for a fifth, posthumous, volume of writings by the French mathemati-

cian entitled *L'opportunisme scientifique* did not materialize. Apparently, Poincaré's family objected to it and the volume appeared only in 2002 (Poincaré 2002).

23. The four main paralogisms are described in (Rougier 1960, 25).

24. See also the end of "La matérialisation de l'énergie", where Rougier takes a finitist, empiricist, pragmatic stance against Cantorians from the standpoint of philosophy of physics (Rougier 1917/18, 60-61).

25. Incidentally, the passage in question at (Rougier 1955, 426), contains an ambiguous reference to "*la race blanche*". It is allusions such as this one which support the claim that Rougier was a racist. Again, on these matters, see (Marion 2004).

26. Incidentally, Rougier's understanding of Wittgenstein is close to the conventionalist reading of Carnap. Recall the *Logical Structure of the World*: "Logic consists solely of conventions concerning the use of symbols, and of tautologies on the basis of these conventions" (Carnap 1967, 107). As for Rougier on Wittgenstein: "[Logic] is a set of tautologies that teaches how to remain consistent with the linguistic conventions we edict, to recognize the equivalence of different sentences in virtue of the same conventions [...]" (Rougier 1960, 48).

27. See also (Rougier 1936f, 193).

28. Respectively, (Rougier 1960, 63-65) and (Rougier 1960, 17).

29. See (Rougier 1949) (Rougier 1960, 58-59).

30. I have discussed this last point in many places, see, e.g., (Marion 2002).

31. Both letters available at the archives in Konstanz.

32. This point is argued in the *Traité de la connaissance*, (Rougier 1955, 190-192).

33. On this point see (Rougier 1949).

34. See also (Rougier 1955, 184-187, 215).

35. On this terminological matter, I relied on (Stegmüller 1969, 292-295).

36. The translation quoted here is from Plato, *Five Dialogues*, sec. ed., Indianapolis, Hackett, 2002.

37. See, e.g., (Gillett 1993).

38. For an example of such reduction, see (Armstrong 1968, 200-204).

39. On Hayek, see (Nadeau 2001), on Popper, (Jarvie 1982).

40. I would like to thank above all Claudia Berndt for countless conversations on Rougier's life, about which she knows so much, and Kevin Mulligan for so many illuminating suggestions. I also benefited much from conversations with Michel Bourdeau, Steven Davis, Pascal Engel, Jan Lacki, Jean Leroux, Robert Nadeau, and Jean-Claude Pont. Finally, I should thank Elisabeth Nemeth and Friedrich Stadler for their kind invitation to the colloquium *Paris–Wien. Enzyklopädien im Vergleich*, which took place in Vienna, in October 2003.

PETER SCHÖTTLER

13, RUE DU FOUR – DIE „ENCYCLOPÉDIE FRANÇAISE" ALS MITTLERIN FRANZÖSISCHER WISSENSCHAFT IN DEN 1930ER JAHREN

Mitten im Quartier Latin, unweit der Metro-Station Mabillon, steht ein wuchtiges Gebäude, über dessen Portal die Inschrift *Université de Paris*" eingemeißelt ist. Im Erdgeschoß befindet sich eine Buchhandlung; darüber liegen Büroetagen, in denen Wissenschaftler ihrer Arbeit nachgehen. Die Adresse lautet: 13, rue du Four. Heute befindet sich hier unter anderem der Sitz des *Institut d'histoire et de philosophie des sciences et des techniques* der Universität Paris I.

Doch wir wollen nicht von der Gegenwart sprechen, sondern von 1935. Schon damals war „Treize, rue du Four" eine wichtige Adresse. In der Buchhandlung zur Straße hin, im Treppenhaus und in den Büros begegneten sich sehr verschiedene Menschen, deren Namen uns noch heute manchmal etwas sagen. Doch haben sie auch miteinander gesprochen? Oder sind sie bloß aneinander vorbeigegangen – wie Fremde? Höflich vielleicht, den Hut lüftend und mit einem „Bonjour", ohne zu wissen, dass sie sich etwas zu sagen gehabt hätten?

Das ist nicht bloß eine rhetorische Frage. Bis heute wurde von Begegnungen, die im „Treize, rue du Four" möglicherweise stattfanden, wenig berichtet. Entweder, weil es nichts zu berichten gab oder, weil der Blick der Betrachter allzu einseitig ausgerichtet war: Die einen interessierten sich nur für die Welt der Naturwissenschaften, die anderen nur für die der Geisteswissenschaften, die einen nur für Philosophie, die anderen nur für Geschichtsschreibung oder Ethnologie, Literatur oder Psychoanalyse. Und aufgrund dieser gleichsam „schielenden" Perspektive entging den Betrachtern womöglich genau das, was sich *zwischen* diesen scheinbar weit auseinanderliegenden Feldern abgespielt haben mag.

Was also war in diesem Gebäude? Zum einen war darin das Institut für Wissenschaftsgeschichte der Sorbonne untergebracht, das unter der Leitung des Philosophen Abel Rey stand; zum anderen aber auch eine Institution, von der im weiteren die Rede sein soll: die *Encyclopédie Française*. In der Tat, im Erdgeschoß des „Treize, rue du Four" befanden sich die Buchhandlung und das Sekretariat der *Encyclopédie*, und im 1. Stock lagen die Büros ihrer Herausgeber und Redakteure.[1] Eine bloße Koinzidenz? Oder eine Nachbarschaft, die eine personelle und intellektuelle Verknüpfung signalisierte? Wir werden sehen. Jedenfalls ist die Sache um so interessanter, als derselbe Ort 1938 zur Adresse noch eines weiteren emblematisches Projekts werden sollte, nämlich der Zeitschrift *Annales d'histoire économique et sociale* von Marc Bloch und Lucien Febvre. Also: Philosophen und Wissenschaftler, Enzyklopädisten und Historiker unter einem Dach – eine erstaunliche Konstellation.

I. Die „Encyclopédie Française" als Projekt

Was war überhaupt die *Encyclopédie Française*? Diese banale Frage ist heute um so nötiger, als nur noch wenige ihren Namen kennen, und noch geringer dürfte die Zahl derjenigen sein, die einen ihrer immerhin 20 Bände (plus Registerband) jemals konsultiert haben. Denn heute gilt die *Encyclopédie Française* weithin als veraltet. Meist steht sie unbenutzt in den Regalen der Bibliotheken – ein bloßes Dokument vergangener Wissenschaftspolitik. Sogar unter Historikern, die es besser wissen müssten, gilt das Projekt dieser *Encyclopédie* als gescheitert.

Erst in den letzten Jahren hat sich das Bild ein wenig geändert, und zwar aufgrund neuer Forschungen über den Historiker Lucien Febvre sowie einer Tagung, die 1997 im *Institut Mémoire de l'Edition Contemporaine* in Paris stattfand und deren Beiträge kürzlich erschienen sind.[2] Im folgenden werde ich mich, was die materielle und politische Seite des Projekts angeht, gelegentlich darauf stützen; dagegen werden meine Hypothesen zu den intellektuellen Berührungspunkten zwischen *Encyclopédie Française* und „Wiener Kreis" vermutlich auch französische Leser überraschen.

Kulturgeschichtlich steht das Projekt der *Encyclopédie Française* im Zusammenhang mit der Aufbruchsstimmung des *Front Populaire*.[3] Doch die Idee wurde bereits im Juli 1932 lanciert, und zwar von Anatole de Monzie, dem damaligen Erziehungsminister der Regierung von Edouard Herriot. Anlaß war ein internationaler Pädagogenkongress in Nizza. Die geplante *Encyclopédie* sollte gleichsam eine französische oder wie man damals sagte: eine „republikanische" Antwort und Alternative zu den großen Enzyklopädien des Auslandes darstellen, nicht zuletzt in Deutschland, Italien und der Sowjetunion. De Monzie suchte daraufhin nach einem Herausgeber, der das Projekt gestalten und betreuen sollte. Unter mehreren Kandidaten wählte er schließlich Febvre aus, der damals in Straßburg lehrte und sich als Autor zahlreicher Bücher (u.a. über die Franche-Comté, über Luther, aber auch über das

Verhältnis von Geographie und Geschichtswissenschaften oder über den Rhein in der europäischen Geschichte) einen Namen gemachte hatte.[4] Darüber hinaus gab Febvre seit 1929 zusammen mit seinem Kollegen Bloch die Zeitschrift *Annales d'histoire économique et sociale* heraus, die in fortschrittlichen Kreisen großes Ansehen genoss, weil sie nicht bloß ein akademisches Fachorgan war, sondern versuchte, neue Fragestellungen einem breiteren Publikum zu vermitteln.[5] Febvre, damals 54 Jahre alt, galt als besonders vielseitig, offen und produktiv, und als er im November 1932 ans *Collège de France* berufen wurde, bestätigte dies sein hohes Ansehen, das weit über den Kreis der Fachgenossen hinausreichte.

Dennoch, indem der Minister einen Straßburger Historiker an die Spitze eines großen, quasi-staatlichen Projekts stellte, ging er einen ungewöhnlichen Weg. Zwar hatte sich Febvre immer wieder für Interdisziplinarität eingesetzt, doch konnte man sich fragen, ob er diesen Anspruch auch im großen Maßstab einer Enzyklopädie und nicht zuletzt gegenüber den Naturwissenschaften würde einlösen können. Darüber hinaus hatte er seinem Auftraggeber einen Typus von Enzyklopädie vorgeschlagen, für den es bislang kein Vorbild gab. Worin bestand sein neues Konzept? Obwohl sich Febvre zur Tradition von Diderot und d'Alembert bekannte, brach er mit dem überlieferten Genre des alphabetisch gegliederten Konversationslexikons:

Ni dictionnaire alphabétique, ni bibliothèque de traités dogmatiques,

heißt es in einer Broschüre von 1933,

l'*Encyclopédie [Française]*, usant d'une formule nouvelle, réalisera sous forme d'un ouvrage méthodique rédigé par des hommes de premier plan, *l'inventaire total d'une civilisation à une époque déterminée.*[6]

Dementsprechend sollte die Enzyklopädie, die er anfangs auch als „Encyclopédie du monde moderne" oder „Encyclopédie 1935" bezeichnete, thematisch gegliedert und problemorientiert sein. Sie sollte nicht allein „informieren" (*renseigner*), sondern vor allem „bilden" (*enseigner*). Das aber sei ohne ein Minimum an vorausgehenden Ideen, ohne Maßstäbe, ohne einen bestimmten „Geist" nicht möglich. Für ihren „tour d'horizon" brauche die Enzyklopädie einen Mittelpunkt, und dieser „centre commun" sei „ni la Race, ni l'Etat, ni la Classe", sondern allein der Mensch, „l'Homme". Die neue *Encyclopédie* verstand sich also

ganz explizit als „humanistisches" Projekt. Und zugleich als ein rationalistisches:

Pas de complications vaines,

heißt es im Programm,

pas de coupures plus ou moins arbitraires dans le plan. Unité de
l'univers, unité de la Science, double postulat de toute l'entreprise.
Donc, entre le domaine de la matière inanimée et celui de la Vie,
point de fossé proclamé infranchissable; mais point non plus de
réduction brutale et forcée de l'animé à l'inanimé. Unité ne veut dire
ni confusion, ni violence arbitraire.[7]

Man kann sich leicht denken, dass allein schon diese Akzentuierung in
den Augen mancher (konservativen) Kritiker eine gefährliche Tendenz
darstellte.

In einem eigenen Beitrag über die Enzyklopädie als literarische
Gattung, der im sechsten Band erschien,[8] versuchte Febvre sein Projekt gleichsam idealtypisch zu situieren. Er unterschied dabei vier Arten
von Enzyklopädien, die jeweils verschiedenen Epochen entsprächen:
– zunächst die Enzyklopädien im Zeitalter göttlicher Gewissheiten (*au
temps des certitudes divines*);
– dann die Enzyklopädien im Zeitalter der *certitudes laïques*, und hier
dachte er natürlich in erster Linie an Diderot;
– schließlich die Enzyklopädien im Zeitalter der *certitudes sommaires*,
jener Ära, in der man sich weitgehend mit der positiven Präsentation
eines akkumulierten Wissens zufriedengab und meinte, sich dieses
definitiv aneignen zu können;
– demgegenüber entspreche die neue *Encyclopédie Française* einem
weiteren Zeitalter, nämlich dem der „gelehrten Ungewissheit", der *savante incertitude*. Mit den wissenschaftlichen Umwälzungen seit der
Jahrhundertwende habe sich auch das Wissenschaftsverständnis gewandelt und dem entspreche das Konzept einer Enzyklopädie, von der
Febvre verlangte, dass sie es verstehen müsse, „nicht alles zu wissen":
„*Une encyclopédie qui sait ne pas tout savoir*".[9]

In dieser scheinbar paradoxen Forderung, einerseits die Einheit, die
„unité profonde de l'univers" und aller Wissenschaften zu attestieren
und andererseits die Probleme und Widersprüche dieser Wissenschaften ausdrücklich zu benennen, liegt vermutlich die eigentliche Innovation und das große Wagnis des Projekts. Auch ergibt sich aus dieser

Verknüpfung eine ständige Priorität des Neuen gegenüber dem Bekannten, der Wissenschaft im Entstehen gegenüber den Gewissheiten der Vergangenheit. Oder, um mit Febvre zu sprechen:

> Voici sur le vieux tronc de l'arbre encyclopédique, ce rejeton original et qu'on n'a pas encore vu: une encyclopédie d'inventeurs, de chercheurs et, si l'on peut dire, de producteurs. Voici une encyclopédie qui ne se vante pas candidement de dire tout, et donc de savoir tout, mais qui accepte de dire, modestement, l'essentiel de ce qui vaut la peine d'être dit – c'est-à-dire de ce qui n'est point encore connu d'une connaissance devenue scolaire et classique. Voici l'encyclopédie qui ose, et sait, et peut valablement dire: «J'ignore».[10]

Was dieses Programm bedeutete, lässt sich sowohl an den Stärken als auch an den Schwächen der zwischen 1935 und 1939 erschienenen Bände ablesen: immerhin elf von zwanzig geplanten Bänden; die restlichen neun erschienen zwischen 1954 und 1966.

Schaubild 1:
Geplante und realisierte Bände der „Encyclopédie Française"[11]

	Thema	Titel	Hrsg.	Datum	Nach 1945 realisierte oder revidierte Bände		
I	Outillage mental de l'humanité	L'outillage mental. Pensée, langage, mathématique	A. Rey A. Meillet P. Montel	1937			1957
II	Problèmes physiques	Problèmes physiques I	P. Langevin		La physique	L. de Broglie	1955
III	Problèmes physiques	Problèmes physiques III	P. Langevin H. Baulig		Le ciel et la terre	A. Dajon, P. Pruvost, J. Blache	1956
IV	Problèmes biologiques	La vie. Caractères, maintien, transmission	A. Mayer	1937			
V	Problèmes biologiques	Les êtres vivants	P. Allorge P. Lemoine	1937			
VI	L'être humain	L'être humain. Santé, maladie	R. Leriche H. Wallon	1936			
VII	L'espèce hu-	L'espèce humaine. Les	P. Rivet	1936			

	maine	peuple de la terre					
VIII	Développement de l'humanité	La vie mentale	H. Wallon	1938			
IX	Développement de l'humanité	Le legs du passé au présent	L. Febvre		L'univers économique et social	F. Perroux	1960
X	Problèmes de l'Etat moderne	L'Etat moderne	A. de Monzie, H. Puget P. Tissier	1935	L'Etat	E. Faure, L. Trotabas	1964
XI	Problèmes de l'Etat moderne	L'Etat moderne	A. de Monzie		La vie internationale. Divisions et unité du monde actuel	J. de Bourbon Busset	1957
XII	Organisation économique	Organisation économique I	A. de Monzie		Chimie, sciences et industrie	A. Kirmann	1958
XIII	Organisation économique	Organisation économique II	A. de Monzie		Industrie, agriculture	J. Capelle, P. Chouard	1962
XIV	Bien-être, hygiène sociale, loisirs	Bien-être, hygiène, sports	J. Sion		La civilisation quotidienne	P. Breton	1954
XV	Instruction, Lecture, radio	Education et instruction	C. Bouglé	1939			
XVI	Arts & Littératures d'aujourd'hui	Arts et littératures dans la société contemporaine I	P. Abraham	1935			
XVII		Arts et littératures dans la société contemporaine II	P. Abraham	1936			
XVIII	Religions et philosophies	La civilisation écrite	J. Cain	1939			
XIX	L'homme, la terre, la matière		A. Allix		Philosophie. Religion	G. Berger	1957
XX	Bibliographie et répertoires des noms propres				Le monde en devenir. Histoire, évolution, perspective	P. Renouvin, G. Berger	1959
XXI	Répertoire alphabétique des matières				Répertoire général	J. Gillet	1966

Für viele Betrachter liegen heute die Schwächen der Enzyklopädie weit offener zutage als ihre Stärken: Da ist zum einen die Unvollständigkeit, also das unerfüllte Programm. Nicht alle angekündigten Bände sind erschienen. Ausgerechnet die beiden geplanten Bände zur Geschichte, der Band über „Religionen und Philosophien", der Band „L'homme, la terre, la machine" oder auch zwei Bände zur „Organisation économique" wurden – zumindest in der geplanten Form – nie publiziert. Auch der Band zur Physik, von Paul Langevin betreut, konnte erst 1957 unter der Herausgeberschaft von Louis de Broglie erscheinen.

Kaum erfüllt blieb ferner die Ankündigung, dass die Enzyklopädie eine „permanente" sein würde. Durch ihre Präsentation in Form von Heften, die durch leicht zu öffnende Einbanddeckel zusammengehalten wurden, sollte eine ständige Aktualisierung möglich sein. Jeder Subskribent sollte regelmäßig neue oder überarbeitete Hefte zugeschickt bekommen, die er selbst an die Stelle der alten einsetzen konnte. Zu diesem Zweck erschien ab 1936 eine Zeitschrift, die *Revue trimestrielle de l'Encyclopédie Française*. Doch schon nach vier Heften musste sie aus finanziellen Gründen ihr Erscheinen einstellen. Erst nach dem Krieg, ab 1954, kam es zu einem neuen Anlauf, und nun wurden sowohl die fehlende 9 Bände – wenngleich mit anderen Schwerpunkten – als auch einige Ergänzungshefte und ein Registerband geliefert. Damit war das Projekt offiziell zu einem guten Ende geführt. In Wahrheit besteht allerdings zwischen diesen späten Bänden und jenen der 30er Jahre eine Kluft. Die intellektuelle Atmosphäre und der Mitarbeiterstamm waren eben nicht mehr dieselben.[12]

Dass dieses Projekt, das als ein dauerhaftes, ja unendliches Fortsetzungswerk konzipiert war – fast könnte man es mit einer Zeitschrift vergleichen –, dermaßen ins Stocken geriet und uns heute als Torso erscheint, hängt entscheidend mit finanziellen Schwierigkeiten zusammen. Die Herausgabe einer so anspruchsvollen Enzyklopädie war ein großes ökonomisches Wagnis, das kein gewöhnlicher Verlag je eingegangen wäre. Allein die staatliche Protektion, die Anerkennung der Gemeinnützigkeit durch den *Conseil d'Etat* und die Förderung durch die Universitäten gaben dem Projekt eine Chance. Doch angesichts der Wirtschaftskrise und der harten Konkurrenz von Larousse und Quillet erwiesen sich diese Startvorteile als unzureichend. Hinzu kommt, dass das Unternehmen von Anfang an unterfinanziert war, und dass seine Leitung sowohl bei der Auftragsvergabe als auch bei der Rekrutierung von Personal nicht immer eine glückliche Hand hatte. Insgesamt drängt sich daher der Eindruck auf, dass das Projekt eher wie ein subventioniertes Kulturunternehmen und nicht wie ein Wirtschaftsunternehmen betrieben wurde. So rutschte die Enzyklopädie schon nach wenigen Jahren in die roten Zahlen. Sie wurde damit immer abhängiger vom Verlag Larousse, der anfangs nur den Vertrieb in die Hand nahm und schließlich das ganze Unternehmen aufkaufte (und abwickelte). Die Bilanz: Im Vergleich zu anderen Enzyklopädien, die im selben Zeitraum über 100 000 Exemplare absetzten, erreichte die *Encyclopédie Française* nicht einmal 10 000 Abonnenten.[13] Man muss sich also fragen, ob die Verantwortlichen, und an erster Stelle natürlich Lucien Febvre, nicht zumindest als Unternehmer versagt haben. Doch der Buchhistoriker Jean-Yves Mollier, der gerade diese ökonomische Seite genau untersucht hat, gibt zu bedenken:

> Rien n'était joué à l'avance, aucune fatalité ne pesait sur les épaules de Lucien Febvre, et il est aisé d'imaginer que si le Front Populaire avait duré et décidé d'inscrire la promotion de cette entreprise parmi ses priorités, elle eût connu une prospérité immédiate qui amènerait probablement à la considérer, aujourd'hui, avec d'autres yeux et sans le mépris ou le dédain dont elle a été largement victime depuis la Seconde Guerre Mondiale.[14]

Den Schwächen (und man könnte noch weitere nennen: etwa den Eurozentrismus oder die Präsenz von politisch rechtslastigen Autoren wie Charles Maurras oder Hubert Lagardelle, doch das waren eben die politischen Zugeständnisse, die ein Minister verlangen und durchsetzen konnte) sind nun freilich die Stärken gegenüberzustellen, die teilweise jene Schwächen erst bedingt oder doch begleitet haben, weil diese Enzyklopädie eben kein gewöhnliches, profitorientiertes Unternehmen war:

An erster Stelle ist erneut die intellektuelle und wissenschaftliche Offenheit des Projekts zu nennen, die strukturell auch seine Unabschließbarkeit bedingte. Dies kam schon in der materiellen Präsentation zum Ausdruck, also in dem flexiblen System der Hefte und Klemmrücken: „Nos reliures enserrent le présent", heißt es in einer Werbung. „Elles s'ouvrent à l'avenir. Les pages changent, le livre reste."[15] Doch dahinter steckte nicht bloß ein Verkaufsargument – im Gegenteil: diese Einbände und die Ergänzungshefte waren äußerst kostspielig und trugen erheblich zum späteren Defizit bei. Worauf es Febvre und den Autoren ankam, war die Offenheit und Ungewissheit aller Forschung, und die *Encyclopédie* sollte diese Wissenschaftsphilosophie demonstrieren. Daher das Bemühen, neben dem Gewussten auch das Unbekannte zu umschreiben, um sich für künftige Entdeckungen bereitzuhalten. So erklärte Febvre im Vorwort zum sechsten, der Medizin gewidmeten Band, von dem besonders klar war, dass er schnell veralten würde:

> Pour nous, une fois de plus, nous avons cherché dans ce volume, difficile à asseoir sur de fortes bases, le véritable esprit du savant: s'inquiéter de la vérité. Tout faire pour l'établir. Mais ne jamais être de ceux qui, mettant l'œil à une serrure sans trou, s'écrient, hallucinés: je vois tout![16]

Indem die Enzyklopädie so offen sagte, dass sie vieles *nicht wusste*, stellte sie einen ungewöhnlichen Anspruch. Die Wissenschaft in ihrer Aktualität zu dokumentieren, bedeutete, dass man einerseits die kompetentesten und innovativsten Autoren gewinnen, zugleich aber auch, dass man ihnen die Möglichkeit einräumen musste, neue, komplizierte Fragestellungen zu referieren. Das ging nicht ohne Risiko. Und es bedeutete, dass ein Teil des Publikums – und der potentiellen Käufer – von diesen forschungsnahen Fragestellungen überfordert sein würde. Febvre und seine Mitstreiter nahmen dies gelassen:

> L'*Encyclopédie Française* ne se propose pas d'atteindre à tout prix et par tous les moyens un public d'incompétents,

heißt es im Vorwort zum Band über die neue Physik.

> Assez de livres, de répertoires, d'essais [...] donnent de l'effort scientifique contemporain des interprétations, philosophiques ou méthodologiques, accessibles au lecteur commun, pour que l'*Encyclopédie* refuse de justifier sa raison d'exister qui est d'introduire, dans le cortège des encyclopédies, une 'encyclopédie de producteurs', puisée aux sources mêmes de la production.[17]

Damit war allerdings kein völliger Verzicht auf pädagogische Bemühungen verbunden. Im Gegenteil: Gleich zu Anfang hatte Febvre in einer Broschüre allen Autoren den „Geist" der neuen Enzyklopädie skizziert und ihnen folgende Prinzipien eingeschärft:

> Viser un large public de non-spécialistes; regarder au présent et non au passé; n'énoncer de faits qu'en fonction des idées; s'attacher aux problèmes, non aux doctrines; au sens scientifique du mot, rester objectif.[18]

Daraus leitete er eine bestimmte Gliederungs- und Darstellungsform
ab, die er in folgenden Sentenzen resümierte:

> Adopter l'ordre de difficulté croissante ou l'ordre chronologique. Pas
> plus d'une division et de deux subdivisions par page. Pas de pa-
> ragraphes de plus de 210 mots. Une idée par paragraphe, un ar-
> gument par phrase. Aucun abus de termes savants.[19]

Kurzum, die Autoren und auch die Leser der Enzyklopädie mochten
zwar zu einer Elite gehören, das Projekt selbst war aber keineswegs
elitär.

Wer waren die beteiligten Autoren? Es würde zu weit führen, an
dieser Stelle eine genaue Analyse vorzunehmen. Allein in den elf Bänden, die bis 1939 erschienen sind, lassen sich 533 Namen ermitteln –
von Marcel Abraham bis Jean Zay.[20] Febvre und de Monzie ist es nämlich tatsächlich gelungen, auf allen Gebieten die besten Fachleute zu
gewinnen, wobei vor allem die Hochschulen und Universitäten stark
vertreten waren. Dass es demgegenüber nur sieben Mitglieder der
Académie Française unter den Autoren gab, angeführt von Paul Valéry,
kann man als Symptom dafür deuten, dass dieses Projekt gerade nicht
ein traditionelles, geisteswissenschaftliches Weltbild vertrat, sondern
die neuen Natur- und Sozialwissenschaften privilegierte. Neben den
Berühmtheiten der 30er Jahre (Antoine Meillet, Paul Rivet, Paul Langevin, René Lériche usw.) wurden ganz bewusst jüngere Autoren angesprochen, die zwar hochqualifiziert waren, Doktoren, *Agrégés de
l'Université* usw., aber erst nach dem Zweiten Weltkrieg allgemein bekannt wurden. In einem Brief an de Monzie forderte Febvre einen
Wechsel der Generationen: „Evitons de confier l'inventaire du monde
contemporain à des hommes qui réaliseraient trop bien en 1935
l'Encyclopédie de 1914; évitons, au regard d'une jeunesse inquiète et
chatouilleuse, de prendre trop figure de burgraves, ou, ce qui est pire,
de philoburgraves ...".[21] Ein Name mag diese Öffnung veranschau-
lichen: Jacques Lacan, der Psychoanalytiker, veröffentlichte 1938 im
achten Band der Enzyklopädie seinen berühmten Aufsatz über die
Familie, der in der Redaktion zunächst auf heftigen Widerstand stieß
und für den sich Febvre erst stark engagieren musste.[22]

Um sichtbar zu machen, worin die Innovationsleistungen der Enzyklopädie konkret bestanden, müsste man eigentlich jeden Band ausführlich vorstellen und einer kritischen Lektüre unterziehen. Das ist an
dieser Stelle nicht möglich. Statt dessen möchte ich mich auf ein Beispiel beschränken, nämlich die von Pierre Abraham herausgegebenen

Bände *Arts et littératures dans la société contemporaine*. Denn gerade diese beiden Bände stehen für die Orientierung der Enzyklopädie an schwierigen Wissensfeldern, die in dieser Form erst im Entstehen waren.[23] Das zeigt schon die Gliederung: Obwohl die Bände ganz konventionell mit Texten berühmter Autoren wie Valéry und Maurras – beide Mitglieder der *Académie Française* – einsetzen, skizzieren sie nicht etwa das traditionelle Spektrum von Künstlern und Künsten in der Geschichte, sondern folgen einer ungewöhnlichen Struktur:
1. Teil: *l'ouvrier, ses matériaux, [et] ses techniques* – der Künstler wird also als Arbeiter und Produzent betrachtet – , wobei unterschieden wird zwischen „techniques de l'espace" (wie etwa Photographie) und „techniques du temps" (wie Musik, Theater, Kino);
2. Teil: *l'usager* – der Kunstkonsument – , wobei erst die « besoins collectifs et sociaux » nach der Kunst und dann die « besoins individuels » untersucht wurden;
3. Teil schließlich: *le dialogue entre l'ouvrier et l'usager*, wobei zunächst die « réalisations contemporaines » in den verschiedenen Kunstbereichen skizziert werden und anschließend die Interpretationsformen sowie die Berufsstrukturen und Künstlerorganisationen in den verschiedenen Ländern der Erde.

So ergibt sich ein völlig verändertes Bild der Kunst, von dem damals nicht wenige Kritiker meinten, dass es sich allzu sehr an szientifischen, objektivistischen Begriffen orientiere, ja die Kunst an den „Materialismus" verrate.

Besonders interessant und symptomatisch dürfte in diesem Zusammenhang die Lektüre eines Walter Benjamin sein, der ursprünglich seinen berühmten Aufsatz über das *Kunstwerk im Zeitalter seiner technischen Reproduzierbarkeit* für diese Bände schreiben sollte[24] und statt dessen später eine lobende Rezension für die *Zeitschrift für Sozialforschung* verfasste – die leider nie erschienen ist. Darin heißt es in der für Benjamin typischen Diktion:

Mit der Konfrontation von *producteur* und *usager* hat die Enzyklopädie Begriffe sich einverleibt, in denen einer der wichtigsten Krisenprozesse in der Funktion der Kunst zur Formulierung kommt. Sie belegt damit, wie wertvoll gerade vorgeschobenste theoretische Fragestellungen für eine allgemeinverständliche Abhandlung bestimmter Wissensgebiete werden können.[25]

II. Die *Encyclopédie Française* als Netzwerk

Die *Encyclopédie Française* war aber nicht nur ein ungewöhnliches Projekt auf dem Hintergrund der Volksfront-Ära; sie bildete auch ein Netzwerk mit weiten Verbindungen in fast alle Bereiche der französischen Wissenschaft und Kultur, teilweise sogar über deren Grenzen hinweg.[26] Dies ließe sich zeigen, indem man neben den Herausgebern und Autoren auch die Mitglieder des „Ehrenkomitees" mit seinen 150 illustren Namen einmal näher betrachten würde. Desgleichen wären die zahllosen mondänen Veranstaltungen, mit deren Hilfe de Monzie und Febvre vor allem in den ersten Jahren das Wohlwollen von Förderern und Prominenten wachzuhalten suchten – ob Portwein-Empfänge in den Räumen der Redaktion oder festliche Diners in einem Restaurant – soziologisch interessant.[27] An dieser Stelle soll der Blick jedoch nicht nach innen, sondern nach außen, also auf die Kontakte, Verbindungen und Überschneidungen gerichtet werden, die zwischen der *Encyclopédie Française* und anderen, vergleichbaren Institutionen und Netzwerken bestanden, die sich alle innerhalb derselben ‚Galaxie' bewegten und deren Personal entweder identisch oder miteinander gut bekannt war.

Was gemeint ist, wird deutlich, sobald wir einen Blick auf das folgende Schaubild werfen. Neben der *Encyclopédie Française* sind darin eine Reihe von Instituten, Buchreihen, Zeitschriften und Projekten aufgeführt, die ständig oder punktuell miteinander in Verbindung standen:

Schaubild 2:
Das Netzwerk der „Encyclopédie Française"

Institutionen und Projekte	Direktoren oder Herausgeber
Encyclopédie Française	Anatole de Monzie, Lucien Febvre
Bulletin [bi-]mensuel de l'Encyclopédie Française [1934–1935]	Lucien Febvre
Revue trimestrielle de l'Encyclopédie Française [1936–1938]	Lucien Febvre
Cahiers d'actualité et de synthèse de l'Encyclopédie Française [1954]	Lucien Febvre
Commission des recherches collectives de l'Encyclopédie Française	André Varagnac

Fondation « Pour la Science ». Centre International de Synthèse	Henri Berr
Revue de Synthèse [historique] [ab 1900]	Henri Berr
Sektion «Synthèse historique»	Lucien Febvre
Sektion «Synthèse scientifique»	Paul Langevin
Sektion «Synthèse générale»	Abel Rey
Bulletin du Centre international de synthèse [Beilage zur *Revue*, ab 1926]	Henri Berr
«L'évolution de l'humanité» [Buchreihe, ab 1920]	Henri Berr
1. Teil: *Introduction (préhistoire, protohistoire, antiquité)*	
2. Teil: *Origines du christianisme et moyen âge*	
3. Teil: *Le monde moderne*	
4. Teil: *Vers le temps présent*	
Ergänzungsbände: *Synthèse collective*	
Semaines internationales de synthèse [Jahrestagungen, ab 1929]	Henri Berr
Projekt: *Vocabulaire historique*	Henri Berr
Projekt: *Répertoire méthodique de synthèse scientifique*	Henri Berr
Projekt: *Répertoire méthodique d'histoire des sciences*	Aldo Mieli
Science. L'Encyclopédie annuelle [Wochenzeitung, 1936–1938]	Henri Berr
Centre International de Synthèse. Section d'Histoire des Sciences	Aldo Mieli
Archeion. Archives pour l'histoire de la science [ab 1929]	Aldo Mieli
Revue d'histoire des sciences et de leurs applications [ab 1947]	Pierre Brunet
Institut d'Histoire des Sciences et des Techniques (Sorbonne)	Abel Rey
Thalès. Recueil annuel des travaux et bibliographie [Jahrbuch, ab 1934]	Abel Rey
Annales d'histoire économique et sociale [ab 1929]	Marc Bloch, Lucien Febvre

Beginnen wir unseren Kommentar mit Lucien Febvre: Er war, wie erwähnt, seit 1933 Professor am *Collège de France*, einer kleinen, aber prestigeträchtigen Hochschule ohne Fakultäten. Jeder kannte also jeden, und Febvre hatte zwangsläufig Kontakt zu Naturwissenschaftlern, wie dem Physiker Paul Langevin oder dem Mathematiker Jacques Hadamard. 1937 wurde auch Febvres engster Freund, der Psychologe Henri Wallon (1879–1962), an das *Collège* berufen, ein weiterer Band-Herausgeber der *Encyclopédie*.[28] Über Wallon verliefen damals Febvres Kontakte zum Netzwerk der kommunistischen Wissenschaftler, die ihn 1934/35 zweimal zu den großen Podiumsdiskussionen der Gruppe „Russie nouvelle" einluden.[29] Ferner war Febvre an zwei Zeitschriften beteiligt: den Annales d'histoire économique et sociale und der Revue de Synthèse, zu deren Mitarbeitern er seit 1905 gehörte.[30]

Während die wissenschaftshistorische Bedeutung der Annales heute allgemein bekannt ist, hat sich das Profil der Revue de Synthèse, die ebenfalls noch existiert, so weit verändert, dass einige Stichworte nützlich sein dürften: Im Jahr 1900 von dem Philosophen Henri Berr (1863–1954) gegründet, entwickelte sich die Zeitschrift bald zu einem der wichtigsten Foren theoretischer Diskussion mit einem besonderen Schwerpunkt bei den Geschichts- und Kulturwissenschaften.[31] Dies schlug sich auch in einer universalgeschichtlichen Buchreihe nieder, in der Berr unter dem Titel L'évolution de l'humanité viele bahnbrechende Darstellungen herausgab: ob von Febvre oder Bloch, von Mauss oder Granet.[32] Doch seine Ambitionen reichten weit über die Geschichtsschreibung hinaus. Sein Begriff der ‚Synthese' zielte auf die Einheit aller Wissenschaften. Und so gründete er 1925 mit Unterstützung einiger Mäzene und Politiker (er war z.B. eng mit dem damaligen Präsidenten der Republik, Paul Doumer, befreundet) ein eigenes Institut, das Centre International de Synthèse.[33] Es nahm seinen Sitz zuerst im Palais-Royal und ab Mai 1929 in einem Nebengebäude der Bibliothèque Nationale, dem Hôtel de Nevers in der rue Colbert. Dies war ein hochsymbolischer Ort, denn einst hatte hier der Salon der Madame de Lambert stattgefunden, in dem die Enzyklopädisten verkehrten. Drei Jahre später veranstaltete Berr in der Bibliothèque Nationale eine Ausstellung L'Encyclopédie et les encyclopédistes, die daran erinnerte, und der Gedanke, selbst eine Enzyklopädie herauszugeben, begleitete ihn wohl schon viele Jahre.[34] Als daher Febvre – und nicht er – mit der Konzeption und Leitung der Encyclopédie Française beauftragt wurde, bedeutete dies für Berr eine herbe Enttäuschung, ja Kränkung. Obwohl der Historiker ihn dann sofort in den Aufsichtsrat berief, ließ sich Berr deshalb nicht davon abhalten, 1936 eine Art Konkurrenzunternehmen zu lancieren, das Wissenschaftsjournal Science. Jede Ausgabe enthielt zwei herausnehmbare Hefte, die sich am Jahresende zu einer Encyclopédie annuelle zusammenbinden ließen. Nun war es Febvre, der gekränkt war und spontan seine Mitarbeit beim Centre de Synthèse aufkündigte.[35] Dass er diesen Bruch am Ende dann doch nicht vollzog, hatte zum Teil sentimentale Gründe – immerhin war Berr seit Jahrzehnten sein Mentor –, vor allem aber hätte er damit Vernetzungen zerstört, von denen auch die *Encyclopédie Française* und die *Annales* profitierten.[36]

In der Tat bildete das *Centre de Synthèse* nicht nur eine eigene Welt am Rand des Pariser Universitätsbetriebes, es war auch einer der wenigen Orte, wo Etablierte und Außenseiter, Human- und Naturwissenschaftler, Einheimische und Ausländer regelmäßig miteinander in Kontakt traten. Einige dieser Zusammenhänge und Begegnungen lassen sich an unserer Aufstellung ablesen. An erster Stelle ist die *Revue de Synthèse* zu nennen.[37] Nach der Gründung des *Centre* änderte die Zeitschrift ihre Ausrichtung, was im modifizierten Titel zum Ausdruck kam: Das einschränkende Adjektiv „historique" wurde gestrichen. Ab 1930 erschienen die Hefte jeweils abwechselnd mit den Schwerpunkten „Synthèse historique" oder „Synthèse générale", also Geschichts- und Humanwissenschaften auf der einen Seite, Naturwissenschaften und Philosophie auf der anderen. Damit bekamen nicht nur die neuen Co-Direktoren, nämlich Febvre, Langevin und Rey, ein gewisses Mitspracherecht, auch der Schwerpunkt der Zeitschrift verschob sich: Naturwissenschaften und allgemeine Wissenschaftstheorie bekamen erheblich mehr Gewicht. So kam es dann auch, dass die *Revue de Synthèse*, die sich schon immer mit epistemologischen Fragen beschäftigt hatte – wie etwa dem Methodenstreit in den Geschichts- und Sozialwissenschaften[38] –, ab Mitte der dreißiger Jahre zum vergleichsweise wichtigsten französischen Vermittlungsorgan der neuen Thesen des ‚Wiener Kreises' avancierte: Hier erschienen Berichte über Kongresse und Veranstaltungen, hier wurden einschlägige Bücher rezensiert und hier erschienen auch eine Reihe programmatischer Aufsätze von Schlick, Carnap, Hempel, Frank usw. – bis hin zu Neuraths Text über die „Neue Enzyklopädie".[39]

Das war kein Zufall: Berrs Wissenschaftsauffassung, sein Konzept der Synthese sowie auch sein Projekt, die Sprache der Geschichtswissenschaft mit Hilfe eines Begriffslexikons – des sogenannten *Vocabulaire historique*[40] – zu vereinheitlichen, kamen den Vorstellungen des Wiener Kreises entgegen. Und nachdem sich Berr und Neurath im September 1935 am Rand des Kongresses für wissenschaftliche Philosophie kennengelernt hatten, standen sie in regelmäßigem Kontakt.[41]

Außer seiner Hauszeitschrift, zu der 1936 noch die Monatszeitung *Science* hinzukam, gab Berr, wie erwähnt, die Buchreihe *L'Evolution de l'humanité* heraus und veranstaltete die sogenannten *Semaines internationales de synthèse*, an denen jedes Jahr prominente Philosophen, Natur- und Sozialwissenschaftler teilnahmen, um über Themen wie „Zivilisation", „Der Ursprung der Gesellschaft", „Relativität", „Indivi-

dualität", „Physik und Philosophie", „Die Menge", „Wissenschaft und
Gesetz", „Der Forschrittsbegriff", „Der Himmel in Geschichte und Wissenschaft", „Sensibilität beim Menschen und in der Natur" zu debat-
tieren.[42] Die entsprechenden Tagungsbände dokumentieren einen in
Frankreich einzigartigen Dialog mit dem Ziel, die Mauern zwischen den
Disziplinen einzureißen.[43] Auch ein anderes Projekt des *Centre*, eine
allumfassende, interdisziplinäre Bibliographie zu erstellen, das *Répertoire méthodique de synthèse scientifique*, weist in diese Richtung.[44]

Neben Berr kommen aber noch weitere Personen ins Spiel. So war
einer der ständigen Mitarbeiter des *Centre*, Robert Bouvier (1886–
1978), der sich z.B. um philosophische Rezensionen kümmerte, zahlreiche Beiträge für das *Vocabulaire historique* verfasste oder Berichte
anfertigte – etwa über den Kongress von 1935[45] –, nicht nur einer der
besten französischen Kenner der Philosophie von Ernst Mach,[46] sondern auch einer der Übersetzer von Neurath, Frank, Carnap und anderen.[47] Wie aus dem Briefwechsel zwischen ihm und Neurath her-
vorgeht, war er ständig darum bemüht, die Verbindungen zwischen
dem *Centre* und den Wiener Philosophen zu intensivieren.[48]

Der einflußreichste Vermittler innerhalb des *Centre de synthèse*
(und darüber hinaus) war jedoch zweifellos Abel Rey (1873–1940).[49] Er
war ein enger Freund von Berr und, wie erwähnt, einer der stell-
vertretenden Herausgeber seiner Zeitschrift. Als Inhaber des Lehrstuhls
für Wissenschaftsphilosophie an der Sorbonne leitete er auch das *Institut d'histoire des sciences et des techniques* in der Rue du Four; ab
1934 gab er dort das Jahrbuch *Thalès* heraus, dessen wissenschaftlichem Beirat sowohl Berr als auch Febvre angehörten.[50] Nicht zufällig
erschien dort 1935 eine ausführliche – und durchaus nuanciert-kritische
– Darstellung des Wiener Kreises aus der Feder des Emigranten Alfred
Stern (1898–1980).[51] Rey war aber nicht nur an fast allen Projekten des
Centre de Synthèse sowie an Febvres *Encyclopédie Française* beteiligt
– dazu weiter unten –, sondern als Sorbonne-Professor einer der Mit-
veranstalter der internationalen Philosophen-Kongresse von 1935 und
1937, auch wenn er selbst nicht als Referent auftrat.[52]

Schließlich ist noch der dritte stellvertretende Herausgeber der
Revue de Synthèse zu erwähnen, Paul Langevin (1872–1946).[53] Während Rey ganz offen mit den Thesen des Wiener Kreises sym-
pathisierte,[54] orientierte sich der berühmte Physiker, der schon damals
der Kommunistischen Partei nahestand, auch wenn er ihr erst nach
dem Krieg offiziell beitrat, am sowjetischen ‚dialektischen Materialismus'. Folglich kritisierte er bei verschiedenen Gelegenheiten den
„Subjektivismus" und „Negativismus" der „école de Vienne".[55] Dennoch

gehörte er dem Komitee der einheitswissenschaftlichen Kongresse an.[56]
So lassen sich allein schon auf der institutionellen und persönlichen Ebene nicht wenige Verbindungslinien zwischen dem *Centre de Synthèse* und dem Wiener Kreis erkennen, deren Orientierungen – Interdisziplinarität (Transdisziplinarität?), Internationalität (Transnationalität?), Einheitswissenschaft und Einheitssprache – zumindest verwandt waren. Überraschenderweise wurde dies in der einschlägigen Literatur bislang kaum beachtet.[57] Wie diese Verbindungen konkret verliefen und wie sich die Berührungs- oder Reibungspunkte im einzelnen verhielten, bleibt allerdings noch genauer zu erforschen.

III. *Encyclopédie Française* und Wiener Kreis – eine Hypothese

Gilt dies etwa auch für die *Encyclopédie Française*? Kehren wir noch einmal in die Rue du Four zurück. Im Erdgeschoß und in der 1. Etage residierte die *Encyclopédie*; einige Stockwerke höher lag das Institut von Rey. Er war nicht nur ein Kollege von Febvre im *Centre de Synthèse* und mit dem Historiker seit langem gut bekannt,[58] sondern auch einer der Band-Herausgeber der Enzyklopädie – und zwar des programmatischen *ersten* Bandes, der im Januar 1937 unter dem Titel *L'outillage mental* de facto als sechster Band herauskam. Rey selbst verfasste davon den ersten Teil, der etwa 100 zweispaltige Druckseiten umfasste und den Titel trug: *De la pensée primitive à la pensée actuelle.*[59]
Was vielleicht nur ein philosophiegeschichtlicher Abriss hätte werden können, war – dem Gesamtkonzept entsprechend – eine programmatische Einführung in die Entwicklungsgeschichte des menschlichen Denkens. Nach oder neben dem magischen Denken der ‚Primitiven‘, das Rey v.a. im Anschluss an die Forschungen von Lévy-Bruhl skizzierte, unterschied er drei große Stadien: den ‚qualitativen‘ Rationalismus des antiken Griechenland, den ‚quantitativen‘ Rationalismus der frühen Neuzeit und schließlich den ‚experimentellen‘ Rationalismus der Gegenwart:

> En examinant l'évolution logique de la pensée occidentale on peut noter trois grandes tendances. D'abord, l'ascension vers la clarté. Ensuite l'action de plus en plus profonde de cette logique sur le réel, par des outillages appropriés et progressifs: rationalisme qualitatif, puis quantitatif, puis expérimental. Enfin un souci de plus en

plus marqué, après l'enthousiasme hellénique, de passer de la con-
templation à l'action, d'agir sur la nature à l'aide du savoir: «Le savoir et le pouvoir humains coïncident identiquement», dit Bacon
dans un célèbre aphorisme.[60]

Hieran schloss sich eine ausführliche Darstellung der modernen Logik,
Mathematik und Naturwissenschaft an, in deren Mittelpunkt die im frühen 20. Jahrhundert heftig diskutierten Fragen nach dem Verhältnis
von Erfahrung und Hypothese, Intuition und Konstruktion, Unschärfe,
Wahrscheinlichkeit und Determinismus standen. Für Rey, der sich an
anderer Stelle selbst als „Szientist" und „Experimentalist" bezeichnete,[61] führte die sogenannte „Krise der Wissenschaften" keineswegs
zu einem Verschwinden von „Tatsachen" und „Kausalitäten", vielmehr
schärfte sie das Bewusstsein dafür, dass Intuition, Erfahrung und „Lo-
gistik" miteinander in Wechselwirkung stehen („chassé-croisé") und bei
der Suche nach „positiver Erkenntnis" zu verknüpfen sind.[62]

    Auffällig ist, dass Rey in diesem Text der „Ecole de Vienne" und
ihren Thesen relativ breiten Raum widmete.[63] Spätestens hier dürfte
also Febvre, der alle Texte ‚seiner' Enzyklopädie mit Argusaugen las –
und Reys Beitrag später als Grundlagentext verwendete[64] – , mit den
Namen Schlick, Carnap, Frank usw., ja sogar Wittgenstein, konfrontiert
worden sein. Oder geschah dies etwa schon früher? Immerhin ist es
denkbar, ja sogar wahrscheinlich, dass der Historiker als Mitherausgeber der Revue de Synthèse – und folglich als deren Bezieher – die
darin publizierten Beiträge über und aus dem Wiener Kreis spätestens
seit 1934 zur Kenntnis genommen hatte. (Von anderswo publizierten
Büchern oder Aufsätzen ganz zu schweigen.[65]) Ferner scheint es keineswegs ausgeschlossen, dass Febvre als ständiger Bewohner der
Rue du Four auch in informellen Gesprächen mit Rey und dessen Mitarbeitern, ja vielleicht sogar mit dessen ausländischen Gästen, also
den Teilnehmern der beiden Pariser Kongresse – zu deren Sponsoren
nicht nur das Centre de Synthèse, sondern auch die Encyclopédie
Française gehörte[66] – etwas über die neue philosophische Bewegung,
das Konzept der ‚Einheitswissenschaft' oder das Projekt einer neuen,
internationalen Enzyklopädie erfahren haben könnte.

    Die Verwendung des Konjunktivs ist durchaus angebracht. Denn
beim gegenwärtigen Kenntnisstand handelt sich lediglich um eine Ver-
mutung. Berr und Rey standen mit den Wienern nachweislich in Kontakt, und beide waren enge Kollegen, ja sogar Freunde von Febvre. Als
führendes Mitglied des Centre de Synthèse, als assoziiertes Mitglied
von Reys Institut d'histoire des sciences und als Hauptherausgeber der

Encyclopédie Française konnte Febvre gar nicht anders, als von der Existenz der ‚Ecole de Vienne'[67] Kenntnis zu nehmen. Doch als positiver Beleg für eine Rezeption oder gar Interesse und Sympathie reicht dies alles nicht aus, zumal es auch Indizien gibt, die eher Distanz andeuten. Dazu ebenfalls einige Stichworte. Erstens: Das einzige Buch eines Mitglieds des Wiener Kreises, das vor dem Krieg in den *Annales* rezensiert wurde, war Neuraths *Bildstatistisches Elementarwerk;* Febvre selbst hat es 1931 recht kritisch besprochen.[68] Zweitens: Etwa zur selben Zeit geriet Marc Bloch im Rahmen des *Centre de Synthèse* in einen Konflikt über den Artikel *Comparaison,* den er für das *Vocabulaire historique* verfasst hatte;[69] die Redaktion hielt ihm vor, dass er die theoretischen Aspekte des Vergleichs nicht genügend berücksichtigt habe. Deshalb gab sie einen zweiten Artikel in Auftrag, dessen Verfasser der oben erwähnte Bouvier war.[70] Drittens: Es bestand noch eine weitere persönliche Misshelligkeit. Ausgerechnet der Philosoph Louis Rougier, der einige Jahre später bei der Rezeption des Wiener Kreises in Frankreich eine wichtige Rolle spielen sollte, veröffentlichte 1925 in der *Revue de Synthèse* eine weitschweifige Rezension des Buches von Bloch über die *Rois thaumaturges,*[71] die diesem Meisterwerk historischer Religionssoziologie kaum etwas abgewinnen konnte.[72] Bloch dürfte den Namen Rougier also nie vergessen haben, und dies hat ihn später sicher nicht ermuntert, jener philosophischen ‚Schule' besondere Aufmerksamkeit zu schenken, die in Frankreich, wie es schien, von diesem Mann repräsentiert wurde.

Der in Besançon lehrende Louis Rougier (1889–1982) trat in den dreißiger Jahren in der Tat als ‚Botschafter' des Wiener Kreises auf, und es gelang ihm auch, seinen österreichischen und deutschen Gesprächspartnern gegenüber den Eindruck zu erwecken, er sei der bestmögliche Repräsentant der neuen Auffassungen. Dabei war Rougier keineswegs der einzige, der den Wiener Kreis in Frankreich bekanntmachte oder für ihn eintrat: Man denke nur an den Physiker Marcel Boll (1886–1958) oder den pensionierten General Ernest Vouillemin (1865–1954) – beides auch rührige Übersetzer –, ferner an die Mathematiker Jacques Hadamard (1865–1963) und Maurice Fréchet (1878–1973), an Pierre Lecomte du Noüy (1883–1947) vom Institut Pasteur und nicht zu vergessen: Abel Rey. Doch Rougier, dessen wechselhafte Biographie noch ungenügend erforscht ist – parallel zu seinem philosophischen Engagement trat er z.B. für eine unternehmerfreundliche, ‚neoliberale' Wirtschaftspolitik[73] ein, kokettierte später mit der Vichy-Regierung und endete schließlich als Anhänger der ‚Nouvelle Droite' von Alain de Benoist[74] –, hat es stets verstanden, sich in den Vordergrund zu schieben. Als Person, als Politiker und wohl auch als Philosoph war diese schillernde Figur jedenfalls völlig ungeeignet, dem Wiener Projekt neue Mitstreiter zuzuführen und gerade jene progressiven Akademiker anzusprechen, die dafür hätten empfänglich sein müssen.[75] Um künftig daher etwas Genaueres sowohl über die Rezeption des Wiener Kreises als auch über dessen Verbindungen zu Netzwerken wie der *Encyclopédie Française* oder dem *Centre de Synthèse* zu erfahren, sollte man versuchen, von Rougier gleichsam zu abstrahieren oder vielmehr sein Wirken von vornherein als Negativfaktor in Rechnung zu stellen.

Dies könnte am Ende auch einen neuen Blick für die intellektuellen Gemeinsamkeiten zwischen der Wissenschaftsauffassung der Wiener Neopositivisten und der Historiker- und Soziologengruppe im Umkreis der *Annales* ermöglichen. Denn auch deren Erforschung leidet seit langem unter einem ‚Tunneleffekt' (Jack Hexter). Weil jede Generation ihre theoretischen Präferenzen auf Autoren wie Bloch, Febvre, Halbwachs usw. projiziert, haben sich immer neue Rezeptionsschichten gebildet. Andere Lektüren, die nicht dem Zeitgeist entsprechen, haben es demgegenüber schwer. So wurde das Projekt der *Annales* je nach Kontext mal als ‚strukturalistisch' oder ‚anti-strukturalistisch', ‚marxistisch' oder ‚anti-marxistisch', ‚subjektivistisch' oder ‚objektivistisch' präsentiert, während Differenzierungen und gegenläufige Thesen kaum wahrgenommen wurden.[76] Nur eine kritische Historiographie-Geschichte, die nichts ungeprüft übernimmt und alle Texte neu liest, kann hier weiterhelfen. Auf diesem Hintergrund frage ich mich schon seit längerem, ob nicht auch das besondere Verhältnis der *Annales*-Historiker zum Neopositivismus der Zwischenkriegsjahre – und insofern auch zum Wiener Kreis – durch einen solchen Tunnelblick verstellt worden ist. Ich kann das an dieser Stelle nicht weiter ausführen, doch könnte man zeigen, dass zwischen den epistemologischen Positionen, die dem Projekt der frühen *Annales* zugrunde lagen, und den zentralen Thesen des Wiener Kreises keine tiefe Kluft bestand. Trotz aller Differenzen waren dies keine verschiedenen Welten. Auch Febvre und Bloch, die die großen Umwälzungen im wissenschaftlichen Weltbild sehr genau verfolgten, gründeten ihre Arbeit auf ein anti-spiritualistisches, neo-positivistisches und letztlich szientistisches Konzept. Und noch während des Zweiten Weltkrieges wiederholte Bloch in seiner *Apologie pour l'histoire* nicht nur dieses Credo, sondern auch seine ständige Forderung nach einer Einheitssprache der Geschichtswissenschaft, wobei er sich bezeichnenderweise auf das Vorbild der „Physiker" berief, die darüber Kongresse abgehalten hätten.[77]

Damit breche ich ab. Um Missverständnisse zu vermeiden, will ich meine These noch einmal zusammenfassen: Sie lautet keineswegs, dass die *Encyclopédie Française* als Projekt der französischen Wissenschaft ein direktes Pendant oder ein Relais des Enzyklopädie-Projekts des Wiener Kreises bildete. Allerdings scheint mir, dass es auffällige intellektuelle und personelle Verbindungen zwischen diesen Projekten gab, die sich beide auf eine szientistische Philosophie beriefen. Diesen Szientismus wird man heute zweifellos kritisieren. Aber wohl kaum, um dahinter zurückzufallen. In diesem Sinne könnte man die *Encyclopédie Française* als einen der großen Versuche bezeichnen – und interessanterweise von einem ‚Geisteswissenschaftler' unternommen –, sämtliche Wissenschaften, also Natur- *und* Sozialwissenschaften, unter dem gemeinsamen Singular von *la Science* zusammenzuführen. Das war tatsächlich revolutionär.

Anmerkungen

1. Vgl. den atmosphärischen Bericht in den Memoiren von Henriette Psichari: *Des jours et des hommes (1890–1961)*, Paris: Grasset, 1962, S. 155ff. (« La boutique de la rue du Four »).
2. Jacqueline Pluet-Despatin / Gilles Candar (Hg.), *Lucien Febvre et l' «Encyclopédie Française»*. Schwerpunktheft der Zeitschrift *Jean Jaurès. Cahiers trimestriels*, no. 163/164, 2002 (erschienen: 2003), 159 S. Aus der älteren Literatur siehe: Jacques Robichez, «L'Encyclopédie Française», in: *Cahiers d'histoire mondiale*, 9, 1965, S. 819-831; Giuliana Gemelli, „L'Encyclopédie Française e l'organizzazione della cultura nella Francia degli anni trenti", in: *Passato et presente*, 1, 1986, 11, S. 157-89; Hebe Carmen Pelosi, „La coyuntura enciclopedica del periodo entreguerras. El modela de Lucien Febvre", in: *Rivista di storia di storiografia moderna*, 16, 1995, 1-3, S. 97-115; Henri-Jean Martin, «Esprit de synthèse et encyclopédisme. Henri Berr, Anatole de Monzie, Julien Cain, Lucien Febvre», in: Roland Schaer (Hg.), *Tous les savoirs du monde. Encyclopédies et bibliothèques de Sumer au XXIe siècle*, Paris: Flammarion, 1997, S. 442-449.
3. Vgl. Pascal Ory, *La belle illusion. Culture et politique sous le signe du Front populaire 1935–1938*. Paris: Plon, 1994. Vgl. bes. S. 60f. u. 184f.
4. Eine Biographie von Febvre fehlt bislang. Vgl. statt dessen mit weiterer Literatur: Bertrand Müller, *Lucien Febvre, lecteur et critique*. Paris: Albin Michel, 2003 (zur *Encyclopédie Française*: S. 109ff.).
5. Aus der umfangreichen Literatur vgl. bes. Peter Burke, *Die Geschichte der „Annales". Die Entstehung der neuen Geschichtsschreibung*. Berlin: Wagenbach, 2004.
6. [Lucien Febvre], *Ce qu'est l'Encyclopédie Française*. o.O., o.D. [Paris 1933], S. 5. Zu Febvres Konzept siehe bes. Bertrand Müller: «Entre science et culture: l'*Encyclopédie Française* dans l'œuvre de Lucien Febvre», in: *Jean Jaurès*, op. cit., S. 33-63, sowie ders. (Hg.), Marc Bloch, Lucien Febvre, *Correspondance*. 3 Bde, Paris: Fayard, 1994-2004, hier bes. Bd. 2, S. XXVIff.
7. Ibid., S. 8.

8. Lucien Febvre, «Encyclopédie et encyclopédies», in: *Encyclopédie Française*, VI, 1936, S. 18-24-6 bis 18-24-11. [Die besondere Paginierung der *Encyclopédie Française* macht diese Zitierweise erforderlich.]

9. Ibid., S. 18-24-10.

10. Ibid., S. 18-24-11.

11. Leicht modifizierte Übersetzung eines Schaubilds in: Müller, «Entre science et culture», loc. cit., S. 62-63.

12. Schon bald nach der Befreiung kam es zum Bruch zwischen Febvre und einigen seiner kommunistischen Freunde, als die KPF – unter Berufung auf Diderot und d'Alembert – das Projekt einer *Encyclopédie de la Renaissance française* [Enzyklopädie der französischen Wiedergeburt] lancierte, an dem sich u.a. Langevin und Wallon beteiligten. Siehe: *Manifeste de l'Encyclopédie de la Renaissance française*. Toulouse 1945, sowie Wallons programmatischen Aufsatz: «Pour une encyclopédie dialectique. Sciences de la nature et sciences humaines», in: *La Pensée*, Nr. 4, Juli 1945, S. 17-22. Febvre betrachtete das als persönlichen Verrat und Aufkündigung einer intellektuellen Allianz. Daher musste seine eigene wieder aufgenommene *Encyclopédie Française* im Zeichen des Kalten Krieges und des von der KPF proklamierten Kampfes zwischen ‚bürgerlicher und proletarischer Wissenschaft' auf viele ehemalige Mitarbeiter verzichten. Nach Febvres Tod 1956 verschob sich unter dem nachfolgenden Herausgeber, Gaston Berger (1896–1960), einem Philosophen und Wissenschaftspolitiker, der intellektuelle und politische Schwerpunkt des Projekts noch weiter nach rechts.

13. Vgl. Jean-Yves Mollier, «La fabrique éditoriale», in: *Jean Jaurès*, op. cit., S. 11-31 (hier: S. 24). Allerdings schloss diese Abonnentenzahl nicht aus, dass einzelne Bände eine höhere Auflage erreichten und nachgedruckt werden mussten.

14. Ibid., S. 12.

15. Archives Nationales, Paris, Nachlass L. Febvre, Werbebroschüre: *L'Encyclopédie Française permanente*, o. O. o. D. [1933], S. 5.

16. *Encyclopédie Française*, VI , 1936, S. 6-04-11.

17. *Encyclopédie Française*, II, 1955, S. 2-04-5.

18. Archives Nationales, Paris, Nachlass L. Febvre, *Mémento du collaborateur*, o.D. [1933], S. 3.

19. Ibid., S. 6.

20. Nach einer 1997 von Jacqueline Pluet-Despatin angefertigten Aufstellung.

21. Lucien Febvre an Anatole de Monzie, o. D. (Sommer 1933); Archives Départementales du Lot, Cahors, Nachlass A. de Monzie, 52 J 28.

22. Vgl. Peter Schöttler, „Mentalitätengeschichte und Psychoanalyse. Lucien Febvres Begegnung mit Jacques Lacan 1937/38", in: *Österreichische Zeitschrift für Geschichtswissenschaften*, 11, 2000, 3, S. 135-146.

23. Als ein weiteres Beispiel besonderer Innovation siehe Bd. VII, *L'espèce humaine*, mit dem Schwerpunkt Soziologie/Ethnologie. Die darin enthaltene Studie von Maurice Halbwachs zur Bevölkerungsentwicklung wurde jetzt in einer mustergültigen Edition wieder zugänglich gemacht: Maurice Halbwachs/Alfred Sauvy, *Le point du vue du nombre 1936*, hg. v. Marie Jaisson u. Eric Brian, Paris: INED, 2005.

24. Brief an Gretel Karplus [Adorno], ca. 6.5.1934, in: Walter Benjamin, *Briefe*, IV, Frankfurt/Main: Suhrkamp, 1998, S. 415ff. Der Kunstwerk-Aufsatz, der 1936 zuerst auf Französisch (!) in der *Zeitschrift für Sozialforschung* erschien, firmierte in Benjamins Notizen zunächst unter dem Stichwort „Enzyklopädieartikel".

25. Walter Benjamin, *Gesammelte Schriften*, Bd. III, Frankfurt/Main: Suhrkamp, 1972, S. 579-585 (Zitat: S. 582).

26. Dies gilt auch im wörtliche Sinne: So reiste Febvre auf Einladung des französischen Außenministeriums mehrfach ins Ausland, um für die Enzyklopädie zu werben. Am 5. April 1935 hielt er z.B. im Johannes-Saal der Österreichischen Akademie der Wissenschaften einen Vortrag über „Das Programm der neuen französischen Enzyklopädie". Veranstalter waren das Institut Français und der ‚Verein der Freunde französischer Studien' (Archiv der Österreichischen Akademie der Wissenschaften, Wien, Sign. 207/1935). Vgl. Peter Schöttler (Hg.), Lucie Varga, *Zeitenwende. Mentalitätsgeschichtliche Studien 1936–1939*, Frankfurt/Main: Suhrkamp, 1991, S. 35f.

27. Vgl. Martin, loc. cit., S. 447.

28. Eine Biographie von Wallon fehlt bislang. Vgl. Emile Jalley, *Wallon, lecteur de Freud et Piaget*, Paris: Editions Sociales, 1981.

29. Beide Tagungen fanden im großen Saal der ‚Mutualité' im Quartier Latin statt und zogen Hunderte von Zuhörern an. Anschließend wurden die Vorträge in zwei Sammelbänden unter dem Titel *A la lumière du marxisme* publiziert. Den ersten hat Febvre in den *Annales* rezensiert: «Un débat de méthode: techniques, sciences et marxisme», in: *Annales d'histoire économique et sociale* , 7, 1935, S. 615-623.

30. Vgl. Bertrand Müller, „Lucien Febvre und Henri Berr: de la synthèse à l'histoire-problème", in: Agnès Biard / Dominique Bourel / Eric Brian (Hg.), *Henri Berr et la culture du XXe siècle*. Paris: Albin Michel, 1997, S. 39-59.

31. Eine Biographie von Berr fehlt bislang. Zu Werk und Wirkung vgl. Biard/Bourel/Brian, *Henri Berr*, op. cit.

32. Vgl. Jacqueline Pluet-Despatin, «Henri Berr éditeur. Elaboration et production de ‚L'Evolution de l'humanité'», in: Biard/Bourel/Brian, *Henri Berr*, op. cit., S. 241-267.

33. Vgl. Giuliana Gemelli, «Communauté intellectuelle et stratégies institutionnelles: Henri Berr et la fondation du Centre international de synthèse», in: *Revue de Synthèse*, 108, 1987, S. 225-259; Martin, «Esprit de synthèse et encyclopédisme ...», loc. cit.

34. Vgl. Giuliana Gemelli, «L'encyclopédisme au XXe siècle: Henri Berr et la conjoncture des années vingt», in: Biard/Bourel/Brian, *Henri Berr*, op. cit., S. 280ff.

35. Vgl. Febvres Brief an Berr v. 15.10.1936, in: Lucien Febvre, *De la «Revue de Synthèse» aux «Annales»: Lettres à Henri Berr 1911–1954*, hg. v. Gilles Candar u. Jacqueline Pluet-Despatin, Paris: Fayard, 1997, S. 529.

36. Berr versuchte seinerseits, den Konflikt zu überbrücken, indem er in seinem Blatt beide Projekte als einander ergänzend darstellte: „Si certaines modalités en sont différentes, elle [scil. l'*Encyclopédie Française*] répond à une conception semblable de l'unité et de l'efficacité de la Science. Au surplus, le rôle de Lucien Febvre suffit à prouver qu'il y a, entre ces deux formes d'encyclopédie, parallélismes, affinités et non concurrence" (*Science*, 1, 1936, Nr.1, S. 6). Auch enthielt bereits die 2. Ausgabe eine große Werbeanzeige der *Encyclopédie Française*.

37. Vgl. William R. Keylor, *Academy and Community. The Foundation of the French Historical Profession*. Cambridge/Mass.: Harvard UP, 1975, S. 125ff.; Bianca Archangeli / Margherita Platania (Hg.), *Metodo storico e scienze sociali. La Revue de synthèse historique (1900–1930)*. Roma: Bulzoni, 1981.

38. Vgl. die Dokumentation bei Archangeli/Platania, op.cit., sowie: Lutz Raphael, „Historikerkontroversen im Spannungsfeld zwischen Berufshabitus, Fächerkonkurrenz und sozialen Deutungsmustern. Lamprecht-Streit und französischer Methodenstreit der Jahrhundertwende in vergleichender Perspektive", in: *Historische Zeitschrift*, 251,1990, S. 325-363.

39. Otto Neurath, «L'Encyclopédie comme ‚modèle'», in: *Revue de Synthèse*, 12, 1936, 2, S. 187-201. An einer Stelle bezieht sich der Autor auch explizit auf das *Centre* (S. 199). Vgl. ferner die Beiträge von Franck in Jg. 1934, Schlick, Hempel und Carnap in

Jg. 1935 sowie einen weiteren Beitrag von Frank in Jg. 1936 der Zeitschrift. Zwischen 1934 und 1939 publizierte die *Revue de Synthèse* darüber hinaus mehrere einschlägige Rezensionen, einen Nachruf auf Hans Hahn (Jg. 1935, S. 118) sowie Berichte über die Kongresse für Einheitswissenschaft.

40. Eine gründliche Untersuchung dieses Projekts steht noch aus. Vgl. Margherita Platania (Hg.), *Les mots de l'histoire. Le vocabulaire historique du Centre international de synthèse.* Napoli: Bibliopolis, 2000; Enrico Castelli Gattinara, *Strane alleanze. Storici, filosofi e scienziati a confronto nel Novecento.* Milano: Mimesis, 2003, S. 37ff.

41. Otto Neurath an Henri Berr, 4.6.1937 (Wiener Kreis Stichting, Amsterdam, Nachlass O. Neurath, Nr. 214; Kopie im Institut Wiener Kreis, Wien). Allerdings haben sich in den jeweiligen Nachlässen nur drei Briefe aus den Jahren 1937/38 erhalten (Institut Mémoire de l'Edition Contemporaine, Paris-Caen, Fonds H. Berr, A 40-03.11).

42. Vgl. Marina Neri, «Vers une histoire psychologique: Henri Berr et les Semaines internationales de synthèse (1929-1947)», in: Biard/Bourel/Brian, *Henri Berr,* op. cit., S. 205-218; Bernadette Bensaude-Vincent, «Présences scientifiques aux Semaines de synthèse (1929-1939)», in: ibid., S. 219-230.

43. Es wäre interessant, Ausrichtung und Verlauf dieser Tagungen etwa mit den *Eranos-Tagungen* in Ascona oder den *Décades de Pontigny* zu vergleichen.

44. «Instructions relatives au répertoire méthodique de synthèse scientifique du Centre international de Synthèse», in: *Revue de Synthèse historique,* 44, 1927, 4, S. 41-47. Das einheitswissenschaftliche Ziel wird deutlich angekündigt: „L'objet du Centre international de Synthèse est de travailler à l'unification des sciences historiques, à l'unification des sciences de la nature, à l'unification enfin de ces deux ordres de connaissance ..." (S. 41).

45. Er veröffentlichte u.a. auch einen begeisterten Bericht über den Kongress von 1935: Robert Bouvier, «Le congrès international de philosophie scientifique. Paris, septembre 1935», in: *Revue de Synthèse ,* 10, 1935, S. 229-231.

46. Vgl. Robert Bouvier, *La pensée de Ernst Mach. Essai de biographie intellectuelle et critique,* Paris: Vélin d'or, 1923.

47. Häufig mussten die Übersetzungshonorare – etwa für die in Anm. 65 zit. Broschüren, nicht aber für die Aufsätze in der *Revue de Synthèse* von den Autoren selbst aufgebracht werden. Vgl. Robert Bouvier an Otto Neurath, 3.4.1936 (Wiener Kreis Stichting, Amsterdam, Nachlass O. Neurath, Nr. 216; Kopie im Institut Wiener Kreis, Wien).

48. Wiener Kreis Stichting, Amsterdam, Nachlass O. Neurath, Nr. 216; Kopien im Institut Wiener Kreis, Wien. Der Briefwechsel betrifft die Jahre 1935–1938.

49. Eine Biographie von Rey fehlt bislang. Vgl. Pietro Redondi, *Epistemologia e storia della scienza. Le svolte teoriche da Duhem a Bachelard.* Milano: Feltrinelli, 1978, S. 88ff.; Enrico Castelli Gattinara, *Les inquiétudes de la raison. Epistémologie et histoire en France dans l'entre-deux-guerres.* Paris: Vrin, 1998, S. 79ff.

50. Febvre hat zwei Bände von *Thalès* rezensiert: *Annales d'histoire économique et sociale ,* 10, 1938, S. 154f.; *Annales d'histoire sociale,* 2, 1940, S. 58. Vgl. allg. Pietro Redondi, "French Journals of the History of Science: The Checking of a Deficit", in: Marco Beretta / Claudio Popliano / Pietro Redondi (Hg.), *Journals and History of Science.* Firenze: Olschki, 1998, S. 167-187 (S. 179ff.).

51. Alfred Stern, «Le Cercle de Vienne et la doctrine néopositiviste», in: *Thalès,* 2, 1935, S. 211-227.

52. Vgl. *Actes du Congrès international de philosophie scientifique. Sorbonne, Paris 1935.* Paris: Hermann, 1936, S. 5. Erwähnt werden sollte auch, dass eines der ersten Bücher von Rey, *La théorie de la physique chez les physiciens contemporains*

(Paris: Flammarion, 1907), das zum ersten Mal in Frankreich über das Werk von Mach informierte, bereits 1908 von Rudolf Eisler ins Deutsche übertragen wurde. Als Autor war Rey also schon vor dem Weltkrieg in Deutschland und Österreich bekannt.

53. Vgl. Bernadette Bensaude-Vincent, *Langevin 1872–1946. Science et vigilance.* Paris: Belin, 1987.

54. Dies geht auch aus einigen in den Nachlässen von Schlick und Neurath erhaltenen Briefwechseln hervor (Institut Wiener Kreis, Wien).

55. Siehe Bensaude-Vincent, *Langevin*, op. cit., S. 173ff. Vgl. auch den Nachlass von Langevin, der in der Pariser *Ecole de Physique et de Chemie* aufbewahrt wird; dort u.a. ein Vortragsmanuskript mit dem Titel «Les courants positivistes et réalistes dans la philosophie de la physique» v. 2.6.1938 (Kasten 97, fol. 3ff.).

56. Vgl. Friedrich Stadler, *Studien zum Wiener Kreis. Ursprung, Entwicklung und Wirkung des Logischen Empirismus im Kontext*, Frankfurt/Main: Suhrkamp, 1997, S. 406.

57. Zur bisherigen Forschung über die Rezeption des Wiener Kreises in Frankreich, die auf die äußerst pessimistische These hinausläuft, dass „since 1935 [...] the Vienna Circle did not make new adepts nor generate any French neo-positivist offspring", vgl. Antonia Soulez, "The Vienna Circle in France (1935–1937)", in: Friedrich Stadler (Hg.), *Scientific Philosophy: Origins and Developments*, Dordrecht: Kluwer, 1993, S. 95–112 (Vienna Circle Yearbook, 1); hier: S. 109. Über das französische Sympathisantennetzwerk heißt es allerdings nur vage: „In his opening speech Ph. Frank adds that the Center and the Review „Synthèse" (sic!) were also very active in the propagation of logical empiricism" (S. 101). Mag sein, dass hier die Übersetzung ins Englische zu Ungenauigkeit geführt hat; jedenfalls dürfte kaum ein Leser einen Zusammenhang mit dem *Centre* und der Zeitschrift von Berr erkannt haben, zumal es auch in Holland eine Zeitschrift mit dem Titel *Synthese* gab (und gibt), an der Neurath beteiligt war. Abel Rey, Febvre oder die *Encyclopédie Française* werden in dieser rein philosophischen Rezeptionsgeschichte überhaupt nicht erwähnt. Vgl. ähnlich: Jan Sebestik / Antonia Soulez (Hg.), *Le Cercle de Vienne. Doctrines et controverses*. Paris: Klincksieck, 1986. Eine analoge Blindheit herrscht übrigens auch in den Forschungen zur Geschichte des *Centre de Synthèse*, wo die Nähe zum Wiener Kreis bestenfalls gestreift wird: vgl. z.B. Biard/Bourel/Brian, *Henri Berr*, op. cit., S. 208 u. 271. Eine bemerkenswerte Ausnahme stellen dagegen die Studien von Enrico Castelli Gattinara dar, der sich seit längerem für die Verbindungen zwischen Philosophen, Geistes- und Naturwissenschaftlern interessiert (*Les inquiétudes de la raison*, op. cit.; *Strane alleanze*, op. cit.).

58. Schon 1912 bis 1914 waren Febvre und Rey Kollegen an der (kleinen) Universität von Dijon, wo der eine Neuere Geschichte, der andere Philosophie und Psychologie lehrte.

59. *Encyclopédie Française*, I, Paris 1937, S. 1-10-1 bis S. 1-20-11.

60. Rey, *De la pensée primitive à la pensée actuelle*, S. 1-18-1.

61. Ders., *La philosophie moderne*. Paris : Flammarion, 1908, S. 367. Zur rationalistischen und „szientistischen" Ideologie jener Jahre vgl. auch Dominique Pestre, *Physique et physiciens en France 1918–1940*. Paris: Edition des archives contemporaines, 1984, S. 171ff.

62. Rey, *De la pensée primitive à la pensée actuelle*, S. 1-18-14ff.

63. Vgl. ibid., S. 1-18-4, 1-18-7 bis 1-18-9.

64. Vgl. u.a. das posthum publizierte Vorwort zur Neuauflage des ersten Bandes: Lucien Febvre, «Avant-propos», in: *Encyclopédie Française*, I, ²1957, S. 1-04-3 bis S. 1-04-6, sowie ders., *Combats pour l'histoire*. Paris: Armand Colin, 1953, S. 289 u. 340. In

Febvres Nachruf auf Rey heißt es: „Jamais ce bon géant, au sourire tout jeune dans une barbe sans austérité, n'aura donné au public de plus satisfaisant que cette histoire de la raison humaine que je suis heureux de lui avoir fourni l'occasion, toute récente, d'écrire au tome I de l'*Encyclopédie Française*" (*Annales d'histoire sociale*, 2, 1940, S. 55).

65. Siehe etwa die vom Pariser Verlag Hermann publizierte Buch- und Broschürenreihe *Actualités scientifiques et industrielles*, in der u.a. folgende Titel erschienen sind: Hans Reichenbach, *La philosophie scientifique* (1932); Rudolf Carnap, *L'ancienne et la nouvelle logique* (1933); Philipp Franck, *La causalité et ses limites* (1934); Charles-Ernest Vouillemin, *La logique de la science et l'école de Vienne* (1935); Rudolf Carnap, *Le problème de la logique de la science* (1935); Hans Hahn, *Logique, mathématiques et connaissance de la réalité* (1935); Otto Neurath, *Le développement du Cercle de Vienne et l'avenir de l'empirisme logique* (1935) ; Moritz Schlick, *Sur le fondement de la connaissance* (1935); Philipp Frank, *La fin de la physique mécaniste* (1936) usw.

66. Vgl. Stadler, *Studien*, op. cit., S. 404.

67. Oder des ‚Groupe Viennois', wie eine andere Übersetzung lautete: *Revue de Synthèse*, 8, 1934, 2, S. 142ff.

68. Lucien Febvre, «Un album de statistique figurée», in: *Annales d'histoire économique et sociale*, 3, 1931, S. 587-390 (Rez. von Otto Neurath, *Gesellschaft und Wirtschaft. Bildstatistisches Elementarwerk*, Leipzig 1930). Allerdings muss man wissen, dass sich Febvre in jenen Jahren immer wieder gegen drastische Schaubilder nach Art der deutschen ‚Geopolitik' wandte – und nun Neuraths Methode damit identifizierte (S. 389).

69. Vgl. Marc Bloch, «Comparaison», in: *Bulletin du Centre international de synthèse*, Nr.9, Juni 1930, S. 31-39 ; dt. Übers. in: ders., *Aus der Werkstatt des Historikers. Zur Theorie und Praxis der Geschichtswissenschaft*, hg. v. Peter Schöttler. Frankfurt/Main: Campus, 2000, S. 113-121.

70. Vgl. Platania, *Les mots*, op. cit., S. 169f.

71. Dagegen hatte sich Bloch den Sinologen und Durkheimianer Marcel Granet als Rezensenten gewünscht.

72. Louis Rougier, «Les rois thaumaturges d'après un ouvrage récent», in: *Revue de Synthèse historique*, 39, 1925, 115/117, S. 96-106.

73. Vgl. François Denord, «Aux origines du néo-libéralisme en France: Louis Rougier et le Colloque Walter Lippmann de 1938», in: *Le Mouvement Social*, 195, 2001, S. 9-34.

74. Vgl. Maurice Allais, *Louis Rougier, prince de la pensée*. Lourmarin de Provence 1990.

75. Symptomatisch sind hier die beiden Verrisse des Buches von Rougier *La mystique démocratique* (Paris: Flammarion, 1929) durch Maurice Halbwachs in den *Annales* (2, 1930, S. 630) und Henri Sée in der *Revue de Synthèse* (47, 1929, S. 145f.).

76. Vgl. z.B. das Klischee, wonach Febvre sein Leben lang die Psychoanalyse abgelehnt habe. Eine genauere Studie hat dagegen einen Wandel seiner Haltung zu Freud – vom negativen zum positiven Vorurteil – nachweisen können. Siehe meinen in Anm. 22 zit. Aufsatz.

77. Vgl. mein Nachwort zu Marc Bloch, *Apologie der Geschichtswissenschaft oder Der Beruf des Historikers*, hg. v. Peter Schöttler. Stuttgart: Klett-Cotta, 2004, S. 215-280, hier: S. 256ff.

MÉLIKA OUELBANI

CARNAP UND DIE EINHEIT DER WISSENSCHAFT

Wenn wir von der Einheit der Wissenschaft als einem neo-
positivistischen Projekt sprechen, beziehen wir uns in der Regel auf
Carnap und Neurath, zwei der bedeutendsten Vertreter des Wiener
Kreises. Ihre Projekte können den Eindruck vermitteln, vollkommen
identisch zu sein, obwohl mindestens zwei wichtige unterschiedliche
Auffassungen bestehen, die ein Streitthema zwischen ihnen darstellten.
Ich werde sie im Folgenden untersuchen, um herauszufinden, inwieweit
ein solcher Eindruck begründet sein kann.

Der erste Unterschied besteht darin, dass Carnap zu Beginn, d.h.
in seinem *Logischen Aufbau der Welt*,[1] im Gegensatz zum Physikalismus Neuraths einen Phänomenalismus vertreten hatte. Zwei Jahre
nach diesem Hauptwerk schloss Carnap sich jedoch dem Physikalismus an, wobei er betonte, dass der Unterschied zwischen den beiden Thesen unbedeutend sei und dass sein Projekt unverändert bestehen bleibt, unabhängig davon ob er Phänomenalist oder Physikalist ist.

Man kann sich nun fragen, worin diese beiden Thesen bestehen
und insbesondere, ob Carnaps Übernahme des Physikalismus es ermöglicht hat, dass sein Projekt sich dem neurathschen Projekt an-
geschlossen hat und mit ihm verschmolzen ist. Dies würde den Gedanken zulassen, dass die Projekte Carnaps und Neuraths grundsätzlich
übereinstimmen, d.h. dass ihre Vorstellungen von der Einheit der Wissenschaft identisch sind. Wenn dies nicht der Fall sein sollte, muss
man sich fragen, ob die Übernahme der physikalistischen These durch
Carnap zu einer Annäherung der beiden Projekte geführt hat.

Der zweite Unterschied zwischen den beiden Projekten liegt in der
von Neurath vertretenen enzyklopädischen Vorstellung von der Einheit
der Wissenschaft im Gegensatz zu der von Carnap vertretenen Sys-
tem-Vorstellung. Schließen sich diese beiden Vorstellungen gegenseitig aus?

Ich werde mich mit den folgenden Fragen beschäftigen: 1) Reicht
die Übernahme des Physikalismus aus, um die Unterschiede zwischen
Carnap und Neurath zu verwischen? 2) Schließt die neurathsche Vorstellung von der Einheit der Wissenschaft als Enzyklopädie das System
aus? und 3) Wenn sich der Gegensatz zwischen beiden ab 1934 mit
dem Artikel „*Einheit der Wissenschaft als Aufgabe*", in dem Neurath
seine Ablehnung des Systems expliziter zum Ausdruck bringt, weiter

verschärft hat, wie erklärt es sich dann, dass Carnap sich am Neurathschen Enzyklopädieprojekt beteiligt hat?

I

Wir wissen, dass Carnap in *Der logische Aufbau der Welt* eine Methode vorgestellt hat, nach der es möglich ist, eine Einheit der Wissenschaft herzustellen und somit das Projekt des Wiener Kreises, wie im Manifest von 1929 angekündigt, zu verwirklichen. Schon im ersten Absatz ist das Projekt Carnaps eindeutig: „das Ziel der vorliegenden Untersuchung ist die Aufstellung eines erkenntnismäßig-logischen Systems der Gegenstände oder der Begriffe, des ‚Konstitutionssystems'". Auch seine Methode ist eindeutig, da das System der Wissenschaftsbegriffe ein deduktives, ja sogar eher noch ein reduktives System ist. Das Konstitutionssystem setzt sich, mit anderen Worten, aus Stufen zusammen. Die Gegenstände jeder Stufe können mit Hilfe der Gegenstände der untergeordneten Stufen gebildet oder definiert werden. Denn: „Wegen der Transitivität der Zurückführbarkeit werden dadurch indirekt alle Gegenstände des Konstitutionssystems aus den Gegenständen der ersten Stufe konstituiert; diese ‚Grundgegenstände' bilden die ‚Basis' des Systems."[2] Der Begriff der Basis des Systems ist sehr wichtig, da die Verschiedenheit der Wissenschaften, insbesondere der Natur- und der Geisteswissenschaften, dank der Rückführung auf eine einzige Basis überwunden werden kann. Sie wird dann direkt oder indirekt für alle Wissenschaften gleich und laut Carnap phänomenalistisch sein.

Er stellt somit eine stufenförmige Ordnung der Gegenstände (oder Wissenschaftsbegriffe) in Form einer Art Stammbaum auf. Jeder Begriff hat demzufolge einen ganz bestimmten Platz in diesem vereinheitlichten System der Wissenschaft. Die Wissenschaft beinhaltet vier Arten von Gegenständen: eigenpsychische, die die Basis des Systems darstellen, physische, fremdpsychische und geistige. Diese vier Bereiche werden im Verhältnis zueinander zweitrangig sein, und zwar insofern als sie dank einer Definitionskette voneinander abgeleitet werden können.

Die Konstitution wird somit dank einer Methode der Ableitbarkeit erreicht. Anhand dieser Methode werden wir definieren können, was Carnap unter Konstitutionstätigkeit versteht. „Ein Gegenstand (oder Begriff) heißt auf einen oder mehrere Gegenstände ‚zurückführbar', wenn alle Aussagen über ihn sich umformen lassen in Aussagen über diese anderen Gegenstände."[3] Somit können alle Gegenstände auf die

Gegenstände der Basis des Systems zurückgeführt werden, die ihrerseits phänomenalistisch sein wird.

Diese Wahl einer eigenpsychischen Basis rechtfertigt sich durch die erklärte Absicht Carnaps, ein System zu schaffen, das nicht nur die logische, sondern auch die erkenntnismäßige Ordnung der Gegenstände widerspiegelt.[4] Es ist jedoch wichtig darauf hinzuweisen, dass die Wahl einer solchen Basis keineswegs eine philosophische Notwendigkeit, sondern lediglich eine Möglichkeit[5] darstellt, da die Konstitutionstheorie metaphysisch neutral ist.

Carnap unterstreicht eindringlich den Gedanken, dass sein Phänomenalismus nur ein Vorschlag ist, der auch andere Gestalt hätte annehmen können. Er tut dies sowohl im Nachhinein in seiner Autobiographie: „The system of concepts was constructed on a phenomenalistic basis, the basis elements were experiences. ... However, I indicated also the possibility of constructing a total system of concepts on a physical basis"[6], als auch de facto, da er in § 62 des *Aufbaus* schon von der Möglichkeit einer physikalischen Basis spricht, wobei er sogar drei verschiedene Möglichkeiten dafür vorstellt. Dadurch verfügt man über mehr Möglichkeiten bei der Auswahl einer Basis für die Konstitution.

Die Diskussionen im Wiener Kreis haben ihn übrigens sehr schnell dazu veranlasst, sich für den Physikalismus zu entscheiden. Für ihn ist der Physikalismus nichts weiter als eine „Haltung", insofern als seine Wahl auf praktischen Überlegungen, auf Gründen der Präferenz und nicht auf theoretischen Überlegungen beruht.[7] Welchen Vorteil bietet seiner Meinung nach der Physikalismus im Vergleich zum Phänomenalismus?

Der Hauptvorteil liegt darin, dass eine physikalistische Sprache intersubjektiv ist. Dies bedeutet, dass die beschriebenen Tatsachen grundsätzlich von all jenen beobachtet werden können, die diese Sprache verwenden.[8] Es ist jedoch wichtig, darauf hinzuweisen, dass der Phänomenalismus, wenn man die Vorstellung Carnaps[9] richtig versteht, letztendlich gar nicht so viele Probleme hinsichtlich der beiden Charakteristika der Protokollsätze aufwarf, nämlich der Universalität und der Intersubjektivität. Denn letztendlich hat sich gezeigt, dass seine Vorstellung mehr logisch denn erkenntnismäßig war. Dies bestätigt eigentlich nur, dass es für Carnap letztlich gleichgültig war, ob die Basis phänomenalistisch oder physikalistisch ist. Das eigentliche Ziel Carnaps ist in Wirklichkeit viel allgemeiner. Er wollte *ganz allgemein die Möglichkeit eines Konstitutionssystems aufzeigen, und theoretisch die Möglichkeit alle wissenschaftlichen Aussagen in Aussagen dieses Sys-*

tems zu übersetzen.[10] Sein Ziel geht also weit über dieses besondere phänomenalistische System hinaus,[11] für das er sich aus praktischen Gründen entschieden hatte.

Kann man behaupten, dass Carnap und Neurath sich zu diesem Zeitpunkt lediglich bezüglich dieser physikalistischen oder phänomenalistischen Haltung voneinander unterschieden, dass ihre Projekte also wirklich identisch waren? Man kann tatsächlich annehmen, dass die Vorstellung Neuraths anfänglich mit der Carnaps übereinstimmte. Dies kommt auch im Manifest des Wiener Kreises zum Ausdruck, das ein Jahr nach der Veröffentlichung des *Aufbaus* von Carnap, Neurath und Hahn gemeinsam verfasst und unterzeichnet wurde. Für sie ist das Ziel der wissenschaftlichen Auffassung der Welt die Einheitswissenschaft. Diese Harmonisierung der Wissenschaften wird dank eines Rückführungssystems erreicht und es hat in diesem Zusammenhang den Anschein, als sei das Projekt so übernommen worden, wie Carnap es 1928 vorgestellt hatte. Dort werden die Begriffe *Konstitutionssystem*, *Gesamtsystem der Begriffe* sowie die entscheidende Rolle der symbolischen Logik hervorgehoben.

Es hat sich jedoch schnell gezeigt, dass Carnap und Neurath sich hinsichtlich ihrer Vorstellung von den Protokollsätzen nicht einigen konnten. Dies kommt in ihrem Streit aus den Jahren 1931 bis 1933 zum Ausdruck, dem Neurath scheinbar sehr viel mehr Wichtigkeit und Bedeutung beimaß als Carnap. Als er sich der physikalistischen These anschloss, hat Carnap nämlich seine Vorstellung von der Einheit der Wissenschaft in keinster Weise geändert. Es ging für ihn weiterhin darum, alle Aussagen der Wissenschaft auf Basissätze zurückzuführen. Es geht mit anderen Worten darum, die Wissenschaften in eine universelle, intersubjektive Sprache, nämlich die physikalistische Sprache, zu übersetzen. Es handelt sich noch immer um eine Frage der Methode. In seinem Artikel *„Die physikalische Sprache als Universalsprache der Wissenschaft"*[12] weist Carnap darauf hin, dass so wie der Phänomenalismus ein „methodischer Solipsismus" ist, der Physikalismus ein „methodischer Materialismus" ist. Dies bedeutet, dass die Einheit der Wissenschaft in beiden Fällen eine theoretische Frage der Sprache und Übersetzung ist. In § 7 des gleichen Artikels schreibt er nämlich: „Durch den Zusatz ‚methodisch' soll zum Ausdruck gebracht werden, dass es sich hierbei um Thesen handelt, die nur von der logischen Möglichkeit gewisser sprachlicher Umformungen und Ableitungen reden, und nicht etwa von der ‚Realität' oder ‚Nichtrealität' (‚Existenz', ‚Nichtexistenz') des Gegebenen, des Psychischen, des Physischen". Laut Carnap hätte jede beliebige andere universelle Sprache diesem Zweck dienen und die Einheit der Wissenschaft herstellen können, allerdings ist der Physikalismus derzeit die einzige bekannte, hierzu dienliche Sprache. Carnap nimmt die Kritik Neuraths scheinbar nicht ernst. Für ihn handelt es sich lediglich um „zwei verschiedene Methoden zum Aufbau der Wissenschaftssprache, die beide möglich und berechtigt sind".

In seiner Antwort auf diesen Artikel warf Neurath Carnap jedoch in Wirklichkeit dessen Vorstellung von den Protokollsätzen vor, unabhängig davon ob sie phänomenalistisch oder physikalistisch sind. Er kritisiert, dass Carnap sie als ursprünglich ansieht und dass sie, im Gegensatz zu den anderen Aussagen, die sich aus ihnen ableiten, folglich keiner Bestätigung oder Rechtfertigung bedürfen.

Die Kritik Neuraths greift also nicht eigentlich den Phänomenalismus als solchen an. Er lehnt hauptsächlich Carnaps Philosophie der Letztbegründung ab sowie das allgemeine Prinzip des Neopositivismus, nämlich den Verifikationismus. Er ist nämlich der Auffassung: „so werden immer Aussagen mit Aussagen verglichen, nicht etwa mit einer ‚Wirklichkeit', mit ‚Dingen', wie es bisher auch der Wiener Kreis tat",[13] obwohl gleichzeitig „die Einheitswissenschaft auf dem Boden des Physikalismus ... nur Aussagen mit räumlich-zeitlichen Bestimmungen"[14] kennt. Aus diesem Grund verwendet er auch den Begriff *physikalistisch* statt *physikalisch*, ein Begriff, der in einem engeren Sinne benutzt wird.

Da nun die Protokollsätze nach seiner Auffassung Teil des Systems sind und die Wahrheit jeder Aussage von der Wahrheit der anderen Aussagen abhängt, kann man sich folglich durchaus vorstellen, dass Protokollsätze falsch sein können. Wenn das der Fall ist, können sie keine unumstößliche Grundlage darstellen. Somit gibt es also keine absolute Gewissheit. In *Radikaler Physikalismus und wirkliche Welt*, vertritt Neurath, in direkter Anlehnung an Poincaré und Duhem, die Möglichkeit, über mehrere miteinander konkurrierende Systeme zu verfügen, unter denen wir eines auswählen können.[15]

Die beiden unterscheiden sich somit scheinbar weniger darin, dass ihre Basis phänomenalistisch oder physikalistisch ist, sondern vielmehr durch ihre Vorstellung von den Basissätzen. Sie stellen für Carnap eine Grundlage dar und heben sich somit von den anderen begründeten Sätzen ab. Für Neurath hingegen gehören sie zum System und unterscheiden sich nicht von den anderen Sätzen. In dieser Hinsicht ist der Unterschied, wie Carnap unterstreicht, nicht sehr bedeutsam. Wir wissen nämlich einerseits, dass die Protokollsätze, selbst 1928 im *Aufbau*, nicht unveränderlich und sogar fast beliebig sind. Andererseits hat Carnap sehr schnell die kohärentistische Vorstellung von der Wahrheit übernommen, die ihm übrigens nicht vollkommen fremd war. In diesem Zusammenhang kann man nämlich darauf hinweisen, dass die Realität in den § 170 bis 178 als das definiert wird, was seinen Platz im Konstitutionssystem findet. Die Möglichkeit einer Vielfalt von Systemen scheint also eher Schlick denn Carnap zu widersprechen.

Was sie jedoch unterscheidet und worin ihre Auffassungen sogar vollkommen auseinandergehen, ist die Tatsache, dass die physikalistische, wie übrigens auch die phänomenalistische Sprache, für Neurath nicht ideal sein kann. In diesem Zusammenhang schreibt er: „Die Fiktion einer aus sauberen Atomsätzen aufgebauten idealen Sprache ist ebenso metaphysisch."[16] Die Sprache der Einheit der Wissenschaft ist keine präzise, reine Sprache. Es handelt sich um eine Art Universalslang, der durchaus auch unpräzise Begriffe enthalten kann. Die Universalsprache kann im übrigen nicht formalisiert sein, während sie für Carnap eine Kunstsprache bleibt.

Carnaps Artikel „Die physikalische Sprache als Universalsprache der Wissenschaft"[17] hilft uns, ihre unterschiedlichen Auffassungen deutlich zu machen. Obwohl Carnap den Physikalismus übernommen hat, sowie den Gedanken, dass die Verifikation in der Wissenschaft keine isolierten Aussagen, sondern ein ganzes Aussagensystem[18] betrifft, behält er meiner Ansicht nach Schlüsselgedanken seiner ersten Vorstellung und somit die Hauptmerkmale seiner Erkenntnistheorie bei, nämlich:

1) Die Verifikation beruht auf Protokollsätzen[19]. Wir können also sagen, dass die physikalistische These Carnaps eine logische, nicht deskriptive These ist, was auch von F. Barone unterstrichen wurde.

2) Er warnt vor jeglicher Art von materieller Redeweise und entscheidet sich für eine formale Sprache:[20] „Wir sehen, dass die Verwendung der inhaltlichen Redeweise uns zu Fragen führt, bei deren Behandlung wir in Widersprüche und unlösbare Schwierigkeiten geraten. Die Widersprüche verschwinden aber, sobald wir uns auf die korrekte formale Redeweise beschränken". Dies entspricht exakt seiner im *logischen Aufbau der Welt* vertretenen Auffassung. *Der logische Aufbau der Welt* war nämlich alles in allem eher logisch als erkenntnismäßig.

Carnap hat immer zwischen dem Inhalt und der Form der Sprache unterschieden. Dabei hat er, zumindest bis 1936, darauf hingewiesen, dass der Inhalt zur Beseitigung der Pseudoprobleme vernachlässigt werden muss.

3) Bei der Einheit der Wissenschaft geht es um die Rückführung auf physikalistische Bestimmungen: „Bei diesen Gebieten (Chemie,

Geologie, Astronomie ...) wird man wohl keinen Zweifel an der Anwendbarkeit der physikalischen Sprache haben. Man verwendet zwar
vielfach eine andere Terminologie als in der Physik. Aber es ist klar,
dass jede hier vorkommende Bestimmung auf physikalische Bestimmungen zurückführbar ist", er fügt hinzu, dass „... jeder Satz der Biologie in die physikalische Sprache übersetzt werden kann."[21] Als einzig
neue Entwicklung kann man während dieser Periode ein wachsendes
Interesse an der Biologie feststellen.

4) In einem Brief an Neurath vom 2.6.1935 definiert er den Physikalismus als eine These nach der „jeder Satz (der Wissenschaft) in die
physikalische (oder besser in eine physikalische Sprache) übersetzt
werden kann". Es ging Carnap nie darum, Aussagen nachzuprüfen,
sondern wissenschaftliche Sätze einheitlich zu formulieren und auszudrücken. Das ist nur durch die Rückführung möglich.

Man muss jedoch darauf hinweisen, dass der Begriff der Rückführung in seinem Artikel „Über Einheitssprache der Wissenschaft" aus
dem Jahr 1935[22] im Vergleich zu 1928 weiter gefasst ist. Hierin kann
man vielleicht den Beginn einer Abwendung von seinem ursprünglichen
Projekt erahnen. Carnap unterscheidet in diesem Artikel nämlich zwischen Definition und Rückführung. Es geht dabei nicht mehr darum, die
Definitionsmethode beispielsweise auf das anzuwenden, was er Dispositionsbegriffe nennt. Diese Dispositionsbegriffe kann man zwar auf
eine Beobachtung zurückführen, jedoch nicht anhand empirischer Begriffe definieren. Es gibt nämlich Begriffe für Dispositions-Eigenschaften,
wie zum Beispiel sichtbar, löslich, etc. Sie drücken eine bestimmte,
unter bestimmten Bedingungen auftretende Reaktion aus, die nicht
konstitutionell definiert werden kann. Carnap nennt eine andere Methode, die nicht auf Definitionen, sondern auf die Reduktion mit Hilfe von
Reduktionssätzen zurückgreift.

Es hat somit den Anschein, dass der Übergang vom Phänomenalismus zum Physikalismus an Carnaps ursprünglicher Vorstellung nicht
viel geändert hat. Dies erklärt auch, dass er die zwischen ihm und Neurath bestehenden Meinungsverschiedenheiten herunterspielt und
glaubt, dass sie sich grundsätzlich einigen könnten. Gleichzeitig wird
dadurch klar, dass die Vorbehalte Neuraths weiterhin bestehen bleiben
mussten.

Es liegt mir fern, die Meinungsverschiedenheiten zwischen den
beiden Autoren minimisieren zu wollen. Ich bin im Gegenteil sogar der
Meinung, dass sie recht bedeutsam sind und dass ihre Ansichten insbesondere bezüglich der Einheit der Wissenschaft auseinander gingen.
Neuraths Definition von der Einheitswissenschaft besagt, sie „umfasst

alle wissenschaftlichen Gesetze, diese können ausnahmslos miteinander verbunden werden"[23]. Carnap hingegen stellt sogar in „Die physikalische Sprache als Universalsprache der Wissenschaft" im Gegensatz dazu fest, dass es bei der Rückführung der Biologie auf die Physik keineswegs darum geht, die Gesetze einer Disziplin auf eine andere zurückzuführen. Für ihn handelt es sich dabei um eine Rückführung der Begriffe: „Bei dieser These handelt es sich nicht um die Zurückführbarkeit der biologischen *Gesetze* auf die physikalischen, sondern um die Zurückführbarkeit der biologischen *Begriffe* auf die physikalischen."[24] Dieser Unterschied erklärt sich durch einen viel grundlegenderen Unterschied. Für Neurath hat nämlich die Einheit der Wissenschaft einen praktischen Nutzen, denn sie „ist die Sprache der Voraussagen".[25] Die Einheitssprache dient für Voraussagen. Er schreibt: „Man kann verschiedene Arten von Gesetzen gegeneinander abgrenzen, zum Beispiel: chemische, biologische, soziologische, man kann aber *nicht von der Voraussage eines konkreten Einzelvorgangs sagen, dass sie von einer bestimmten Art von Gesetzen abhänge.*"[26]

Man kann sogar von einer pragmatischen Vorstellung von der Einheit der Wissenschaft sprechen, da wir anhand der Voraussage von Tatsachen, unser Handeln entsprechend darauf abstimmen können. Die Einheitswissenschaft wird zu einer Art Instrument. Neurath geht es darum, die Gesetze zu systematisieren, um Voraussagen zu treffen. Für Carnap hingegen ist der Nutzen der Einheit der Wissenschaft eher theoretisch. Es handelt sich in gewisser Hinsicht um eine Erkenntnistheorie. Am Ende des zweiten Teils seines Artikels widerspricht Neurath Carnap ganz deutlich:

> Es ist die physikalistische Sprache, die Einheitssprache, das Um und Auf aller Wissenschaften: keine phänomenale Sprache neben der physikalischen Sprache, kein methodischer Solipsismus neben einem anderen möglichen Standpunkt; keine Philosophie, keine Erkenntnistheorie, keine neue Weltanschauung neben anderen Weltanschauungen; nur Einheitswissenschaft mit ihren Gesetzen und Voraussagen.

II

Im Zusammenhang mit den Vorstellungen von Protokollsätzen kann man insbesondere ab 1935 im Wiener Kreis zwei Denkansätze unterscheiden, die vor allem von Carnap und Neurath vertreten wurden. Sie betreffen die Einheit der Wissenschaft, die entweder als System oder als Enzyklopädie verstanden wird. Neurath entscheidet sich definitiv für den Enzyklopädismus wobei er sich gleichzeitig jedoch von seinen Vorgängern unterscheidet. Seine Enzyklopädie soll sich nämlich nicht darauf beschränken, die verschiedenen Wissenszweige als eine ausführliche Übersicht darzustellen.

Während die anderen Enzyklopädien in gewisser Weise eine retrospektive Synthese darstellen, soll dieses neue Werk vor allem aufzeigen in welche Richtung sich neue Wege öffnen, wo die Probleme liegen und wo sich, vom Standpunkt der Einheitswissenschaft, neue, ungeahnte Möglichkeiten abzeichnen.[27]

Sein Projekt besteht vielmehr darin, anhand einer logisch-wissenschaftlichen Analyse aufzuzeigen, „bis zu welchem Punkt man die derzeitige Wissenschaft vereinheitlichen kann und ihre inneren Zusammenhänge sichtbar zu machen". Nach dieser Definition scheint Neurath seine Enzyklopädie im Sinne von Leibniz zu verstehen, denn sein Ziel besteht darin, das „Gerüst" der Wissenschaft darzustellen sowie auch „neue Wege zu bahnen".

In diesem Fall kann man sich fragen, ob sich die neurathschen und carnapschen Vorstellungen gegenseitig ausschließen. Wie kann man die Vorstellung von der Enzyklopädie als einer Koordination der verschiedenen Wissenschaften mit der Ablehnung des Systems als solchem in Einklang bringen? Ab seinem Artikel „Einheit der Wissenschaft als Aufgabe" lehnt Neurath das System ganz offensichtlich und definitiv ab. Er legt großen Wert auf den Gedanken, dass die Einheit der Wissenschaft kein deduktives System darstellt, im Sinne des von Carnap und auch Leibniz entworfenen Systems. Für beide geht es nämlich darum, die Ableitbarkeit aller Wahrheiten aus ursprünglichen Grundwahrheiten zu beweisen. Neurath hingegen ist der Ansicht: „Das System ist die große wissenschaftliche Lüge."[28] Wie kann er das System verleugnen und gleichzeitig das Gerüst der Wissenschaft und ihre inneren Zusammenhänge aufzeigen wollen, indem er, laut seiner eigenen Aussage, für eine „logische Ausgestaltung der Wissenschaft"[29] arbeitet?

Für ihn ist nicht die Tatsache über ein System an sich zu sprechen absurd, sondern die Tatsache über ein einziges System der Wissenschaft zu sprechen, denn er vertritt die Ansicht „alles bleibt mehrdeutig und in vielem unbestimmt."[30] Die Enzyklopädie ist zunächst einmal pluralistisch. Mehrere Formen sind gleichzeitig möglich. In diesem Zu-

sammenhang muss man meiner Ansicht nach daran erinnern, dass das
von Carnap beabsichtigte System immer nur ein Vorschlag war und
dass der Physikalismus lediglich eine Wahl und keine Notwendigkeit
darstellte. Außerdem ist die neurathsche Enzyklopädie provisorisch,
evolutiv und im Gegensatz zu Carnaps System und seiner vereinheitli-
chenden Sprache nicht rein, denn die Alltagssätze gehören dazu und
können nicht entfernt werden. Die Enzyklopädie ist folglich weder einzigartig noch rein. Neurath strebt die Vereinheitlichung der Wissen-
schaftsterminologie in einen Universalslang an, der sowohl wissenschaftliche als auch alltägliche Begriffe enthält. In „Die Enzyklopädie als Modell", lehnt Neurath 1936 den Begriff des antizipierten Systems ab und stellt im Gegenteil fest: „Unser Programm ist das folgende:
Kein System von oben, aber eine Systematisierung, die von unten ihren
Ausgang nimmt."[31]

Es geht also nicht nur darum, die verschiedenen Wissenszweige in
einer Übersicht darzustellen, sondern vorrangig darum zu beweisen,
inwieweit man die derzeitige Wissenschaft vereinheitlichen kann, indem
man ihre inneren Verflechtungen aufzeigt. Neurath stellt fest, dass die
Mittel der Logik und die modernen Mittel der bildlichen Darstellung hierzu unumgänglich sind. Sie hatten A. Comte und H. Spencer gefehlt. Sie
hatten zwar an den Gedanken eines Gesamtbildes der empirischen
Wissenschaften gedacht, konnten diese Arbeit jedoch nicht bewerk-
stelligen.

In seinem Text „Die neue Enzyklopädie" aus dem Jahr 1937, erläutert Neurath sein Enzyklopädieprojekt näher und nimmt vielleicht deutlicher Abstand von Carnaps Vorstellung. Er tritt mit seinem Projekt das
Erbe der französischen Enzyklopädisten an, mit dem Anspruch ihr
Werk fortzuführen. Neurath distanziert sich in diesem Artikel deutlich
von seiner früheren Vorstellung. Es geht für ihn nicht mehr wie in seiner
ursprünglichen Auffassung darum, Schritt für Schritt ein System zu
schaffen oder zu erstellen. Diese Enzyklopädie besteht vielmehr aus
einzelnen Artikeln, die dank eines Meinungsaustausches zwischen den
verschiedenen Mitarbeitern soweit wie möglich miteinander in Beziehung stehen. Die Terminologie muss ihrerseits selbstverständlich
vereinheitlicht werden,[32] was bei seinen Vorgängern nicht der Fall war.

Es überrascht, dass Carnap, obwohl er damals mit Neurath und
Morris zusammenarbeitet, zur gleichen Zeit in „Logical foundation of the
unity of science" weiterhin daran festhielt, dass die Einheit der Wissenschaft eine theoretische, logische Einheit darstellt, d.h. dass sie
ausschließlich die logischen Beziehungen zwischen den Begriffen betrifft. Er hat offenbar also seinem Reduktionismus nicht abgeschworen.

Der Artikel enthält jedoch einige neue, bedeutende Gedanken. So wird z.B. die Reduktion der Gesetze als denkbar angesehen, selbst wenn sie zur Zeit noch nicht machbar ist. Oder die praktische Rolle, die die Einheit der Wissenschaft übernehmen kann. Dieser Gedanke kommt im folgenden Absatz, der wie eine Paraphrase Neuraths klingt, zum Ausdruck: „The practical use of laws consists in making predictions with their help. The important fact is that very often a prediction cannot be based on our knowledge of only one branch of science."[33]

In dem Text „Zur Klassifikation von Hypothesensystemen"[34] aus dem Jahr 1915, dessen Stil an Leibniz erinnert, bedauerte Neurath schon, dass uns eine Darstellung fehlt, dank derer wir unsere Kenntnisse maximal nutzen können. Es würde, wie Leibniz vorgeschlagen hatte, ausreichen, die uns zur Verfügung stehenden Wahrheiten besser zu ordnen. Dann wären wir in der Lage das Wesentliche unserer Kenntnisse besser zu erkennen, die dazugehörigen Zusammenhänge schnell aufzuzeigen und sogar neue Kenntnisse zu entwickeln.

Die Vorstellung von den Zusammenhängen zwischen den verschiedenen Wissenschaften ist sicherlich von Leibniz, hauptsächlich aber auch von Diderot und d'Alembert beeinflusst, denn Leibniz' Projekt von der Ableitbarkeit der Wahrheiten aus den gleichen Grundwahrheiten entspricht meiner Ansicht nach eher dem Projekt Carnaps. Die von Neurath entworfene Enzyklopädie ist pluralistisch und nicht definitiv, was in seiner Kritik an Carnaps System zur Vereinheitlichung der Wissenschaften zum Ausdruck kommt. Was bedeutet das?

Die französische Enzyklopädie war nicht einfach nur ein Wörterbuch. Sie beschränkte sich nämlich nicht nur darauf das Wissen ihres Zeitalters zu sammeln. Sie hatte auch hauptsächlich zum Ziel, es in geordneter Form darzustellen, d.h. in Form eines kohärenten Ganzen. Diderots Artikel *Encyclopédie* definiert sie klar als „Verkettung von Wissen". Diesen Gedanken findet man sowohl bei Neurath als auch bei Carnap oder Schlick wieder. Das Wesentliche, das von Neurath übernommen wurde, ist die von d'Alembert in *Le discours préliminaire* unterstrichene Tatsache, dass es nicht nur eine einzige Verkettung, sondern mehrere gibt. Dabei ist keine dieser Verkettungen vorrangig. Dies hat Neurath zu der Aussage veranlasst, dass nicht das System, sondern die Enzyklopädie als Modell übernommen wird. Er spricht von einem Stammbaum, der alles Wissen unter einem bestimmten Gesichtspunkt zusammenfasst, mit dem Ziel, seine sehr komplexen Ursprünge und Verflechtungen aufzuzeigen. Diesen Gedanken findet man auch bei Leibniz. Er vergleicht unser Wissen mit einer unaufgeräumten Bibliothek. Für Leibniz kann

die gleiche Wahrheit, je nach den verschiedenen Zusammenhängen, in die sie eingebettet sein kann, an vielen Plätzen eingeordnet
werden. Diejenigen, die eine Bibliothek einräumen, wissen oftmals
nicht, wo sie einige Bücher einordnen sollen, da sie sich nicht zwischen zwei oder drei gleichermaßen angemessenen Plätzen entscheiden können.[35]

D'Alembert spricht auch von einem Labyrinth, das über mehrere Ein-
gänge verfügt. Dadurch sind gleichzeitig mehrere Systeme möglich, je
nachdem welche Sichtweise man wählt.

Man kann sich folglich so viele Systeme menschlichen Wissens
vorstellen, wie es Weltkarten mit verschiedenen Projektionen gibt.
Jedes dieser Systeme kann sogar, abgesehen von den anderen,
besondere Vorteile bieten.[36]

Insofern kann es für Neurath keine bevorzugten Protokollsätze geben,
die eine Sonderstellung einnehmen, da sie in gewisser Weise außerhalb des Systems stehen, und auf die alle anderen Sätze mit Hilfe von
Übersetzungsregeln zurückgeführt werden können.

III

Zusammenfassend möchte ich feststellen, dass man nicht von einer
neopositivistischen Philosophie oder einer Lehre sprechen kann, die
von allen Mitgliedern des Wiener Kreises vertreten wurde. Sie vertraten
in Wirklichkeit einige Grundprinzipien, die man auf genau zwei Theo-
reme zurückführen kann: das Sinntheorem, für das der Wahrheitswert
ein Prädikat der empirischen und analytischen Sätze ist, und das Basis-
theorem, das das Erkenntnisprinzip ausspricht, demzufolge jegliche
Erkenntnis nur durch Erfahrung gewonnen wird. Insofern kann man
auch nicht von einer einzigen Vorstellung der Einheit der Wissenschaft
sprechen, obwohl es Aufgabe der Philosophie ist, diese Einheit herzustellen.
Man konnte annehmen, dass die Unterschiede zwischen den ak-
tivsten Mitgliedern des Wiener Kreises, Carnap und Neurath, ihre jeweiligen Vorstellungen von den Protokollsätzen betraf und dass ihr Streit
sich auf die Verteidigung einer phänomenalistischen oder physikalistischen These beschränkte. Carnap selbst scheint dies geglaubt zu
haben. Wenn dies der Fall gewesen wäre, hätten ihre Meinungsver-

schiedenheiten mit Carnaps Anschluss an den Physikalismus beigelegt sein müssen. Dies war jedoch nicht der Fall, denn ihre Ziele stimmten in Wahrheit nämlich ganz und gar nicht überein. Carnap wollte die Wissenschaftssätze einheitlich formulieren oder neu formulieren. Diese Übersetzung ermöglicht eine Art philosophische, d.h. erkenntnismäßige Rechtfertigung nicht jedoch die empirische Überprüfung der Aussagen. Diese Vorstellung ging selbstverständlich mit einer Vorstellung der Protokollsätze einher, die sich von der Neuraths unterschied. Für Carnap ist die Einheit der Wissenschaft theoretisch, rational und schematisch[37] und die gegenseitige Ableitung der Begriffe aus anderen Begriffen entspricht nicht der Realität. Die Vorstellung von der Einheit der Wissenschaft als einer Enzyklopädie hingegen hat eine praktische, pädagogische Dimension, da eines ihrer Hauptanliegen darin bestand, die Wissenschaftssprache der Alltagssprache anzunähern.[38] Insofern hat die Enzyklopädie keinerlei logische Grundlage, „es ist", laut Neurath, „die Lebenspraxis, die uns eine bestimmte Enzyklopädie aufzwingt".

Wie kann man angesichts dieser Tatsachen erklären, dass Carnap tatsächlich eine internationale Enzyklopädie der Einheitswissenschaft mit O. Neurath plante? Carnap hat meiner Ansicht nach 1936 sein Projekt scheinbar aufgegeben. Er hatte es ohnehin offenbar immer von allen anderen Vereinheitlichungsprojekten unterschieden. Dies kommt in seiner Autobiographie klar zum Ausdruck,[39] als er schreibt, dass niemand außer Nelson Goodman in *The Structure of Appearance* aus dem Jahre 1951 im Sinne seines *Aufbaus* gearbeitet hatte. Mit dieser Behauptung muss er gleichzeitig zugeben, dass sein Projekt nie das Projekt Neuraths gewesen ist, obwohl er versucht hatte, ihre Differenzen zu minimieren. Er erklärt im übrigen, dass er sich selbst nicht mehr mit den in diesem Werk behandelten Problemen beschäftigt hatte, da er seinen Phänomenalismus, aus übrigens nicht ganz eindeutigen Gründen, zugunsten des Physikalismus aufgegeben hatte. Der tatsächliche Grund bestand jedoch hauptsächlich darin, dass die Probleme des im *Aufbau* behandelten Systems jegliches Interesse für ihn verloren hatten. In seinem Artikel „On testability" aus dem Jahr 1936, hebt er den offenen Charakter der wissenschaftlichen Begriffe, ihre unvollständige Interpretation und insbesondere die Unmöglichkeit der Übersetzung wissenschaftlicher Aussagen in Beobachtungstermini hervor.

Aus der Tatsache, dass er sich den Enzyklopädieprojekten Neuraths anschloss, kann man folgern, dass er sich für ein Projekt entschieden hatte, das sich vollkommen von dem Projekt unterschied, das bis etwa 1935 mehr oder weniger sein Projekt gewesen ist, auch wenn er dies offenbar ohne große Überzeugung getan hatte. Das ehrgeizige Monumentalprojekt Neuraths seinerseits ging mit ihm unter.

Anmerkungen

1. R. Carnap, *Der logische Aufbau der Welt*, Felix Meiner Verlag, Hamburg, 1961.
2. Idem., §2.
3. Ibidem und §35 „Ein Gegenstand heißt auf andere ‚zurückführbar', wenn alle Sätze über ihn übersetzt werden können in Sätze, die nur von den anderen Gegenständen sprechen."
4. Idem., §64 „Der wichtigste Grund hierfür liegt in der Absicht, durch dieses Konstitutionssystem nicht nur eine logisch-konstitutionale Ordnung der Gegenstände zur Darstellung zu bringen, sondern außerdem auch ihre erkenntnismäßige Ordnung."
5. Idem., §60 und 175-178.
6. R. Carnap, "Autobiography", in: Schilpp, *The Philosophy of R. Carnap*, La Salle, London, Cambridge Uni. Press, 1963, S. 51.
7. Idem.
8. Idem., S. 51-52.
9. Siehe M. Ouelbani, „Von einigen Problemen in Carnaps *Der logische Aufbau der Welt*", in: *Grazer philosophische Studien*, Vol. 58/59, 2000.
10. Carnap, Idem., S.16-20.
11. Siehe M. Friedman, *Reconsidering logical positivism*, Cambridge Uni. Press, 1999, S. 94.
12. R. Carnap, „Die physikalische Sprache als Universalsprache der Wissenschaft", in: *Erk.* III, 1932.
13. O. Neurath, „Physikalismus" (in *Scienta*, Milano, 1931), in: *Otto Neurath oder die Einheit von Wissenschaft und Gesellschaft*, Hg. Paul Neurath und Elisabeth Nemeth, Böhlau Verlag, Wien–Köln–Weimar, 1994, S. 369.
14. Idem., S. 372.
15. O. Neurath, „Radikaler Physikalismus und wirkliche Welt", in: *Erk.* Bd. 4, 1934, §2.
16. O. Neurath, Protokollsätze, in: *Erk.* 1932/33, in: H. Schleichert, *Logischer Empirismus. Der Wiener Kreis*, W. Fink Verlag, München, 1975.
17. R. Carnap, „Die physikalische Sprache als Universalsprache der Wissenschaft", in: *Erk.* 1932.
18. Idem., §3.
19. Ibidem., „Die Nachprüfung geschieht an Hand der Protokollsätze."
20. Idem., §2 et 7.
21. Idem. §5.
22. In: *Actes du congrès international de philosophie scientifique de 1935*, Hermann, Paris, 1936.
23. O. Neurath, „Soziologie im Physikalismus", in: *Erk.*1931, S. 398.
24. R. Carnap, „Die physikalische Sprache als Universalsprache der Wissenschaft", o.c., §5.
25. O. Neurath, Idem., S. 402.
26. Idem., S. 395: „Ob z.B. die Verbrennung eines Waldes an einer bestimmten Stelle der Erde in bestimmter Weise erfolgen werde, hängt ebenso vom Wetter wie davon ab, ob die Menschen Eingriffe vornehmen werden oder nicht. Diese Eingriffe kann

man aber nur aussagen, wenn man Gesetze menschlichen Verhaltens kennt. *Das heißt, man muss unter Umständen alle Arten von Gesetzen miteinander verbinden können. Alle, ob es nun chemische, klimatologische Gesetze sind, müssen daher als Teile eines Systems, nämlich der Einheitswissenschaft, aufgefasst werden."* Neurath greift genau den gleichen Gedanken mit dem gleichen Beispiel über die Vorhersage eines Waldbrandes beim *Congrès international de philosophie scientifique de 1935,*, Einzelwissenschaften, Einheitswissenschaft, Pseudorationalismus, I, S. 58 auf.

27. O. Neurath, „Une encyclopédie internationale de la science unitaire", in: *Congrès de philosophie scientifique de 1935*, o.c.
28. O. Neurath, „Einheit der Wissenschaft als Aufgabe", in: *Otto Neurath oder die Einheit von Wissenschaft und Gesellschaft*, Hg. Paul Neurath und Elisabeth Nemeth, o.c., S. 376.
29. Idem., S. 381.
30. Ibidem.
31. O. Neurath, „Die Enzyklopädie als Modell", in: *Otto Neurath oder die Einheit von Wissenschaft und Gesellschaft*, o.c., S. 393.
31. Idem., S. 372.
32. O. Neurath, „Die neue Enzyklopädie", in: *Einheitswissenschaft*, Hrg. J. Schulte und B. McGuinness, Suhrkamp, Frankfurt am Main, 1992, S. 209: „Die Enzyklopädie wird aus einzelnen Arbeiten bestehen, die durch Meinungsaustausch der Mitarbeiter in möglichst nahe Beziehungen gebracht werden sollen. Die Terminologie ... soll ... vereinheitlicht werden."
33. R. Carnap, "Logical foundation of the unity of science", in : *Foundation of the Unity of Science*, Ed. O. Neurath, R. Carnap and C. Morris, The Uni. Chicago Press, Chicago-London, 1938, S. 61-62.
34. In: O. Neurath, in: *Jahrbuch der philosophischen Gesellschaft an der Uni. Wien, 1914–1915*, oder "On the classification of system of hypothesis" in: *Philosophical papers 1913–1946*, Ed. R.S. Cohen and M. Neurath, Vienna Circle collection, V.6, Dordrecht–Boston–Lancaster, 1983.
35. Leibniz, *Nouveaux Essais*, Garnier Flammarion, 1966, Ch. 21.
36. D'Alembert, *Discours préliminaire*.
37. Siehe Carnap, *Der logische Aufbau der Welt*, o.c., §54 und *Scheinprobleme in der Philosophie*, F. Meiner Verlag, Hamburg, 1961, §2.
38. Es muss darauf hingewiesen werden, dass sich dieser Aspekt auch im Manifest des Wiener Kreises wiederfindet.
39. R. Carnap, Autobiography, in : Schilpp, o.c., S. 19.

THOMAS UEBEL

SOCIAL SCIENCE IN THE FRAMEWORK OF PHYSICALIST ENCYCLOPEDISM: SOME ANTI-REDUCTIONIST CONCERNS ALLAYED

1. Introduction

1932 was the year in which, under the banner of "unified science", Neurath started his public criticism of what he deemed to be the metaphysical deviations of Schlick and his followers in the Vienna Circle. Unified science, for Neurath, replaced philosophy. Since Neurath's version of this unity is, as he was soon to add, an "encyclopedic" conception, we may expect his replacement of philosophy also to have a characteristic *Aufhebung*. And since unified science was also "physicalistic" we must ask for the meaning both of encyclopedism and physicalism.

Neurath's allusion to the great project of the French *philosophes* was wholly intended, of course, and at the time he was by no means the only Central European philosopher who considered the enlightenment a beacon in politically ever darkening days. Also in 1932, Ernst Cassirer published his own *The Philosophy of the Enlightenment* in which he made the following observations about the enlightenment conception of the role of unity in science.

> The *method of reason is thus exactly the same* in this branch of knowledge [law, society] as it is in natural science and psychology. It consists in starting with solid facts based on observation, but not in remaining within the bounds of bare facts. The mere togetherness of the facts must be transformed into a conjuncture; the initial mere co-existence of the data must upon closer inspection reveal an interdependence; and the form of an aggregate must become that of a system. To be sure, the facts cannot simply be coerced into a system; such form must arise from the facts themselves. The principles, which are to be sought everywhere, and without which no sound knowledge is possible in any field, are not arbitrarily chosen points of departure in thinking, applied by force to concrete experience which is so altered as to suit them; they are rather the general conditions to which a complete analysis of the given facts themselves must lead. The path of thought then, in physics as in

psychology and politics, leads from the particular to the general; but not even this progression would be possible unless every particular as such were already subordinated to a universal rule, unless from the first the general were contained, so to speak embodied, in the particular. The concept of the "principle" in itself excludes that absolute character which it asserted in the great metaphysical systems of the 17C. It resigns itself to a relative validity; it now pretends to mark only a provisional farthest point at which the progress of thought has arrived – with the reservation that thought can also abandon and supercede it. According to this relativity, the scientific principle is dependent on the status and form of knowledge, so that one and the same proposition can appear in one science as a principle and in another as a deduced corrolary. "Hence we conclude that the point at which investigations of the principles of a science must stop is determined by the nature of the science itself, that is to say, by the point of view from which the particular science approaches its object ... I admit that in this case the principles from which we proceed are themselves scarcely more than very primitive derivations from the true principles which are unknown to us, and that, accordingly, they would perhaps merit rather the name of conclusions than that of principles. But it is not necessary that these conclusions be principles in themselves; it suffices that they be such for us." [fn.] Such a relativity does not imply any skeptical perils in itself; it is, on the contrary, merely the expression of the fact that reason in its steady progress knows no hard and fast barriers, but that every apparent goal attained by reason is but a fresh starting point. (1932 [1951, 21-2, italics added]. The quote is footnoted: "D'Alembert, "Eléments des Sciences," Encyclopédie, Paris, 1755, V, 493. Cf. Eléments de Philosophie, IV, Mélanges de littérature, d'histoire et de philosophie IV, 35f.)

Noting that "The self-confidence of reason is nowhere shaken. The rationalistic postulate of unity dominates the minds of this age. The concept of unity and that of science are mutually dependent." (ibid., 22-3), Cassirer portrayed the enlightenment stance as the joint affirmation of the theses of methodological monism accros the sciences, anticonventionalist realism, and a somewhat underspecified unification of the different disciplines. What he called "relativism" is the provisionality of any result on the forward and presumably cumulative march of reason. While this is not simple-minded inductivism, it's not fallibilism either.

What Cassirer ascribed to the enlightenment mind then is, from our contemporary point of view, despite the liberation from the dogmatic traditions which it promises, a fairly traditional conception of scientific knowledge. It is not far off from the epistemic idol of modernity, that very conception which entered a period of severe crisis around the previous fin-de-siecle from which it never recovered. Cassirer's enlightenment mind rejected the claim of previous philosophies or metaphysical systems to completeness, but not yet their aim of being built on certain and universal principles. Whether therefore the enlightenment rejected the idea and ambitions of "first philosophy", is despite its mostly robust empiricism, far from clear. By contrast, many twentieth century philosophers of science gave up on certainty and came to relax its demands on the explanatory tools of science and proudly claimed their naturalistic emancipation from first philosophy.

While Cassirer celebrated the philosophy of the enlightenment as a propaedeutic to transcendental idealism and rejected its naturalistic tendencies, Neurath promoted his own conception of the unity of science as fortifications of the empiricist spirit against all idealisms, including Kant's. Since, as noted, Neurath also appealed to the great historical example of the French *Encyclopédie* of the eighteenth century, it is only natural to ask: how far did he seek to emulate their ideal of scientific knowledge and how far did he himself press the agenda of the twentieth century? We know that he was a fallibilist of the first generation and his opposition to first philosophy and his sponsorship of naturalistic empiricism was proclaimed loud and clearly. But what of his idea of the unity of science? Was his a methodological monism and would his conception of the unification of the sciences allow different disciplines sufficient autonomy?

Here I wish to pursue this question by considering the fate of social science in Neurath's physicalistic encyclopedism. My thesis is that it was to a large part precisely his concern with social science that prompted Neurath to develop his encyclopedic conception and to insist on the constraints of physicalism. Far from making it difficult to pursue social science, the framework of physicalist encyclopedism was devised in order to allow social science to take its place in unified science.

2. Encyclopedism

Neurath – and in this he was largely joined by Carnap, Frank and Hahn – intended philosophy to join science as its metatheory. Science retains its autonomy from speculative philosophy by recognizing that reflection about its own procedures and principles belongs to itself as its metatheory. Neither does science remain merely positive, nor is all philosophy discarded. Philosophy is retained as second-order reflection, even though its former claim to a separate source of knowledge was rejected most energetically. What remains of philosophy becomes either a formal reconstruction of scientific reason, what Carnap called the "logic of science", or an empirical theory of science, what Neurath called its "behavioristics". This suggests that we take as the *Leitmotiv* for encyclopedism an anti-reductionistic conception of unity, unity in diversity. Accordingliy, unified science encompassed distinct inquiries at different levels and thereby retained what was retainable of philosophy.

But what was the internal structure of the unification of the first-order sciences? The standard conception of the unity of science envisaged this unity as a pyramid of reductively related disciplines with physics at the base. Accordingly it demanded, at least in principle, the reduction of sociological laws to those of physics (such that sociological laws are but shorthand for a complex amalgam of physical laws). By contrast, already in 1931 Neurath rejected the pyramid model:

> The development of physicalistic sociology does not mean the transfer of the laws of physics to living things and their groups, as some have thought possible. Comprehensive sociological laws can be found as well as laws for definite narrower social areas, without the need to be able to go back to the microstructure, and thereby to build up these sociological laws from physical ones. (1932a [1983, 75])

Two things are important here: the rejection of the postulate of the reducibility of the laws of social science to those of physics and the rejection of the postulate of methodological individualism (in one of its guises).

Systematically speaking, the rejection of the reducibility of the laws of social science follows from the rejection of the reducibility of the individual terms of social science to those of physics. Even though he does reject term-by-term reduction (I discuss this below), Neurath owes us an explicit argument to this effect. Yet significantly enough he also wrote: "One can understand the working of a steam engine quite well on the whole without surveying it in detail. And indeed, the structure of a machine may be more important than the material of which it consists." (1931a [1973, 333]) The explanatory kinds or principles invoked in social science need not be reducible to those concerning material constituents. By stressing this, Neurath sought to allow for the possibility of functional and structural analyses and explanations that were being explored at the time in Durkheimian sociology and anthropology and that had long been a mainstay of Marxist analysis. (How precisely legitimate forms of such explanations would go is another matter, of course.)

It is also highly significant that Neurath recognised a variety of types of scientific laws. First, all along Neurath accepted both deterministic and probabilistic or stochastical laws. "We are always searching for correlations between magnitudes that occur in the physicalist description of events. It makes no difference in principle whether the descriptions are statistical or non-statistical." (1932a [1983, 68]) On this point, of course, he was in agreement with other logical empiricists, then and later. Second, Neurath did not require that laws across the sciences be the same in their scope. When he spoke of "laws for definite narrower social areas" (1932a [1983, 75]) he consciously endorsed a pluralist position on the question of the nature of scientific laws themselves. For him they could range from the (quasi-) universal laws of physics to what Merton was to call "theories of the middle range". Thus he wrote: "Let us not start from what one tends to call a 'law of nature', but those less demanding generalisations which are common in the social sciences. Results gained from a rather restricted range of examples are extended to a further set of cases that also are fairly restricted." (1937 [1981, 788]) This allows for non-universal laws that are limited to certain spatio-temporal domains: "To be sure, most of the sociological regularities that help us in deriving predictions are formulated in such a way that they are valid only for relatively complex structures in certain spatio-temporal areas." (1936b [1981, 771]; cf. 1932a [1983, 85]) When expressing this view in the early 1930s – e.g., sociologists "can speak of 'social laws' which are valid for distinct social formations" (1931a [1973: 371]) – he added: "We cannot yet indicate precisely on what certain correlations depend: 'historical period' = nonanalysed complex of conditions." (1932a [1983, 85]) Quite generally, given the associations of the term 'law' with exceptionless strictness, Neurath in fact preferred the generic term 'correlations'.

In arguing for non-universal laws, Neurath's background in the social sciences is evident. Yet it is also on this point that a central disagreement obtains with Menger and the school of Austrian economics as well as with Popper.[1] It is important to note that Neurath issued this pluralist ruling for more reasons than the beneficial consequence it has for the inclusion of social science in unified science. Quite generally, applying laws or lawlike generalisations, for Neurath meant to presume as constant certain background conditions. For this reason the social sciences cannot claim the same degree of universality as physics or even biology: the boundary conditions of its generalisations are themselves more likely to undergo alteration. That, however, does not lessen the participation of the social sciences in unified science (the connectability of its generalisations with those of other disciplines): astronomical laws too presume the constance of certain boundary conditions (1936b [1981, 772]). With full generality therefore Neurath stated that "our scientific practice is based on local systematizations only, not on overstraining the bow of deduction." (1946a [1983, 232])

Neurath, this suggests, argued from the variety of explanatory principles and the heterogeneity of laws to the nomological irreducibility of social science. He did not only invoke the distinction between the contexts of discovery and justification such that only in the latter intertheoretic reductions of laws are required (as may be suspected), when he noted: "The sociological laws found without the help of physical laws in the narrower sense must not necessarily be changed by the addition of a physical substructure discovered later." (1932a [1983, 75]) Indeed, he even declared cautiously: "According to physicalism, sociological laws are not laws of physics applied to sociological structures, but they are also not simply reducible to laws about atomic structures." (1933, 106) Later, in his opening article in the International Encylopedia, he remarked again: "Another question is to what extent one can reduce the statements or laws of biology, behaviouristics or sociology to physical statements or laws."[2] Whatever Neurath's encyclopedic unity was, it was not a reductive hierarchy of laws.

Yet nomological antireductionism also has a still more specific dimension of relevance to social science, namely, the rejection of methodological individualism in its (conceptual and) nomological sense. Concerning sociological laws Neurath wrote: "Naturally certain correlations result that cannot be found with individuals, with stars or machines. Social behaviourism establishes laws of its own kind." (1932a [1983, 75]) Given the strenuous opposition to metaphysical social science in his *Empirical Sociology* (sect. V), where he explicitly opposed the invocation of the supra-individual entities that populated the rising *völkisch* ideologies, it is clear that Neurath did not aim to support ontological holism of any kind. If anything, he too was an ontological methodological individualist. Rather, he stressed the nomological autonomy of sociology or any other social science by pointing to the irreducibility of their laws to those of psychology. (Conceptual methodological individualism foundered on the irreducibility of social scientific concepts to psychological ones.)[3]

So much for the structure of encyclopedic unity, what about the qualitative difference between the sciences? Neurath did not require that social science be conducted just like natural science. "The programme of unified science does not presuppose that physics can be regarded as an example for all the science to follow." (1937 [1981, 788]) As noted above, social science has laws of varying scope and may have distinctive principles of explanation. Clearly, research oriented to non-universal generalisations may be of a different kind than that aiming for universal laws. Neurath's recognition of methodological pluralism finds expression in his stress that it would be mistake to hold social science to the standard achieved by physics and his admonition of collegues to also investigate sciences that do yet meet those exacting standards.

> Sometimes one tends to prefer handling precise terms to such a degree that certain problems are avoided which are still structured less clearly. Certain phrases characteristic of the appreciation of art or of sociological considerations are thus discarded too quickly as being too vague and still too indeterminate and containing potentially metaphysical terms. But such incomplete reflexions often contain all the scientific results that so far achieved in this field and one should rather try to build on this. Of course, rigorous analysis by means of the logic of science is more satisfying when one turns to physics. (1936c [1981, 712])

Of course, in his *Foundations of the Social Sciences* he reemphasized his monistic conviction that the "procedure in all empirical sciences is the same", but this simply expressed his widely shared empiricist conviction, for immediately he went on: "yet there are questions of degree: some techniques may be applied more frequently in one science than in another" (1944: 37). Whether these techniques included interpretive ones is an interesting question to which I turn below. (Just how extensive is Neurath's methodological pluralism?)

In sum, the encyclopedic unity envisaged by Neurath did not require a reductive hierarchy of homogeneous laws (neither with physics nor psychology at its base). Nor did he require a strong form of methodological monism. For Neurath, the claim of unified science was minimalist: "all laws of unified science must be capable of being linked with each other, if they are to fulfill the task of predicting as often as possible individual events or groups of events." (1932a [1983, 68]) From this pragmatical base, Neurath's "encyclopedism" developed under its own name from the mid-1930s, characterised by the slogan "No system from above, but systematisation from below" (1936a [1983, 153]).[4]

3. Physicalism

Physicalism has a number of different meanings in Neurath, but here we need to consider only what I call the metalinguistic notion.[5] Physicalism in this sense concerns the language of unified science. It is important to see the difference between Neurath and Carnap. For Carnap, "physicalism" meant that every language of science, that is the languages of all its different disciplines, can be translated into the language of physics (1932a, 1932b). Importantly, Carnap never intended physicalism to make an ontological claim. Soon, of course, Carnap learnt that the original criteria of translatability had been conceived of too narrowly (1936). Originally, however, Carnap's physicalism required the complete translatability of the languages of all the sciences into that of physics, but this was gradually relaxed.

From the start, Neurath's metalinguistic physicalism was centered differently and linked closely to the empiricist criterion of meaningfulness. Already at an early stage Neurath sought to allow for nonreductive forms of this criterion: "Physicalism ... only makes pronouncements about what can be related back to observation statements *in some way or other*." (1931a [1981, 425, italics added]) Beyond this, Neurath determined meaningfulness as inextricably linked to the availability of intersubjective evidence and he rejected the possibility of private protocol languages already in 1931.[6] In addition, he determined that the language in which such test procedures are formulated was to be not the language of physics itself, but the "physicalistically cleansed" everyday language. Neurath's conception of the physicalist language was not bound to the language of physics as such.

In place of Carnap's original criterion of translatability Neurath all along put testability. For him, physicalism did not represent a logical condition on the relation of individual expressions of high theory in the different disciplines of unified science, but an epistemological condition on the admissability of whole statements into unified science.[7] Two points are notable here. First, Carnap's physicalism required the translatability of individual terms. Originally, this amounted to the reducibility of all the terms of the special sciences to the terms of the language of physics. Neurath required only that admissable statements be logically related to statements that can be correlated as wholes with statements of the physicalistic common language of observation. From Neurath's physicalism therefore does not follow what follows from Carnap's: that all the individual terms admissable into unified science be definable (more or less directly) in the terms of physical theory.[8] Clearly, Neurath granted different disciplines – and so also the social sciences – their conceptual autonomy.

Second, for Neurath, physicalism expressed the condition of empiricism. For him, physicalistic statements are statements about "spatio-temporal structures" (1931a [1981, 425]. Only those statements are admissable, that can be tested – or, as Neurath put it, "controlled" – by direct or indirect reference to intersubjectively available observational facts. It follows that also social scientific theories must allow for derivations that can be formulated in the everyday language speaking of spatio-temporal structures and can be tested as such.

> Physicalism encompasses psychology as much as history and economics; for it there are only gestures, words, behaviour, but no "motives", no "ego", no "personality" beyond what can be formulated spatio-temporally. It is a separate task to ascertain what part of the traditional material can be expressed in the new strict language. Physicalism does not hold the thesis that "mind" is a product of "matter", but that everything we can sensibly speak about is spatio-temporally ordered. (Ibid. [1973, 325])

Note that even though he spoke less carefully than Carnap, Neurath also sought to avoid ontological claims concerning the constitution of mental phenomena. Rather, he characterised admissable languages in terms of their domain. When Neurath claimed that "physicalism" represented the "heir" and "logically consistent development of materialism" (1932c [1981, 568]), he similarly meant a materialism cleansed of ontological claims, seeking to uphold some continuity with the philosophical tradition that was historically dominant in the workers' movement (1931a [1981, 467 only]).[9] But what of Neurath's seeming acceptance of the ontological version of methodological individualism – does this not make an ontological claim? Here it all depends how Neurath's rejection of talk of *Volksgeist* etc. and his acceptance of talk of class is to be understood. I suggest that these need not be read as ontological claims, but again as characterisations of admissable and unadmissable languages by their domain. Languages that speak of supernatural forces or supraindividual agents simply will not be admitted into unified science for the reason that it is entirely unclear how such statements could be tested.

If this is right, then Neurath's physicalism too is anti-reductionist. Physicalism does not require a reductive hierarchy of concepts with physics at its base. Importantly, Neurath's adoption of the term "behaviourism" is also to be understood in this spirit.

> There is no longer a special sphere of the 'soul'. From the standpoint advocated here it does not matter whether certain individual tenets of Watson, Pavlov or others are maintained or not. What matters is that only physicalistically formulated correlations are used in the description of living things, whatever is observed in these beings. (1932a [1983, 73])

"Behaviourism" for Neurath meant simply the limitation to physicalistic statements, that is, to statements about human activities as taking place in space and time.[10] While he did not stress it early on, we may note that this includes talk of many of the 'intervening variables' which for the psychologists mentioned had become illegitimate. Thus note not only that Neurath was open in principle to Freud's psychoanalysis – he headed a working group dedicated to the 'physicalisation' of Freud's texts – but that his own theory of protocol statements makes explicit reference to intentional phenomena, not only via behaviourist circumlocutions like "speech thinking", but also directly "thinking person" etc.[11]

This is not to deny that at some stages Neurath did flirt with a more traditional conception of behaviourism (or at least sounds like it). Even then, however, the intention was to make intentional phenomena amenable to empirical and non-metaphysical theorising.[12] Neurath was happy to follow Carnap's liberalisation of his earlier reductionist strictures and from about 1936 Neurath tended to prefer the term 'behaviouristics' for its presumably less restrictive associations (1936d [1983: 164]; cf. 1944: 17, 51).[13] By then he also stated:

> While avoiding metaphysical trappings it is in principle possible for physicalism to predict future human action to some degree from what people "plan" or "intend" ("say to themselves"). But the practice of individual and social behaviourism shows that one reaches far better predictions if one does not rely too heavily on these ele-

ments which stem from "self-observation" but on others which we have observed in abundance by different means. (1936c [1981, 714])

In later years, Neurath made his anti-reductionist intention ever more explicit. Thus he noted that "[s]tatements of the type 'this entrance hall of a building thrills me' can be regarded as physicalist ones because they are observation statements" (1941 [1983, 221]) and pointed out that "[h]istorians of human social life are highly interested in descriptive terms such as deal with the feeling-tone of persons, their devotion, their fear and hopes" (1944, 15).

It was in this inclusive sense that Neurath continued to expound a "social behaviourism" that, as he put it early on, "ultimately comprehends all sociology, political economy, history etc." (1932c [1981, 565]).

> We can discuss historical and sociological problems in all details
> without being forced to use the terms "inner experience" and "outer
> experience" or "opposites" of equivalent scientific significance in
> forming boundary lines between sciences. That does not mean that
> we exclude what is called "inner experience". (1939 [1983, 209])

We may rightly be sceptical about the value of exclusive use of overtly behaviouristic procedures, of course; the point here is that Neurath's physicalism was not limited in this fashion.

I believe we do not overextend our sympathy if we interpret Neurath's physicalism as at least in intention a partial form of what nowadays is called "non-reductive physicalism" (that is, minus the latter's unabashed 'metaphysical' dimension). Of course, Neurath did not employ many of the terms used in the exposition of the latter like 'supervenience' (ontological dependence without reducibility), but a careful assessment of his admittedly contrapuntal writings strongly supports what his intellectual biography suggests (from early on he was familar with the rough and nonformal functional definitions of social kinds that characterise Simmel's sociology).[14] Neurath's physicalism allowed for the conceptual autonomy of the special sciences – within the framework of empiricism. For him the way was open to conduct social science in terms that transcend many of the limitations of mid-century social science that helped to turn "positivist" into the term of abuse it currently is.[15]

4. Neurath vs. Kaufmann on the Probity of Physicalist Social Science

I conclude by considering a criticism of Neurath's physicalism from a theorist of social science who was in fact loosely associated with the Vienna Circle. This episode is of significance beyond the rather puzzling fact that these criticisms were published despite Neurath's patient efforts to show that they did not apply.[16] Incidentally, their author, Felix Kaufmann, was also a member of the Viennese *Geistkreis* other members of which took themselves to be well informed about the goings on in the Vienna Circle precisely because of Kaufmann's reports. One of these other members was F. A. Hayek whose own criticisms of Neurath's physicalism perpetuate Kaufmann's confusions.[17]

Kaufmann objected to the "over-extension" of the unity of science thesis due to the thesis of physicalism (1936, 139).[18] As a thinker deeply influenced by Husserl, he could not but object to determinations of cognitive probity that would rule out of bounds *Wesensschau*, the intuitive grasp of essences. Moreover, his conception of social science as "essentially" concerned with the interpretation of the actions of others required access to meanings (ibid., 167). Accordingly, he objected to physicalism, like behaviourism, as a form of naturalism that wrongly discounts "introspective experience" for the reason that it is intersubjectively uncontrollable and therefore unscientific because it is not open to external observation (1936, 132, 137). By contrast, Kaufmann held that the statements by which psychological assertions can be controlled are not exclusively physicalistic ones, i.e. about the behaviour of physical bodies. But neither did it require a scientifically inexplicable process of empathy. Rather, what's required to afford control of statements arrived by empathy is a type of generalization that parallels those of natural science and in part relies on them, namely, "generalizations which concern empirical correlations between physical (outer) and psychological facts". It is reliance on this type of correlations that "distinguishes the methods of natural science from those of *Geisteswissenschaft*" (ibid., 138).

Two things are notable here. First, that Kaufmann's concept of *Geisteswissenschaft* did not require the radical separation of social science from natural science, but only demanded stressing methodological differences. Second, that the correlations whose employment accounts for that difference make an irreducible reference to psychological states and treat them not as names for behavioural dispositions but as (theoretical) entities in their own right. The question of the validity of Kaufmann's critique of Neurath's physicalism and the unity of science thesis thus turns on how reductive Neurath's physicalism is understood to be.[19]

Now if it is correct to view Neurath – in the light of both his later statements and his earlier examples (which would be ruled out were one to adopt a restrictive reading)[20] – as aiming for a version of non-reductive physicalism, then Kaufmann's objections are answered. That it is correct to read Neurath in this way is also shown by his correspondence with Kaufmann in 1935, commenting on a draft of Kaufmann's book on the methodology of social science. There Neurath stressed explicitly that his physicalism allowed for talk of thoughts and other intentional states; moreover, it allowed it not only in the first person case but in the case of other minds as well. Furthermore, his physicalism allowed not only conscious but also unconscious intentional states: "'Unconscious thinking' – a physicalistic term."[21] Relatedly he wrote to Carnap:[22]

"Formulations" are not speech movements. I chose this term in place of speech-thinking in order to allow of all sorts of states to be designated thereby, as long as spatio-temporal processes [are involved]. That's what matters and only that. For instance, [formulations may designate] a representational state, a feeling state etc. And just that is what Kaufmann can't agree to.

In a later letter Neurath addressed Kaufmann's concerns about the supposedly special problems of intentionality.[23] Again he stressed that he intended intentional states – under their intentional description – to figure in physicalist social science. There does not therefore appear to remain disagreement about physicalism between Neurath and Kaufmann, despite the claims of the latter. (Unless we were to attribute to him the metaphysical ambitions of dualism or disembodied meanings, it is difficult to see what more Kaufmann could have wanted.) Of course, this *de facto* agreement need not have reached far, for this is not yet to say that Kaufmann's own conception of social science was acceptable by Neurath's standards.

As for Kaufmann, in turn, it is difficult to say why he did not accept Neurath's rebuttal of his criticism. It has been noted in the literature that his *Methodenlehre* attacked early positions which by the mid-30s had been given up by Carnap and I may add that he did not follow the development of Neurath's thinking on the methodology of social science beyond the early 30s.[24] Yet for some interpreters, a letter to Carnap shows Kaufmann expressing disdain at the supposed "trivialisation" of physicalism by what Carnap called its "liberalisation".[25] If physicalism did not deny any evidential probity to introspection, but only demanded "special care in using introspection statements", Kaufmann would not, of course, object, since then "even the (later) Husserl, Max Weber, indeed all serious scientists and philosophers would be physicalists".[26] This judgement overshoots the mark, however, for there is more to physicalism than its view on whether introspection statements may count as evidence statements for science. Given physicalism's commitment to empiricism, Husserl's enthusiasm for it may be doubted and given its practical convergence (but not identity) with the ontological version of methodological individualism, Weber's controversial study of protestantism is ruled out on at least one reading. Once this is noted, it becomes more than dubious whether, as Kaufmann had it, "all serious scientists and philosophers would be physicalists". Moreover, it also is not trivial at all that the views on social science by, on the one hand, ontological holists like Othmar Spann and, on the other, anti-causalist interpretivists like the early Peter Winch are rejected still by non-reductivist physicalist encyclopedism.

It is true, of course, that my reconstruction of what physicalism means for Neurath and how it joins forces with his encyclopedism differs from how his writings of the early 1930s were read by Kaufmann (and Hayek) and widely are read still today. But that only shows that contextualisation is required even and especially for his remarks from that period so as to reveal his intent, which his later, more accomodating statements about physicalism make explicit. Furthermore, it need not be denied that Neurath, like Carnap, underwent a learning process in this regard. Yet the continuity of purpose cannot be denied that unites Neurath's thought about physicalism early and late. For typically, it was the restrictive versions of behaviourism – never the appeals to intentional phenomena – that were given up, once it was found that the reductive criteria failed by which the recourse to intentional phenomena was to be safeguarded from metaphysics. Thus, just as we can read Cassirer as endeavoring all along to cleanse transcendental idealism from its more or less accidental limiting accretions, so we can read Neurath (and some of his Vienna Circle colleagues) as trying throughout to cleanse empiricism of limiting but inessential accretions of its own.

Bibliography

Cassirer, E, 1932, *Die Philosophie der Aufklärung*, Mohr, Tübingen, trans. *The Philosophy of the Enlightenment*, Princeton University Press, Princeton, 1951.

Carnap, R., 1932a, "Die physikalische Sprache als Universalsprache der Wissenschaft", *Erkenntnis* 2, 432-465, trans. *The Unity of Science*, Kegan, Paul, Trench and Teubner & Co., London, 1934.

Carnap, R., 1932b, "Psychologie in physikalischer Sprache", *Erkenntnis* 3, 107-142, trans. "Psychology in Physicalist Language", in A.J.Ayer (ed.), *Logical Positivism*, Free Press, New York, 1959, 165-198.

Carnap, R. 1938, "Logical Foundations of the Unity of Science", in *International Encyclopedia of Unified Science*, vol. 1 no.1, University of Chicago Press, Chicago, 42-62.

Carnap, R., 1963, "Intellectual Autobiography", in P.A. Schilpp (ed.), *The Philosophy of Rudolf Carnap*, Open Court, La Salle, Ill. 3-84.

Dahms, H.-J., 1997, "Felix Kaufmann und der Physikalismus", in F. Stadler (ed.), *Phänomenologie und Logischer Empirismus. Zentenarium Felix Kaufmann*, Wien: Springer, 97-114.

Frenkel-Brunswik, E., 1954, "Psychoanalysis and the Unity of Science." In: *Proceedings of the American Academy of Arts and Sciences* 80.

Hajek, F.A., 1941-1944, "Scientism and the Study of Society", *Economica* 9-11, repr. as Part One of *The Counter-Revolution of Science. Studies in the Abuse of Reason*, Free Press, New York, 1952, 2nd ed. Liberty Fund, Indianapolis, 1979.

Hempel, C.G., 1969, "Logical Positivism and the Social Sciences", in P. Achinstein and S.F. Barker (eds.), *The Legacy of Logical Positivism*, John Hopkins Press, Baltimore, 163-194.

Helling, I., 1985, "Logischer Positivismus und Phänomenologie: Felix Kaufmanns Methodologie der Sozialwissenschaften", in Dahms (ed.), *Philosophie, Wissenschaft, Aufklärung*, De Gruyter, Berlin, 1985, 237-256.

Kaufmann, F., 1936, *Methodenlehre der Sozialwissenschaften*, Wien: Springer.

Kaufmann, F., 1944, *Methodology of the Social Sciences*, New York: Oxford University Press.

Neurath, O., 1931, *Empirische Soziologie. Der wissenschaftliche Gehalt der Geschichte und Nationalökonomie*, Wien: Springer, repr. in Neurath 1981, 423-527, excerpts trans. "Empirical Sociology" in Neurath 1973, 319-421.

236 Thomas Uebel

Neurath, O., 1932a, "Soziologie im Physikalismus", *Erkenntnis* 2, trans. "Sociology in the Framework of Physicalism" in Neurath 1983, 58-90.

Neurath, O., 1932b, "Protokollsätze", *Erkenntnis* 3, trans. "Protocol Statements", in Neurath 1983, 91-99.

Neurath, O., 1932c, "Sozialbehaviorismus", *Sociologicus* 8, repr. in Neurath 1981, 563-570.

Neurath, O., 1933, "Das Fremdpsychische in der Soziologie" [unsigned abstract], *Erkenntnis* 3, 106-7.

Neurath, O., 1935, "Einheit der Wissenschaft als Aufgabe", *Erkenntnis* 5, repr. in Neurath 1983, 115-120.

Neurath, O., 1936a, "L'encyclopédie comme 'modèle'", *Revue de Synthese* 12, trans. "Encyclopedia as 'Model'", in Neurath 1983,145-158.

Neurath, O., 1936b, "Soziologische Prognosen", *Erkenntnis* 6, repr. in Neurath 1981, 771-776.

Neurath, O., 1936c, "Mensch und Gesellschaft in der Wissenschaft", in *Actes du Congrès International de Philosophie Scientifique, Sorbonne, Paris 1935*, Fasc. II, Unité de la science, Herrmann, Paris, repr. in Neurath 1981, 711-718.

Neurath, O., 1936d, "Physikalismus und Erkenntnisforschung", *Theoria* 2, trans. "Physicalism and the Investigation of Knowledge" in Neurath 1983, 159-171.

Neurath, O., 1937, "Prognosen und Terminologie in Physik, Biologie, Soziologie", in *Travaux du IXe Congrès International de Philosophie*, Herrmann, Paris, repr. in Neurath 1981, 787-794.

Neurath, O., 1938a, "Unified Science as Encyclopedic Integration", in *International Encyclopedia of Unified Science*, vol. 1, no.1, University of Chicago Press, Chicago, 1-27.

Neurath, O., 1939, "The Social Sciences and Unified Science", *Journal of Unified Science* (Erkenntnis) 9, repr. in Neurath 1983, 209-212.

Neurath, O., 1941, "Universal Jargon and Terminology", in Neurath 1983, 213-229.

Neurath, O., 1944, *Foundations of the Social Sciences*. International Encyclopedia of Unified Science, vol.2 no.1, Chicago.

Neurath, O, 1973, *Empiricism and Sociology* (M. Neurath and R.S. Cohen, eds), Reidel, Dordrecht.

Neurath, O., 1981, *Gesammelte philosophische und methodologische Schriften* (R. Haller, H. Rutte, eds.), Hölder-Pichler-Tempsky, Wien.

Neurath, O., 1983, *Philosophical Papers 1913–1946* (R.S. Cohen and M. Neurath, eds.) Reidel, Dordrecht.

Uebel, T. E., 1992, *Overcoming Logical Positivism rom Within. The Emergence of Neurath's Naturalism in the Vienna Circle's Protocol Sentence Debate*, Rodopi, Amsterdam/Atlanta.

Uebel, T. E., 1993, "Neurath's Protocol Statements: A Naturalistic Theory of Data and Pragmatic Theory of Theory Acceptance", *Philosophy of Science* 60, 587-607.

Uebel, T. E., 1995, "Physicalism in Wittgenstein and the Vienna Circle", in K. Gavroglu, S. Schweber, M. Wartofsky (eds.), *Physics, Philosophy and the Scientific Community*, Kluwer, Dordrecht, 327-356

Uebel, T.E., 2000, "Some Scientism, Some Historicism, Some Critics: Hayek's and Popper's Critiques Revisited", in M. Stone and J. Wolff (eds.) *The Proper Ambition of Science*, Routledge, London, 151-173.

Uebel, T.E., 2003, "20th Century Philosophy of Social Science in the Analytical Tradition", in P.A.Roth and S.T. Turner (eds.), *The Blackwell Guide to the Philosophy of Social Science*, Blackwell, Oxford, 64-88.

Zilian, H.-G., 1990, *Klarheit und Methode: Felix Kaufmann's Wissenschaftstheorie*, Rodopi, Amsterdam – Atlanta.

Notes

1. For some discussion see Uebel (2000).
2. Neurath (1938, 19); I have replaced "physicalistic" with "physical" since the latter seems clearly meant and the originally published text is likely to have been a translation from the German to start with.
3. According to Hempel, Neurath "refrained from making any general claims on the realizability of the program of methodological individualism" (1969, 174). My argument suggests that, on the contrary, he did pass a differentiated judgement on different aspects of methodological individualism.
4. See also Neurath (1935, 115) for the first explicit proclamation of encyclopedism: "After the removal of traditional metaphysics, in constant struggle against metaphysical leanings, positive work could be our occupation, namely the creation of an encyclopedic synthesis of the sciences on uniform logical foundations." The encyclopedic motive itself is already in evidence in (1931 [1973, 404]): "Everything does go in the direction of widening the scope of 'laws' and 'order' as nuch as possible, but without having any ideal situation as measure or goal."
5. For some discussion of the other senses of physicalism see Uebel (2003). What I discussed as "encyclopedism" in the previous section amounts to the nomological sense of physicalism. A third, "meta-epistemological" sense of physicalism is that of naturalism.
6. For reconstructions of the latter argument in context, see Uebel (1992, 1995).

7. That Neurath took entire statements as units of analysis in the early 1930s is revealed by an anecdote in Carnap (1963); still in his *Foundations of Social Science* Neurath stated that "whole sentences have to be translated into whole sentences" (1944, 7). Incidentally, this difference also anticipates disputes between Carnap and Quine.

8. Neurath's endorsement of Carnap's pyramidal system of concepts in (1931 [1973, 390]) was his last. It seems the consequences of his own contemporaneous arguments against Carnap's methodological solipsism in the protocol sentence debate were not immediately obvious to him (see Uebel 1992, Ch. 6).

9. Thus Neurath also sometimes spoke of "sociology on a materialistic basis" about which he also remarked that its main points can be communicated by a rendition of the materialistic conception of history (1931 [1973, 363]).

10. Note that this interpretation is intended to be much more liberal than Hempel's reading: "In Neurath's science of behavioristics, statements about phenomena of consciousness and about mental processes would be replaced by statements about spatio-temporally localizable occurrences such as macroscopic behaviour (including gestures and speech acts) and about physiologically and physiochemically described processes in the brain and the central nervous system" (1969, 170-1). As far as I can see, Neurath did *not* require the replacement of physicalistically understood psychological termini of the everyday language.

11. For Neurath on psychoanalysis see Neurath (1932a [1983, 80]), (1939 [1983, 210]) and Frenkel-Brunswick (1954). On the intentional load of his protocol statements in (1932b) and later, see Uebel (1993).

12. Hempel rightly notes that "Neurath put mentalistic terms like 'mind' and 'motive' on the Index on the grounds that they tended to be construed as standing for immaterial agencies.." (1969, 169).

13. Hempel rightly notes also that Neurath did not "explicitly offer [a Rylean] kind of dispositional construal" of psychological terms – even though "[s]ome of his suggestions are strikingly suggestive and remind one of ideas that Gilbert Ryle was later to develop much more subtly and fully..." (1969, 170, 169). For instance, Neurath's argument against hypostasizing the running of a watch (e.g., 1932a [1983, 73]) appears to anticipate Ryle's objections to invoking Cartesian ghosts in the body machine.

14. Attendance of Simmel's seminars is noted in a letter from Neurath to Ferdinand Tönnies, 31 October 1903, Tönnies Nachlass, Schleswig-Holsteinische Landesbibliothek, Kiel.

15. Just how much of 21st century sensibilities Neurath anticipated we may leave open. For example, we need not here adjudicate the seeming nomomania of his "Every scientific statement is a statement about a lawlike order of empirical facts" (1931 [1981, 424]).

16. See the correspondence between Neurath and Kaufmann in the Neurath papers in the Vienna Circle Archives, Rijksarchif Noord-Holland, Haarlem (VCA).

17. See Hayek (1942-44 [1952, 78, 87-9, 170n).

18. For present purposes I must disregard Kaufmann's English version of his monograph (1944) which was radically rewritten (and his phenomenological sympathies toned down) in the attempt to build a bridge to Deweyan pragmatism. It may be noted, though, that the anti-physicalist argument of (1936) is preserved in basic outline in Chapter XI of (1944).

19. Kaufmann was aware that physicalism was in a state of progressive liberalization; thus he noted an early use of Carnap's so-called reduction sentences and took this

to be a "decisive turn" to the better. In his (1944) he explicitly comments to this effect on Carnap (1938).

20. Consider, e.g., Neurath's talk of "the very complex 'stimulus' of the way of life with slavery and .. the 'response' – keeping or freeing slaves – ..." or his pondering "how far the theological teachings concerning the emancipation of slaves can be taken into account as 'stimulus' and how far as 'response'" (1932a [1983, 85]).
21. Letter Neurath to Kaufmann of 21 June 1935 (VCA).
22. Letter Neurath to Carnap of 15 July 1935, in Carnap papers, Archives of Scientific Philosophy, University of Pittsburgh (ASP).
23. Letter Neurath to Kaufmann of 24 July 1935, (VCA).
24. See Helling (1985, 254); Zilian (1990, 24) and Dahms (1997, 110).
25. Zilian (1990, 171), endorsed in Dahms (1997).
26. Letter quoted without date in Zilian (1990, 171).

GEORGE A. REISCH

DOOMED IN ADVANCE TO DEFEAT? JOHN DEWEY ON LOGICAL EMPIRICISM, REDUCTIONISM, AND VALUES

Abstract: This essay describes correspondence in the late 1930s among John Dewey, Charles Morris, Otto Neurath and Rudolf Carnap concerning Dewey's contributions to Neurath's *International Encyclopedia of Unified Science*. The essay argues that Dewey especially viewed the *Encyclopedia* as a socially and culturally important project, even though he had reservations about logical empiricism's approach to understanding values in science and scientific method. Around Dewey's specific objections to intertheoretic reductionism, this paper argues, were clustered more general concerns about values in science, in culture, and the need to oppose the popular neo-Thomist critique of science and scientific philosophy.

There was a moment in the history of Otto Neurath's *International Encyclopedia of Unified Science* during which the project actually began to fulfill some of the Enlightenment-ideals it shared with its older French counterpart. I emphasize that it *began* to fulfill these ideals because this moment did not last long. Only several of the encyclopedia's monographs had appeared when war broke out in Europe. Soon after the war had ended, the project was mortally wounded by Neurath's death and the culture of the Cold War in North America. In this culture, anti-communist sentiments were as dominant as contemporary anti-terrorist sentiments, and they had, arguably, equally destructive effects. In the case of Neurath's Unity of Science Movement, I believe, its leftist orientation – its hopes for popular enlightenment and scientific reforms of education and culture – made it unpopular or, at least, less attractive to philosophers of science than the more professional, apolitical, or – in some cases – right-wing, anticommunist postures available to Cold War philosophers.

Before all this, in 1938 and 39, the Encyclopedia was a successful, international forum for philosophers who believed that science, as organized, collective inquiry into the nature of the world and of society, was the supreme tool with which civilization could possibly build a world more humanistic, peaceful and economically just. Part of this international collectivism involved the subject of this paper – the convergence of American pragmatism and European logical empiricism in the collaboration between America's most prominent philosopher, John Dewey, and Neurath and his co-editor of the *International Encyclopedia*, Rudolf Carnap. The American pragmatist Charles Morris, who also co-edited the *Encyclopedia*, worked hard to make this convergence seamless and productive. In some respects it was; in others it was not. The various arguments, perceptions, misperceptions and accommodations made among Dewey, on the one hand, and the editors of the Encyclopedia, on the other, show that this hoped-for convergence was no mere synthesis of philosophical doctrine or theory. Dewey and his logical empiricist colleagues had different ideas not only about science and its epistemological content, but also about the status and role of science and scientific philosophy in North American culture and how they would be best cultivated and defended against their anti-scientific critics.

Neo-Thomism and Values

One of these critics of science and scientific philosophy was neo-Thomism, then enjoying a revival in North America. Philosophically, the revival embraced thinkers like Etienne Gilson and Jacques Maritain. Publicly, the revival was led by prominent figures like University of Chicago President Robert Maynard Hutchins. Hutchins was young, photogenic, and celebrated as a *Wunderkind* in the American press. He was also devoted to Thomism, largely due to the persuasive powers of his good friend Mortimer Adler, an even more devoted Thomist for whom Hutchins secured employment at his university. With Hutchins, Adler, Carnap and Morris working at the University of Chicago in the mid-to-late 1930s, that university was one arena in which science and its critics engaged in battle for the hearts and minds of North American culture. Hutchins and Adler were then waging war against Dewey's educational theories that, for Hutchins' and Adler's taste, were all too scientific and pragmatic. Instead, Hutchins and Adler promoted "great books" education through which students read the classics of philosophy and literature and absorbed the great ideas and values of western civilization. Dewey, on the other hand, saw schools as educational laboratories in which students engaged in active, practical inquiry and were thus steeped in Dewey's conception of knowledge as a public and collective, dynamic and progressive.

The dispute between Dewey and Hutchins distinctly involved philosophy of science. Neo-Thomists believed that science was value-free,
or "positivistic" – as Mortimer Adler sneered – and therefore deserved,
at best, a second-tier role in western culture. Aristotelian and Thomist
metaphysics, on the other hand, happily and comprehensively accom-
modated all our knowledge and, most importantly, the *values* upon
which liberal democracy rests as a priori truths or commitments. These
values made Western intellectual history possible, Hutchins and Adler
believed, and – properly safeguarded against threats from fascism –
they would make possible the future of the West, as well. But if the
pragmatists and logical positivists had their way, as Adler would bluster
in an infamous, incendiary lecture he delivered in 1940, then the West
would rapidly decline into barbarism and chaos that positivists could
merely describe but never evaluate or, with any intellectual foundation,
regret.[1]

Dewey in the *Encyclopedia*

This conflict between Dewey and Hutchins is one possible reason for
why Dewey was not at first very excited about participating in the new
Encyclopedia project. Dewey was then teaching at Columbia in New
York City and he knew that Morris and Carnap were both at the University of Chicago, whose Press would publish the *Encyclopedia* and
where Dewey himself had been chairman of the philosophy department
from 1894 to 1904. With his own legacy under attack from Chicago,
Dewey perhaps did not recognize at first that Neurath's project was a
willing ally. It was only when he met Neurath personally in his apart-
ment in New York City that Dewey agreed to participate.

In his first contribution, Dewey signaled his intent to enlist the *Encyclopedia* and the Unity of Science Movement in his battle against neo-
Thomism and other critics of science and scientism. He titled his contribution "The Unity of Science as a Social Problem." The social problem
was not poverty or disease (something Dewey knew much about
through his good friend Jane Addams and her settlement houses) but
rather the social problem of widespread opposition to science. With
enemies like the neo-Thomism at home and fascism in Europe, Dewey
warned, science was at "a critical juncture" (Dewey 1938, 33). In order
to respond most effectively to this situation, he emphasized, the Unity
of Science Movement had to remain flexible, open and democratic. It
"need not and should not lay down in advance a platform to be ac-

cepted." Rather, "detailed and specific common standpoints and ideas must emerge out of the very processes of co-operation" (Dewey 1938, 34). The Unity of Science Movement, in other words, must not become slaves to any particular metaphysical tradition, much less an ancient one worshiped in the present and accepted a priori. For Dewey, neo-Thomists were "a priorists."

As Dewey's manuscript made its rounds among the *Encyclopedia's* editors, everyone was happy. Morris was pleased because Dewey was one of his heroes – he kept photographs of Dewey and William James on the wall of his office – and Dewey was indispensable to his hopes to integrate pragmatism and logical empiricism in the general program he called "scientific empiricism" (see Morris 1937). Carnap was pleased, for he also wished to learn more about pragmatism and whatever insights it might offer scientific philosophy. Neurath was also happy because he fully agreed with Dewey's view of the *Encyclopedia* as open-ended and not wedded to any constrictive philosophical platform or a priori truths.

But, there was a comment in Dewey's manuscript that upset each of the editors. When issuing his warning about preconceived platforms, Dewey trampled unnecessarily on some ideas Carnap had been working on since the early 1930s. Dewey wrote,

> But the needed work of co-ordination [of the sciences] cannot be done mechanically or from without. It, too, can only be the fruit of cooperation among those animated by the scientific spirit. Convergence to a common center will be effected most readily and most vitally through the reciprocal exchange which attends genuine co-operative effort. The attempt to secure unity by defining the terms of all the sciences in terms of some one science is doomed in advance to defeat. (Dewey 1938, 34)

Morris, it appears, objected to the original version of the sentence which rejected the attempt to define all scientific terms on the basis of *physics*. In a letter to Dewey, he urged him to revise the statement and make it more general; Carnap's physicalistic view of the unity of science, he apparently reminded Dewey, was more liberal and permissive than Dewey's words suggested. Dewey replied that he was not thinking of Carnap "at all in that sentence, but rather of some psychologists and sociologists who think everything should be reduced to terms of physics."[2] Nevertheless, Dewey rewrote his claim as it appears here and in the monograph.

Carnap also supposed that readers would take the remark to be directed against his views about unity of science. His work on the topic was highly visible because his major article "Testability and Meaning" had recently appeared in *Philosophy of Science* (Carnap 1936/37). Here, Carnap distinguished different kinds and degrees of intertheoretic unity that different theories might enjoy. In particular, Carnap distinguished between *defining* concepts of one theory in terms of those in another and the weaker, more practicable condition of *reducing* concepts using devices he called "reduction sentences."

After reading Dewey's manuscript, Carnap sent him a copy of "Testability and Meaning" and explained,

> I distinguish reducibility from definability; it is at the present time not possible to define terms of biology in terms of physics or terms of psychology in terms of biology and physics. But, on the other hand, I do not see a reason for assuming that the present impossibility of such definitions should hold in all future.

Indeed, Carnap must have seen the irony: Dewey's larger point was that no preconceived, apriori intuitions, expectations or platforms should be brought to the task of unifying the sciences. On what grounds, then, could he confidently assume that such definitions will be impossible to achieve and "doomed in advance to defeat"? Irony aside, agreement was at hand, Carnap suggested, if only Dewey would redirect his claim to the "present state"[3] of the sciences and write something like, "At present, the attempt to secure unity by defining the terms of all the sciences in terms of some one science is doomed to defeat." But Dewey was resolute and did not change the statement.

Neurath found the statement puzzling, as well. A few months after the essay had been published, he sat down at his typewriter and recommended a different distinction to Dewey – not Carnap's distinction between definition and reduction, but rather his distinction between physics and physicalism. Indeed, Neurath *had* to defend his physicalism to Dewey because it was a kind of "program" for the Unity of Science Movement. But unlike some restrictive, a priori program, it was designed rather to make possible the kind of democratic collaboration Dewey had called for. Neurath urged Dewey to see the physicalist light:

> I should appreciate it if, if you could let [sic] open the answer whether it might be possible to reduce the scientific terms of the different sciences to the terms of this universal slang ('thing language'

according to Carnap) in concordance with the 'program' of physicalism or not. This program is not exactly identical with 'defining the terms of all the sciences in terms of some or one science' and I cannot see that such a program even in the narrow sense you explain 'is doomed in advance to defeat'.[4]

But Dewey was again resolute and questioned Neurath's physicalism. It did not do justice to the valuational aspects of science, he replied two weeks later, and warned that the Encyclopedia must address "socio-moral" issues on their own terms, instead of attempting to reduce them to other areas of knowledge. Reducing them, for Dewey, was tantamount to ignoring them:

> In virtually leaving out a large field – the socio-moral – I think that in the end this course will produce a reaction to the a priori, while an operational language in enabling the field to be brought under the empirical cuts completely under the a priori.[5]

Dewey could have been clearer at this point; I am not certain that Neurath understood it. This "reaction to the a priori" was not only a philosophical or logical rebound, but also (or, perhaps, primarily) a *social* reaction involving the nefarious "a priorists," Adler, Hutchins and their followers. Dewey worried that Neurath's physicalism would invite a popular social reaction away from modernity, science and progress and towards the past and the false security of ancient metaphysics promoted by the neo-Thomists.

Dewey's Theory of Valuation

Several months later, Dewey's second contribution to the *Encyclopedia*, his monograph "Theory of Valuation," circulated among the editors. This chain of events nearly repeated themselves. The monograph defended a scientific approach to normative judgments of value by construing them behaviorally and operationally as versions of "liking and disliking." Dewey argued against any sharp and robust distinction between ends and means and argued instead that a "continuum of ends-means" must be a cornerstone for any theory of value. For our distinctions between ends and means are in fact shifting and "temporal and relational" (Dewey 1939, 423) and not absolute. Means towards an end are, as means, desired as ends; while ends achieved typically become instrumentalities for yet further and different goals.

What stood in the way of any such future theory of value, however, was the dominant "ejaculatory" and non-cognitive view of value-statements. It holds, Dewey wrote, that value-expressions communicate only subjective "feelings" or moods. Dewey cited several examples of this view from a source which Dewey emphatically disagreed with. If non-cognitivism was correct, after all, there could be no genuinely scientific theory of valuation. He devoted about one tenth of his monograph to attacking it.

Once again, Carnap liked Dewey's manuscript. But he objected to Dewey's dismissal of non-cognitivism. Once again, he urged Dewey to make some important distinctions:

> I suppose that your criticism of the "ejaculatory" view is especially meant against Schlick. But Schlick and the others of us do not mean to say that value expressions have no meaning at all, but only that they have no cognitive content. You say yourself that value statements are not derivable from factual statements. Therefore, I suppose that you agree with us in the view that there is a non-cognitive component ... . We certainly agree with you that besides this non-cognitive component there is also a cognitive factual component, if the value statements are interpreted in your way ... . Certainly we do not deny, but rather admit explicitly the great psychological and historical effect of metaphysical statements. ...
> You understand that it is not at all my intention to censor your ms ...
> My concern is only to prevent the reader from getting a not quite adequate picture of the views which you criticize.[6]

Neurath also weighed in on the question. "Maybe it is our fault that you got the impression we underestimate the importance of verbal expressions which are not 'statements' – we do not, not at all."[7]

It is not clear whether it was Carnap or both Carnap and Neurath that persuaded Dewey to adjust his manuscript. Whichever was the case, Dewey drafted a long footnote and added it to his manuscript. It reads:

> The statement, sometimes made, that metaphysical sentences are 'meaningless' usually fails to take account of the fact that culturally speaking they are very far from being devoid of meaning, in the sense of having significant cultural effects. Indeed, they are so far

from being meaningless in this respect that there is no short dialec-
tic cut to their elimination, since the latter can be accomplished only
by concrete applications of scientific method which modify cultural
conditions. The view that sentences having a nonempirical reference are meaningless, is sound in the sense that what they purport
to mean cannot be given intelligibility, and this fact is presumably
what is intended by those who hold this view. Interpreted as symp-
toms or signs of actually existent conditions, they may be and usu-
ally are highly significant, and the most effective criticism of them is
disclosure of the conditions of which they are evidential. (Dewey
1939, 444)

This note proves that Carnap (and possibly Neurath) were beginning to
impress Dewey. For he now agreed with the hard-line anti-verificationist
and syntactic critiques of metaphysics. But he was wrestling with how
to both accept these critiques yet remain strongly against the view (of
Ayer, at least) that value statements were noncognitive and as empty
as metaphysical statements. The target of the note had changed, after
all, from "value statements" to "metaphysical statements," and Dewey
placed it not next to his criticism of Ayer, but rather at the close of his
monograph where he made a final argument for the importance of a
scientific theory of value.

At this point, the discussion was becoming confused and disorgan-
ized. Necessary distinctions between value statements and metaphysical statements were becoming blurry in Dewey's monograph and
Dewey contributed other confusions, as well. He rejected Neurath's
physicalism, for example, on the grounds that it excluded valuational
language:

In a strict sense of thing language there can be no genuine evalua-
tion propositions or sentences. In terms of a behavior or operational
language I think the case can be clearly made out in behalf of the
genuinely logical character of some – though not all – value-
expressions.

But what does "genuinely logical character" mean? For Dewey, apparently, "logic" did not mean "formal logic" as it did for most logical empiricists. Another irony is that Dewey rejected Neurath's physicalism at the
same time that he effectively appealed to it: he explained to Neurath
that values in science must be talked about, "but in the ordinary use of
the English language they are not 'things' nor yet 'objects.'"[8] Talking

about science in "ordinary" – i.e. empirical, not metaphysical – language is all that Neurath's physicalism demanded. Dewey also took a physicalist posture towards Carnap's concept of "reduction" when he refused to alter his statement "doomed in advance to defeat:"

> My belief that the categories of sociology and biology cannot be "reduced" in the sense in which the english reader naturally understands the word to physical categories (i.e. categories of physical science) is so firm that I do not see how I can alter my revised statement.[9]

Perhaps without being aware of it, therefore, these philosophers were coming close to understanding each other and realizing, as Morris insisted all along, pragmatism and logical empiricism were complementary parts of a larger view of knowledge and language. If so, there were significant obstacles in the way of any such realization. Dewey's letters suggest often a degree of defensiveness about his views – as if he knew that Carnap and Neurath knew science very well and that Carnap, in particular, was nearly without peer in technical logic.

In any case, this was not a contest; it was a collaboration. And Dewey had certain insights that the logical empiricists did not have. Mainly, he was more familiar with the American intellectual and cultural landscape and the threat of anti-scientific forces quite unlike those Neurath and Carnap saw in 1920s Vienna. Thus, part of Dewey's confusion can be explained by the fact that he struggled in this dialogue to be both 100% philosophical and, at the same time, 100% strategic in his writing for the *Encyclopedia*. Consider what he told Morris when discussing the footnote he added to his monograph *Theory of Value*.

> Of course I agree that "metaphysical" statements in the sense of non- or anti-empirical are unverifiable. But I think the attempt to dismiss them entirely at one swoop by calling them "meaningless" is a serious *tactical* mistake.[10]

Dewey knew, that is, that if the Unity of Science Movement was to accept its role in the "social problem" of the unity of science, then it had to balance its narrower philosophical concerns with broader "tactical" postures and maneuvers. For if logical empiricism's hard line against metaphysics and value statements helped Adler and Hutchins successfully fool the world into believing that science was truly value-free, then they could more easily persuade the world that Thomism (or some other nonscientific, rationalistic system) had to be embraced as a source of values and guidance for contemporary life. In that case, both the pragmatists and the logical empiricists would be on the losing side in the war over science.

In light of the subsequent history of the Unity of Science Movement during the Cold War, there is something tragic about this conversation among Dewey, Neurath and Carnap. In a way, Dewey's fears *were* realized. To be sure, neo-Thomism did not conquer North American intellectual life as Adler and Hutchins would have wished. But the image of science which prevailed in the 1950s – both in popular culture and in philosophy of science – was one that rigidly distinguished science and scientific philosophy from questions and inquiry about values. A popular dichotomy between facts and values was omnipresent during the cold war and helped cultivate postwar logical empiricism as an entirely non-political project. Had this conversation gone on longer, however, I wonder if Dewey, Neurath, Carnap, Morris and others might have seen each other's concerns better, learned from each other even more than they did, and perhaps agreed upon some new language and new strategy to join pragmatism and logical empiricism *across* that dichotomy. If so, the varieties of analytic philosophy that in fact thrived in the decades after the war might not have had to wait for Rorty and others to begin conceiving a *rapprochement* with pragmatism.[11]

References

Adler, Mortimer. 1941. "God and the Professors" in *Science, Philosophy and Religion: A Symposium*. New York: Conference on Science, Philosophy and Religion in Their Relation to the Democratic Way of Life, Inc., 120–38.

Carnap, Rudolf. 1936/37. "Testability and Meaning." *Philosophy of Science*. v. 3, 419–471; v. 4: 1–40.

Dewey, John. 1938. "Unity of Science as a Social Problem" in Neurath, et al. 1938, 29–38.

Dewey, John. 1939. "Theory of Valuation." *International Encyclopedia of Unified Science*, v. 2, n. 4, Chicago: University of Chicago Press, 380-447 (in two-volume edition).

Morris, Charles. 1937. *Logical Positivism, Pragmatism, and Scientific Empiricism. Actualités Scientifiques et Industrielles*, 449, Paris: Hermann et C^{le}.

Neurath, Otto, Niels Bohr, John Dewey, Bertrand Russell, Rudolf Carnap & Charles Morris. 1938. "Encyclopedia and Unified Science." *International Encyclopedia of Unified Science*, v. 1, n. 1, Chicago: University of Chicago Press.

Notes

1. Adler claimed in 1940 that "the most serious threat to democracy is the positivism of its professors, which dominates every aspect of modern education and is the central corruption of modern culture. Democracy has much more to fear from the mentality of its teachers than from the nihilism of Hitler" (Adler 1941, 128).
2. Dewey to Morris, Dec. 7, 1939. This and other correspondence is contained in the Neurath Nachlass at the Rijksarchief, Noord-Holland (a copy of which is owned by theVienna Circle Institute) and the Carnap Papers in the Archive of Scientific Philosophy at the University of Pittsburgh. I thank these institutions for permission to quote from their holdings.
3. Carnap to Dewey, Dec. 28, 1937.
4. Neurath to Dewey, Aug. 3, 1938.
5. Dewey to Neurath, Aug. 17, 1938.
6. Carnap to Dewey, March 11, 1939.
7. Neurath to Dewey, March 24, 1939.
8. Dewey to Neurath, Aug 17, 1938.
9. Dewey to Carnap, Dec. 30, 1937.
10. Dewey to Morris, March 24, 1939. Emphasis added.
11. This research was supported in part by National Science Foundation (grant number SES0000222). For a fuller account of the International Encyclopedia of Unified Science and related topics, see the author's *How the Cold War Transformed Philosophy of Science* (Cambridge University Press, 2005) from which the present essay is extracted.

NAMENREGISTER / INDEX OF NAMES

DIE AUTOREN

Anastasios Brenner (Montpellier)

Anastasios Brenner est professeur au Département de philosophie de l'Université Paul Valéry – Montpellier III. Il a publié notamment *Duhem: science, réalité et apparence* (Vrin, 1990), *L'aube du savoir: épitomé du Système du monde de Pierre Duhem* (Hermann, 1997) et, touchant plus particulièrement au thème de ce volume, *Les origines françaises de la philosophie des sciences* (PUF, 2003) dont une partie est consacrée à la réception de la philosophie française dans le Cercle de Vienne.

Hans-Joachim Dahms (Berlin)

Geboren 1946, Studium der Philosophie, allgemeinen und vergleichenden Sprachwissenschaft und Soziologie in Göttingen, M.A. Göttingen, Doktor der Philosophie in Bremen, Habilitation in Osnabrück. Veröffentlichungen: *Positivismusstreit*, Frankfurt am Main 1994; Herausgeber und Ko-Autor von *Philosophie, Wissenschaft, Aufklärung. Beiträge zur Geschichte und Wirkung des Wiener Kreises*, Berlin–New York 1985 und von *Die Universität Göttingen unter dem Nationalsozialismus*, München etc. 1987 (zweite, erweiterte Auflage 1998); ungefähr 50 Aufsätze über Wissenschaftstheorie und Geschichte der Philosophie und Wissenschaft sowie Geschichte der Universitäten im 20. Jahrhundert.

Dominique Lecourt (Paris)

Ancien Recteur d'Académie, Dominique Lecourt est Professeur de philosophie à l'Université Denis Diderot – Paris 7, Directeur du Centre Georges Canguilhem (Paris 7), Président du Comité d'éthique de l'Institut de Recherche pour le Développement (IRD), Délégué Général de la Fondation Biovision de l'Académie des Sciences et Président du Conseil de Surveillance des Presses Universitaires de France (PUF). Auteur d'une vingtaine d'ouvrages, dont certains traduits dans de nombreux pays. Parmi ses derniers livres on peut citer «Prométhée, Faust, Frankenstein: Fondements imaginaires de l'éthique» (réed. Livre de Poche / Biblio Essais, 1998), «L'Amérique entre la Bible et Darwin» (réed. PUF 1998), «Contre la peur» (réed. PUF, 1999), le «Dictionnaire d'histoire et philosophie des sciences» (réed. PUF, 2005) couronné par l'Institut de France, le «Que sais-je?» sur «La philosophie des ciences» (réed. PUF, 2005), «Humain Post-humain» (PUF, 2003) et le «Dictionnaire de la pensée médicale» (réed. PUF, 2004).

Mathieu Marion (Montréal)

Mathieu Marion holds the Canada Research Chair in Philosophy of Logic and Mathematics at the Université du Québec à Montréal. He obtained the D. Phil. from Oxford in 1992, was a research fellow at the University of St. Andrews, at the Center for the Philosophy and History of Science (Boston University) and at the Université de Montréal. He has been teaching at the University of Ottawa from 1994 to 2003. He is the author of *Wittgenstein, Finitism, and the Foundations of Mathematics* (Oxford University Press, 1998) and *Ludwig Wittgenstein. Une introduction au Tractatus logico-philosophicus* (Presses Universitaires de France, 2004).

Thomas Mormann (San Sebastián)

Thomas Mormann studierte Mathematik, Linguistik und Philosophie in Münster und Freiburg. Er promovierte in Mathematik und kam später zur Philosophie. Nach der Habilitation in Philosophie, Logik und Wissenschaftstheorie in München arbeitet er zur Zeit als Professor für Logik und Wissenschaftsphilosophie an der Universität des Baskenlandes in Donostia-San Sebastián in Spanien. Zahlreiche Publikationen zur Wissenschaftsphilosophie und Erkenntnistheorie.

Elisabeth Nemeth (Wien)

A.o. Univ. Professorin am Institut für Philosophie der Universität Wien. Forschungsschwerpunkte: Philosophie und Geschichte des Wiener Kreises (besonders Otto Neurath, Edgar Zilsel und Philipp Frank), erkenntnistheoretische Aspekte der Sozial- und Kulturforschung (besonders Ernst Cassirer und Pierre Bourdieu). Veröffentlichungen zum thema des Bandes: 1981: *Otto Neurath und der Wiener Kreis. Revolutionäre Wissenschaftlichkeit als politischer Anspruch*, Frankfurt–New York: Campus. Herausgeberin: 1994: (mit Paul Neurath): *Otto Neurath oder Die Einheit von Wissenschaft und Gesellschaft*, Wien: Böhlau. 1996: (mit Friedrich Stadler): *Encyclopedia and Utopia. The Life and Work of Otto Neurath (1882–1945)*, Vienna Circle Institute Yearbook

4/96, Dordrecht–Boston–London: Kluwer. 1999: (mit Richard Heinrich):
Otto Neurath: Rationalität, Planung, Vielfalt. Wien–Berlin: Oldenbourg-
Akademie Verlag.

Mélika Ouelbani (Tunis)

Professeur à la Faculté des Sciences Humaines et Sociales, Université
de Tunis. Publications (livres): *Le projet constructionniste de Carnap:
ses critiques et ses limites*, pub. F.S.H.S.,Tunis, 1992. *Le dicible et le
connaissable: Kant et Wittgenstein*, Tunis, Cérès-production, 1996.
Expérience et connaissance chez B. Russell, Tunis, C.P.U., 1999. *Introduction à la logique mathématique*, Tunis, CPU, 2000. *L'éthique
dans la philosophie de Wittgenstein* (à paraître).

George Reisch

George Reisch's research concerns the history of logical empiricism in
North America and, in particular, the career of the Unity of Science
Movement. He was graduated in 1995 from the University of Chicago
with a Ph.D. in Philosophy and History of Science and presently works
as an independent scholar. His book *How the Cold War Transformed
Philosophy of Science* was published by Cambridge University Press in
2005 and he is currently editing for publication an unfinished monograph by Philipp Frank about political interpretations of 20th-century
philosophies of science.

Peter Schöttler (Paris/Berlin)

Geb. 1950, Dr. phil., Directeur de recherche am Centre National de la
Recherche Scientifique in Paris (Institut d'histoire du temps pre'sent)
und Honorarprofessor an der Freien Universität in Berlin. Neuere Veröffentlichungen u.a.: (Hg.) *Geschichtsschreibung als Legitimationswis-
senschaft 1918–1945*, Frankfurt/Main 1997; (Hg.) *Marc Bloch – Historiker und Widerstandskämpfer*, Frankfurt/Main 1999; (Hg.) Marc Bloch,
*Aus der Werkstatt des Historikers. Zur Theorie und Praxis der Ge-
schichtswissenschaft*, Frankfurt/Main 2000; (Hg.) Marc Bloch, Apologie
der Geschichtswissenschaft oder Der Beruf des Historikers, Stuttgart
2002.

Antonia Soulez

Professor of philosophy, director of researches, University of Paris-8, specialized in philosophy of language and constructive aesthetics (music and architecture), 20th century, Viennese cultural context. Member of the Institute of history and philosophy of sciences and techniques (IHPST, Paris) I first studied Greek philosophy, and passed a state thesis on Plato's middle-dialogues philosophy of language (from the Cratylus to the Sophistes with a modern part in the light of G. Ryle's reading) published in PUF 1991. Then around early 1980's, I shifted towards contemporary philosophy of language, especially the Vienna Circle (Manifeste du cercle de Vienne, PUF 1985, to be republished 2005) and co-organized a number of international colloquia on the Vienna Circle with Jan Sebestik (all republ. 2002). I have also become a specialist of Wittgenstein's middle period (1930's), and published "Wittgenstein et le tournant grammatical" (PUF, 2003). I am the author of: *Comment écrivent les philosophes?* (Kimè, 2003). On Wittgenstein, I have also directed collective work on unpublished material: Dictations to Waismann and on Schlick, PUF 1997–98, 2 vol., in collab. with Gordon Baker, and translated Lectures on the freedom of the Will (Wittgenstein), PUF, 1998, with a commentary under the title: *Essai sur le libre jeu de la volonté* (coll. Epiméthée). I have co-founded 1) a review with Jan Sebestik and Fr. Schmitz (Cahiers de philosophie du langage, publ. L'Harmattan), and 2) a collection on philosophy and music with a composer and a musicologist (same publ.). I am now in the Centre national de recherche scientific (CNRS) on a musical project: from controversies in history of sciences: Mach and Helmholtz on dissonance, onto 20th century theories of composition, namely the Viennese school and the raise of timbre music.

Friedrich Stadler (Wien)

Studium der Geschichte, Philosophie und Psychologie in Graz und Salzburg. 1994 Habilitation für Wissenschaftsgeschichte und Wissenschaftstheorie an der Universität Wien. Seit 1997 außerordentlicher Professor an der Universität Wien, Zentrum für überfakultäre Forschung und ab 2001 Vorstand des Instituts für Zeitgeschichte. 1991 Gründer und seitdem Leiter des Instituts Wiener Kreis. Mitarbeiter des Ludwig-Boltzmann-Instituts für Geschichte und Gesellschaft. Zahlreiche Publikationen zur History and Philosophy of Science und zur Emigrationsforschung. Veröffentlichungen u.a.: *Vom Positivismus zur „Wissen-*

schaftlichen Weltauffassung" (1982); *Vertriebene Vernunft.* 2 Bde
(1988, Neuauflage 2004); *Studien zum Wiener Kreis.,* 1997 (englische
Übersetzung: *The Vienna Circle.* 2001); Hg.: *Elemente moderner Wissenschaftstheorie* (2000); gem. mit P. Weibel, *The Cultural Exodus
from Austria* (1995); gem. mit M. Heidelberger, *Wissenschaftsphilosophie und Politik* (2003); *Induction and Deduction in the Sciences*
(2004, = Vienna Circle Institute Yearbook 11/03).

Thomas Uebel (Manchester)

Thomas Uebel teaches philosophy at the University of Manchester,
England. His research concerns the history of philosophy of science, of
analytic philosophy and of Austrian philosophy as well as epistemology
and philosophy of social science. He is the editor of *Rediscovering the
Forgotten Vienna Circle* (Kluwer, 1991), co-editor (with R.S. Cohen) of
Neurath, *Economic Writings: Selections 1904–1945* (Kluwer, 2004) co-
author (with N. Cartwright, J. Cat, L. Fleck) of *Otto Neurath: Philosophy
between Science and Politics* (Cambridge, 1996), and the author of
Overcoming Logical Positivism from Within (Rodopi, 1992), *Vernunftkritik und Wissenschaft* (Springer, 2000) and numerous articles.

Pierre Wagner (Paris)

Pierre Wagner was born in France in 1963. He has studied logic and
philosophy and in 1994 he obtained a PhD in philosophy with a thesis
about the relationships between machine and thought. Since 1994, he
has been « maître de conférences » at the department of philosophy at
the university Paris 1 (Sorbonne) where he teaches logic and philosophy of science. His main areas of research is now history of the philosophy of science and history of logical empiricism. He published a
book (*La Machine en logique*, Paris, PUF, 1998), and edited two others
(*Les Philosophes et la science*, Paris, Gallimard, 2002, and, with San-
dra Laugier, *Philosophie des sciences*, Paris, Vrin, 2004, 2 vol.). He is
preparing, with Christian Bonnet, an anthology of 15 introduced and
annotated papers by Carnap, Schlick, Neurath, Frank, Reichenbach,
Hempel, Blumberg and Feigl, all translated in French, (*L'Âge d'or de
l'empirisme logique. Vienne – Berlin – Prague: 1929–1936*, Paris, Gallimard, to appear).

Der Wiener Kreis, eine Gruppe von rund drei Dutzend WissenschafterInnen aus den Bereichen der Philosophie, Logik, Mathematik, Natur- und Sozialwissenschaften im Wien der Zwischenkriegszeit, zählt unbestritten zu den bedeutendsten und einflussreichsten philosophischen Strömungen des 20. Jahrhunderts, speziell als Wegbereiter der (sprach)analytischen Philosophie und Wissenschaftstheorie.

Den Kern dieser modernistischen Bewegung, die im Jahre 1929 erstmals mit der Programmschrift „Wissenschaftliche Weltauffassung. Der Wiener Kreis" in die Öffentlichkeit getreten war, bildete der so genannte „Schlick-Zirkel".

Die Namen seiner Mitglieder, wie auch jene der dem Wiener Kreis nahe stehenden Persönlichkeiten, haben bis heute nichts von ihrer Ausstrahlung und auch nichts von ihrer Bedeutung für die moderne Philosophie und Wissenschaft verloren: Schlick, Carnap, Neurath, Kraft, Gödel, Zilsel, Kaufmann, R. von Mises, Reichenbach, Wittgenstein, Popper, Gomperz – um nur einige zu nennen – zählen bis heute unbestritten zu den großen Denkern des 20. Jahrhunderts.

Gemeinsames Ziel dieses aufklärerischen und pluralistischen Diskussionszirkels war eine Verwissenschaftlichung der Philosophie mit Hilfe der modernen Logik auf der Basis von Alltagserfahrung und einzelwissenschaftlicher Empirie. Aber während ihre Ideen im Ausland breite Bedeutung gewannen, fielen sie in ihrer Heimat dem Faschismus und Nationalsozialismus aus so genannt „rassischen" und/oder politisch-weltanschaulichen Gründen zum Opfer und blieben in Österreich wie in Deutschland oft auch nach 1945 in Vergessenheit.

Die im Springer-Verlag fortgeführte Reihe der „Veröffentlichungen des Instituts Wiener Kreis" hat es sich zur Aufgabe gemacht, diese Denker und ihren vor allem im angloamerikanischen Raum bis heute ungebrochenen Einfluss auch auf die zeitgenössische Wissenschaft wieder ins öffentliche Bewusstsein des deutschsprachigen Raumes zurückzuholen.

SpringerPhilosophie

Friedrich Stadler (Hrsg.)

Österreichs Umgang mit dem Nationalsozialismus

Die Folgen für die naturwissenschaftliche
und humanistische Lehre

In Zusammenarbeit mit Eric Kandel, Walter Kohn,
Fritz Stern und Anton Zeilinger.
2004. IV, 283 Seiten. 14 Abbildungen.
Format: 14,5 x 21 cm. Text: deutsch/englisch
Gebunden **EUR 49,–**, sFr 83,50
ISBN 3-211-21537-9

Dieser Band fasst ein hochrangig und international besetztes Symposium zusammen, welches unter großem öffentlichen Interesse im Juni 2003 an der Universität Wien stattfand.
Es wurde auf Initiative des aus Wien stammenden Neurobiologen Eric Kandel veranstaltet – anstatt von geplanten Ehrungen anlässlich seiner Auszeichnung mit dem Nobelpreis für Medizin im Jahre 2000. Das Ziel war, der breiteren Öffentlichkeit und Scientific Community den Umgang Österreichs mit der nationalsozialistischen Herrschaft und dessen Auswirkungen auf das intellektuelle Leben in Österreich bis zur Gegenwart zu thematisieren. Die persönliche Teilnahme der zwei aus Österreich vertriebenen Wissenschafter und späteren Nobelpreisträger Eric Kandel und Walter Kohn, sowie einer Reihe weiterer renommierter ForscherInnen und ZeitzeugenInnen war Anlass für diese einmalige und einzigartige zeitgeschichtliche Dokumentation.

 SpringerWien NewYork

Wien, Österreich, Fax +43.1.330 24 26, books@springer.at, **springer.at**
Heidelberg, Deutschland, Fax: +49.6221.345-4229, SDC-bookorder@springer-sbm.com
Preisänderungen und Irrtümer vorbehalten.

SpringerPhilosophie

Veröffentlichungen des Instituts Wiener Kreis

K. R. Fischer, F. Stadler (Hrsg.)
**„Wahrnehmung
und Gegenstandswelt"**
Zum Lebenswerk v. Egon Brunswik (1903-1955)
1997. 187 S. 15 Abb. 1 Frontispiz. Text: d/e
Broschiert **EUR 30,–,** sFr 51,–
ISBN 3-211-82864-8. Band 4

Friedrich Stadler (Hrsg.)
**Bausteine wissenschaftlicher
Weltauffassung**
Lecture Series/Vorträge des
Instituts Wiener Kreis 1992–1995
1997. 231 Seiten. Text: deutsch/englisch
Broschiert **EUR 33,–,** sFr 56,50
ISBN 3-211-82865-6. Band 5

Friedrich Stadler (Hrsg.)
**Phänomenologie
und logischer Empirismus**
Zentenarium Felix Kaufmann (1895-1949)
1997. 163 S. 1 Frontispiz. Text: d/e
Broschiert **EUR 28,–,** sFr 48,–
ISBN 3-211-82937-7. Band 7

Friedrich Stadler (Hrsg.)
**Elemente moderner
Wissenschaftstheorie**
Zur Interaktion von Philosophie,
Geschichte und Theorie
der Wissenschaften
2000. XXVI, 220 Seiten. 16 Abb.
Broschiert **EUR 34,90,** sFr 59,50
ISBN 3-211-83315-3. Band 8

Thomas Uebel
**Vernunftkritik und Wissenschaft:
Otto Neurath und der erste Wr. Kreis**
2000. XXI, 432 Seiten.
Broschiert **EUR 54,–,** sFr 89,50
ISBN 3-211-83255-6. Band 9

C. Jabloner, F. Stadler (Hrsg.)
**Logischer Empirismus
und Reine Rechtslehre**
Beziehungen zwischen dem
Wiener Kreis und der Hans Kelsen-Schule
2001. XXI, 339 Seiten.
Broschiert **EUR 54,95,** sFr 91,–
ISBN 3-211-83586-5. Band 10

E. Timms, J. Hughes (Hrsg.)
**Intellectual Migration
and Cultural Transformation**
Refugees from National Socialism
in the English-Speaking World
2003. VI, 267 S. Text: englisch
Broschiert **EUR 34,24,** sFr 58,50
ISBN 3-211-83750-7. Band 12

Friedrich Stadler
The Vienna Circle –
**Studies in the Origins, Development,
and Influence of Logical Empiricism**
2001. Gebunden **EUR 85,55,** sFr 135,50
ISBN 3-211-83243-2. Sonderband

A. Müller, K. H. Müller, F. Stadler (Hrsg.)
**Konstruktivismus und
Kognitionswissenschaft**
2001. Broschiert **EUR 38,–,** sFr 65,–
ISBN 3-211-83585-7. Sonderband

 SpringerWien NewYork

Wien, Österreich, Fax +43.1.330 24 26, books@springer.at, **springer.at**
Heidelberg, Deutschland, Fax: +49.6221.345-4229, SDC-bookorder@springer-sbm.com
Preisänderungen und Irrtümer vorbehalten.

Printed in the United States
By Bookmasters